张凤荣　编著

U0219482

Introduction to Rocks, Soils and Lands

岩石 土壤 土地 通识

中国农业大学出版社

China Agricultural University Press

图书在版编目(CIP)数据

岩石 土壤 土地 通识/张凤荣编著. --北京:中国农业大学出版社,2022.5
ISBN 978-7-5655-2755-5

Ⅰ.①岩…　Ⅱ.①张…　Ⅲ.①岩石②土壤学③土地资源　Ⅳ.①P583②S15③F301

中国版本图书馆 CIP 数据核字(2022)第 053923 号

中国自然资源部地图审图号:GS 京(2022)0007 号

书　名	岩石 土壤 土地 通识		
作　者	张凤荣　编著		
策划编辑	梁爱荣　席　清	责任编辑	梁爱荣　刘彦龙
封面设计	郑　川		
出版发行	中国农业大学出版社		
社　址	北京市海淀区圆明园西路 2 号	邮政编码	100193
电　话	发行部 010-62818525,8625	读者服务部	010-62732336
	编辑部 010-62732617,2618	出 版 部	010-62733440
网　址	http://www.cau.edu.cn/caup	E-mail	cbsszs@cau.edu.cn
经　销	新华书店		
印　刷	涿州星河印刷有限公司		
版　次	2022 年 6 月第 1 版　2022 年 6 月第 1 次印刷		
规　格	185 mm×260 mm　16 开本　17 印张　450 千字		
定　价	98.00 元		

图书如有质量问题本社发行部负责调换

提起农田、森林、草原、沙漠、河流、湖泊、城市、村庄等,可以说是无人不知无人不晓,但没有多少人了解地表下面的土壤,而对于岩石如何变成土,知道的人可能更少。本书要讲的就是:①岩石是如何风化形成土壤和影响着土壤性质;②土壤的物理性质、化学性质和生物学性质以及这些性质对植物生长的影响,中国主要土壤类型及其合理利用;③土壤与土地的区别,以及中国现在地表各类有植被覆盖的土地——耕地、园地、林地、草地、湿地、沙地的状况和如何可持续利用。目的是用发生学思想将地质学、土壤学和土地资源学三门学科的主要知识点连贯起来,让那些没有学过地质学、土壤学和土地资源学的自然资源从业者基本掌握这方面的知识,理解岩石、土壤和土地三者之间的关系。

很多的中国山水画都描绘了突兀的岩石缝里长出的松柏,这也许反映的是中国人的审美观,也可能表达的是中国人的抗争精神。但恐怕没多少人知道,石头缝里有土有水,才可能长出树木。编写本书上篇岩石篇的目的是描述岩石如何风化成土以及各种岩石风化形成的土壤的特点和差异。为此,也介绍岩石类型和组成岩石的矿物类型。因为,土壤固体部分中,矿物质颗粒占了 93% 左右,它构成了土壤的"骨架",植物生长需要的矿物质养分也来自土壤矿物质颗粒。

古书《说文解字》将土定义为"土者,吐也,吐生万物也"。也就是说,有土的地才能够生长庄稼、草、木等植物。农民在种田实践中体会到土薄、土厚、土肥、土瘦的不同,影响着庄稼的生长。城里人就没有这个经验。但即使是农民,恐怕他们中的大多数也并不了解土薄、土厚、土肥、土瘦对于庄稼生长的影响机理。因此,本书的中篇即土壤篇将介绍土壤的形成、土壤物质的组成、不同物质组成的土壤的保蓄和供给水分与养分的能力以及如何管理土壤使作物高产,也介绍中国各大区域的土壤类型特点以及如何可持续利用。

从"土者,吐也,吐生万物也"这句话我们可以引申出"地,土也"。没有土壤的土地是不能生长植物的,有土壤的土地才可开垦为耕地。因此,在农业社会,人们有理由认为土壤与土地是一回事。但从学科分类角度看,土壤与土地还是有区别的。毫无疑问,植物要在土壤中获取水分和养分才能够生长。但是,"万物生长靠太阳""雨露滋润禾苗壮""水向低处流"等谚语,却也表明了气候条件、地形条件对植物生长的重要性。例如,贫瘠的红壤耕地可以一年种两茬作物,比一年只能种一茬的肥沃的黑土耕地的亩产高,就说明了这个道理。中国现有耕地、林地、草地、湿地、沙地等土地类型的分布空间格局主要是由气候和地形决定的。为此,本书的下篇即土地篇介绍在土壤上有植被覆盖的各类土地——耕地、园地、林地、草地、湿地和沙地的气候、地形、土壤等环境要素特点以及这些土地由植物、动物和微生物组成的生物部分的特点,以便认识各种土地利用类型内在的生态学机制机理,做到科学保护与合理利用土地。

作者将有关地质学、土壤学和土地资源学三门学科的知识综合编撰在一起,力图以通俗的语言让广大读者理解"日月丽乎天,百谷草木丽乎土"的含义,全面系统地理解习近平总书记的山水林田湖草沙生命共同体思想。但受文字能力所限,未必如愿,不过,仍然愿做先行先试者,抛砖引玉。

张凤荣

2022 年 2 月

contents

目 录

上篇 岩石篇 ·· 1

第一章 矿物与岩石 ··· 3

第一节 形形色色的矿物 ··· 3

第二节 三大类岩石 ·· 16

第三节 岩石圈 ·· 34

第四节 岩石风化与风化壳 ··· 35

第五节 地球圈层 ··· 42

第二章 花岗岩及其地貌与土壤 ··· 43

第一节 花岗岩成分与分类 ··· 43

第二节 花岗岩地貌 ·· 44

第三节 花岗岩风化物与土壤特性 ······································ 47

第三章 玄武岩及其地貌与土壤 ··· 49

第一节 玄武岩成分与分类 ··· 49

第二节 玄武岩地貌 ·· 50

第三节 玄武岩风化物与土壤特征 ······································ 50

第四章 石灰岩及其地貌与土壤 ··· 53

第一节 石灰岩成分与分类 ··· 53

第二节 石灰岩地貌 ·· 53

第三节 石灰岩风化物与土壤特性 ······································ 56

第五章 砂岩及其地貌与土壤 ··· 58

第一节 砂岩成分与分类 ··· 58

第二节　砂岩地貌 ………………………………………………………… 60
第三节　砂岩风化物与土壤特性 ………………………………………… 61

第六章　页岩及其地貌与土壤 ………………………………………… 63

第一节　页岩成分与分类 ………………………………………………… 63
第二节　页岩地貌 ………………………………………………………… 64
第三节　页岩风化物与土壤特性 ………………………………………… 66

第七章　片麻岩 ………………………………………………………… 68

第一节　片麻岩的形成与特性 …………………………………………… 68
第二节　片麻岩风化物与土壤特性 ……………………………………… 68

第八章　流水沉积物 …………………………………………………… 70

第一节　坡积物及其特性 ………………………………………………… 70
第二节　洪积物及其特性 ………………………………………………… 71
第三节　冲积物及其特性 ………………………………………………… 72

第九章　风积物 ………………………………………………………… 76

第一节　风成沙及其特性 ………………………………………………… 76
第二节　风成黄土及其特性 ……………………………………………… 77

参考文献 ………………………………………………………………… 80

中篇　土壤篇 …………………………………………………………… 81

第十章　土壤发生 ……………………………………………………… 83

第一节　岩石变土壤 ……………………………………………………… 83
第二节　成土过程的影响因素 …………………………………………… 89
第三节　土壤侵蚀 ………………………………………………………… 97

第十一章　土壤物质组成 ……………………………………………… 99

第一节　土壤矿物质 ……………………………………………………… 99
第二节　土壤有机质 ……………………………………………………… 103
第三节　土壤中的植物养分 ……………………………………………… 106
第四节　土壤水分与空气 ………………………………………………… 110
第五节　土壤生物 ………………………………………………………… 114

第十二章　土壤性状 ··· 117

　　第一节　土壤质地 ··· 117

　　第二节　土壤交换容量和酸碱度 ································· 123

　　第三节　土层厚度与土壤保蓄能力 ····························· 127

　　第四节　土壤剖面构型 ··· 130

第十三章　土壤与农业生产 ······································· 131

　　第一节　土壤耕作 ··· 131

　　第二节　土壤水分管理 ··· 132

　　第三节　土壤养分管理 ··· 134

　　第四节　广义土壤肥力的提升 ····································· 140

　　第五节　有机食品、绿色食品和无公害农产品的生产 ········· 141

第十四章　我国主要土壤类型及其开发利用 ··················· 145

　　第一节　南方湿热气候区的酸性红黄壤 ························· 146

　　第二节　北方温凉湿润气候区的肥沃黑土 ····················· 148

　　第三节　半干旱半湿润区的草原土壤 ··························· 151

　　第四节　干旱地区的绿洲土壤 ····································· 154

　　第五节　干旱半干旱区的盐碱土 ································· 158

　　第六节　土厚水丰的冲积平原土壤 ····························· 162

　　第七节　低洼积水的沼泽土 ······································· 164

　　第八节　土薄质地粗的山地土壤 ································· 166

　　第九节　遇风飞扬的风沙土 ······································· 168

　　第十节　黄土高原松软深厚的黄绵土 ··························· 170

参考文献 ··· 174

下篇　土地篇 ··· 175

第十五章　土地分类 ··· 177

　　第一节　土壤与土地的区别 ······································· 177

　　第二节　土壤类型与土地类型 ····································· 178

　　第三节　土地类型与土地利用类型 ····························· 178

　　第四节　有植物覆盖的土地的共性 ····························· 179

　　第五节　中国气候带与土地利用/覆盖类型分布 ··············· 183

第十六章 耕地 ·· 185

　　第一节　耕地的概念 ··· 185

　　第二节　耕地生态系统的结构 ··· 186

　　第三节　耕地的功能 ··· 187

　　第四节　耕地利用的多宜性和多变性 ································· 190

　　第五节　中国耕地分布与现状 ··· 190

　　第六节　耕地保护与可持续利用 ······································· 195

第十七章 园地 ·· 200

　　第一节　园地的概念 ··· 200

　　第二节　园地生态系统的结构 ··· 200

　　第三节　园地的功能 ··· 202

　　第四节　中国园地分布与现状 ··· 203

　　第五节　园地布局与可持续利用 ······································· 206

第十八章 林地 ·· 208

　　第一节　森林与林地 ··· 208

　　第二节　森林生态系统的结构 ··· 209

　　第三节　森林的功能 ··· 211

　　第四节　中国森林分布与现状 ··· 213

　　第五节　森林保护与建设 ·· 219

第十九章 草地 ·· 223

　　第一节　草地与草原 ··· 223

　　第二节　草原生态系统的结构 ··· 224

　　第三节　草原的功能 ··· 226

　　第四节　中国草原分布与现状 ··· 228

　　第五节　草原保护与合理利用 ··· 233

第二十章 湿地 ·· 237

　　第一节　湿地概念 ·· 237

　　第二节　湿地生态系统的结构 ··· 238

　　第三节　湿地的功能 ··· 240

　　第四节　中国湿地分布与现状 ··· 242

　　第五节　湿地保护与生态建设 ··· 244

第二十一章　沙地 ·· 246

　第一节　沙漠与沙地 ·· 246

　第二节　沙地生态系统的结构 ·································· 247

　第三节　沙地的功能 ·· 248

　第四节　中国主要沙漠和沙地 ·································· 249

　第五节　科学保护、利用和治理沙地 ······················ 251

第二十二章　统筹布局土地利用空间，科学利用土地 ··········· 253

　第一节　正确处理土地资源开发利用和保护的关系 ········· 253

　第二节　耕园林草湿沙是生命共同体 ······················ 254

　第三节　开展土地适宜性评价，统筹合理布局各类土地空间 ··· 254

　第四节　发展土地利用科学技术，实现土地可持续利用 ········· 255

参考文献 ·· 256

后　记 ··· 258

上篇
岩石篇

　　地质学上，岩石是指天然形成的，具有一定结构、构造和形状的矿物集合体，也就是说，矿物和岩石是质与量的关系。根据岩石成因，将岩石分为岩浆岩、沉积岩和变质岩三大类。岩石是地球岩石圈的基本构成物质，也是形成土壤的物质基础。认识地球上的崇山峻岭和平原沃土，要从认识岩石开始；而认识岩石，要从认识其矿物的组成开始。因为土壤固体部分的 95% 以上是岩石风化形成的碎屑，植物生长发育需要的矿物质营养元素磷、硫、钾、镁、钙、硅、铁、锰、锌、铜、硼、钼、氯、钠、镍等均主要来自土壤，也就是间接来自各类组成岩石的矿物。

第一章　矿物与岩石

第一节　形形色色的矿物

矿物的科学解释是自然界各种地质作用形成的单质化学元素或化合物。天然的美玉毕竟是珍稀之物，人类遂合成了诸如人造金刚石、人造水晶等，其特性虽已经与天然矿物别无二致，但终究只能称为人造矿物。但大自然却为人类造就了形形色色的天然矿物，自然界目前已探明的矿物有 3 000 余种。

根据组成矿物的化学成分和晶格，矿物可分为 5 大类：自然元素、硫化物及其类似化合物、氧化物和氢氧化物、卤化物、含氧盐。其中以硅酸盐矿物（硅酸的化学式为 H_2SiO_3），如长石、辉石、角闪石、云母、橄榄石以及含氧矿物石英（SiO_2）数量最多，约占矿物总量的 91%，它们是组成岩石的主要矿物，故而被称为造岩矿物。目前主要的造岩矿物有 20～30 种，其中又以长石最多。长石类矿物是地壳中分布最广的造岩矿物，约占地壳重量的 50%。其次是石英，因为它比长石的抗风化能力强。石英是地球表层分布最广的矿物。在我国西北地区，石英以其超强的抗物理风化能力而成为茫茫大漠的主要矿物。日常生活中常见的玻璃，主要成分就是石英，它是将石英熔融后制成的。另外，各种珍贵的玉石，有些也含有石英。

一、矿物成因

矿物中的化学元素通过地质作用等过程发生运移、聚集而形成矿物。作用过程的不同、组合元素的不同，所形成的矿物也不相同。矿物在漫长的形成之旅后，还会因环境的变迁，其化学结构遭受破坏而形成新的矿物。矿物主要有以下 3 个成因。

1.岩浆作用

在地球内部高温和高压条件下，熔融状态的岩浆自然结晶，逐渐析出，成为橄榄石、辉石、角闪石、石英、云母、长石等矿物，它们是各类岩浆岩的主要矿物。熔融状态的岩浆结晶析出的矿物还有铬铁矿、铂族金属矿、金刚石、钒钛磁铁矿、铜镍硫化物以及含磷、锆、铌、钽的矿物；还有富含挥发性氟、硼的矿物，如黄玉、电气石；含锂、铍、铷、铯、铌、钽等稀有元素的矿物，如锂辉石、绿柱石；以及含放射性元素的矿物，如铀矿物。

2.外生作用

岩浆作用形成的矿物可在阳光、大气和水等外力作用下发生物理的和化学的变化（称风化作用），形成一些在地表环境下比较稳定的矿物，如蒙脱石、高岭石、硬锰矿、孔雀石、蓝铜矿等。

有些在风化作用后形成的溶液中化学析出矿物(例如水分蒸发以后),如石膏、食盐、钾盐、硼砂等;或由胶体凝聚生成矿物,如鲕状赤铁矿、肾状硬锰矿等。有些则经过生物沉积形成了蛋白石矿物,如硅藻土是一种硅质岩石,由单细胞植物硅藻遗体沉积形成,主要成分是蛋白石。

3. 变质作用

已形成的矿物有些还会因地壳构造运动或岩浆活动再次受高温、高压以及新成分的加入而改变,称为变质作用。经变质作用形成的矿物叫变质矿物,如硅灰石、蛇纹石、红柱石等。

二、矿物的特性

大多数矿物为结晶质固态,极少数为非晶质、非固态。所谓结晶质,是指组成矿物的物质质点(离子、原子、分子)按一定方式规则地排列成空间格子状构造,晶体的这种构造叫晶格。如水晶(图 1-1)就是一种晶体,在矿物学上属于石英族,主要化学成分是 SiO_2,纯净时形成无色透明的晶体;当水晶含 Fe、Mn 等其他微量元素时,经光照会形成不同类型的色心,产生不同的颜色,如紫色、黄色、茶色、粉色等,因而以颜色命名为紫水晶、黄水晶、烟晶等。由于各种矿物的化学成分不同,晶体构造也不同。

图 1-1 水晶

自然界除了结晶质矿物外,还有一部分非晶质矿物。非晶质矿物的内部质点是无规律排列的,因而不具有规则的几何外形。如前文提到的生物沉积形成的蛋白石($SiO_2 \cdot nH_2O$)就是一种非晶质的胶体矿物(固态凝胶),虽然它与水晶的化学成分一样主要都是 SiO_2,但蛋白石含有 10％左右的结晶水,相比于晶体矿物,蛋白石石体细腻、圆润,其中以新疆哈密蛋白石和雨花石蛋白石(以全国最大的雨花石产地江苏省南京市六合区的雨花台命名)最负盛名。矿物还有液态的,如自然汞,俗称水银,呈银白色闪亮的重质液体。水银属于金属元素,因沸点高且热胀冷缩时体积变化小而被用于水银温度计。另外还有气态矿物,如天然气(主要成分是甲烷),也属于矿物。

1. 矿物的物理性质

人们根据物理性质来识别矿物,如颜色、光泽、硬度、解理、相对密度和磁性等,都是肉眼鉴定矿物的重要标志。

(1)颜色 矿物的颜色多种多样。矿物学中一般将矿物颜色分为 3 类:自色、他色、假色。自色是矿物固有的颜色,是当白光透过矿物时,矿物内部发生的电子跃迁过程引起对不同色光的选择性吸收所致。矿物内电子发生跃迁的原因主要是由于色素离子的存在,如 Fe^{3+} 使赤铁矿呈红色,V^{3+} 使钒榴石呈绿色等。

他色是指由混入物引起的颜色,混入物使得色杂斑驳。

假色则因某种物理光学过程所致。如斑铜矿新鲜面呈鲜亮古铜红色,但当其暴露于空气中氧化后因表面附有氧化薄膜引起光的反射而又呈现蓝紫色。再如,当矿物内部含有定向的细微包裹体,转动矿物时便会有变幻的色彩。倘若透明矿物有裂隙时便会引起光的衍射而出现彩虹般的晕色等。

若要观看矿物本身的颜色,需要消除假色、减弱他色,可在白色无釉的瓷板上划擦矿物,所留下的粉末条痕色便是矿物本身的颜色。这也是地质学家常用的通过颜色鉴别矿物的方法。

矿物有颜色的差别,颜色亦有深浅之分。浅色矿物一般为白色或肉色,比如白云母是白色,石英无色,钾长石肉红色。所谓的深色矿物,其颜色一般为暗绿色、暗褐色,如橄榄石、辉石和黑云母等都属于暗色矿物。

因为暗色矿物比浅色矿物更易吸收太阳光热,因而,暗色矿物含量多的岩石比浅色矿物含量多的岩石更容易发生风化。比如,在同样的气候条件下,含暗色矿物多的辉长岩比含淡色矿物多的花岗岩容易风化。因此,辉长岩比花岗岩更容易形成深厚而且质地较细的土壤。

(2)光泽 光泽指矿物表面反射可见光的能力。根据平滑表面反光由强而弱,分为金属光泽(如方铅矿)、半金属光泽(如磁铁矿)、金刚光泽(如金刚石)和玻璃光泽(状若玻璃板的反光)四级。金属和半金属光泽的矿物条痕一般为深色,金刚和玻璃光泽的矿物条痕为浅色或白色。此外,若矿物的反光面不平滑时,光感似乎更显韵味,出现或如油脂、或如树脂、或如蜡状、或如丝绢、或如珍珠般的光泽。

(3)透明度 透明度指可见光透过矿物的程度。影响矿物透明度的外在因素很多,包括厚度、是否含有包裹体、表面是否平滑等。为便于可比,通常观察厚度为 0.03 mm 的矿物薄片,根据光的透过程度由强至弱,将矿物分为透明矿物(如石英)、半透明矿物(如辰砂)和不透明矿物(如磁铁矿)。

(4)硬度 硬度指矿物抵抗外力作用(如刻划、压入、研磨)的机械强度。矿物学中常用摩氏硬度来表示矿物的相对硬度,它是通过与具有标准硬度的矿物相互刻划、比较而得出的。10种标准硬度的矿物组成了摩氏硬度等级,它们从 1 度到 10 度分别为滑石、石膏、方解石、萤石、磷灰石、正长石、石英、黄玉、刚玉、金刚石。滑石最软,金刚石最硬。可用指甲(相当于 2～2.5摩氏硬度)、窗户玻璃(相当于 5.5～6 摩氏硬度)、小钢刀(相当于 6～7 摩氏硬度)来刻划矿物,粗略地判断矿物的摩氏硬度。另外,也可以使用维氏硬度,它是压入硬度,用硬度仪测出,单位以 kg/mm² 表示。诚然,矿石中有如金刚石之坚硬者,也有如滑石之柔软者,矿物的硬度实则与其化学成分及矿物结晶体结构中的化学键型、原子间距、电价、原子配位等密切相关,故而软硬不同。

(5)相对密度 相对密度指纯净、均匀的单一类型的矿物在空气中的重量与同体积的纯水在 4℃时的重量之比。不同矿物的相对密度差异很大,比如琥珀的相对密度小于 1,而锇的相对密度可高达 22.48。锇是已知的密度最大的金属,1 m³ 的锇重达 22.48 t。但大多数矿物具有中等相对密度(2.5~4)。自然金属元素矿物的相对密度较大,盐类矿物相对密度较小。矿物相对密度可分为以下 3 级。

①轻密度。相对密度小于 2.5。如石墨(2.5)、自然硫(2.05~2.08)、食盐(2.1~2.5)、石膏(2.3)等。

②中等密度。相对密度在 2.5~4。非金属矿物的相对密度大多属于此级。如石英(2.65)、斜长石(2.61~2.76)、金刚石(3.5)等。

③重密度。相对密度大于 4。如重晶石(4.3~4.7)、磁铁矿(4.6~5.2)、白钨矿(5.8~6.2)、方铅矿(7.4~7.6)、自然金(14.6~18.3)等。

矿物的相对密度取决于组成元素的相对原子质量、晶体结构(晶体形状、原子或离子半径等)及其排列的紧密程度(晶体堆积方式)。矿物的形成条件(温度和压力)对矿物相对密度起着重要作用。

(6)断口 矿物在外力作用下(如敲打),沿任意方向产生的各种断面称为断口。依其形状,断口主要有贝壳状、锯齿状、参差状、平坦状等。

(7)解理 在外力作用下,矿物晶体沿着一定的结晶方向破裂形成光滑平面的固有特性称为解理。解理面垂直于矿物晶体结构中键结力最弱的方向,平行于原子排列最密的面。根据解理产生的难易和解理面完整的程度将解理分为极完全解理(如云母)、完全解理(如方解石)、中等解理(如普通辉石)、不完全解理(如磷灰石)、极不完全解理(如石英)。

(8)弹性、挠性、脆性、延展性、磁性 某些矿物(如云母)受外力作用弯曲变形,外力消除后可自动恢复原状,则显示出弹性;而另一些矿物(如绿泥石)受外力作用弯曲变形,外力消除后不再恢复原状,则显示出挠性;大多数矿物为离子化合物,受外力作用容易破碎,称作脆性;少数具金属键的矿物(如自然金),可拉伸成丝、捶打成片,则称作延展性。此外,根据矿物在被外磁场所磁化时表现的性质,可分为抗磁性(如石盐)、顺磁性(如黑云母)、反铁磁性(如赤铁矿)、铁磁性(如自然铁)和亚铁磁性(如磁铁矿)。矿物的磁性常被用于探矿和选矿。

(9)发光性 一些矿物受外来能量激发可发出可见光。加热、摩擦以及阴极射线、紫外线、X 射线的照射都是能够激发矿物发光的因素。激发停止,发光即停止的称为荧光;激发停止,发光仍可持续一段时间的称为磷光。人们可利用矿物发光性进行矿物鉴定、找矿和选矿。

2.矿物的化学性质

化学元素是组成矿物的物质基础。地壳中各种元素的平均含量(称克拉克值)是不同的。氧、硅、铝、铁、钙、钠、钾、镁 8 种元素就占了地壳总重量的 97%,其中氧约占地壳总重量的一半(46.60%),硅占地壳总重的 1/4 以上(27.72%),其余元素就含量而言虽微不足道,但有些具有特殊的价值,比如一些稀有元素如锂、铷、铯、钛、锆、钨、钼、钒、铼、锗等。有些元素聚集后就形成了矿床,如铁矿、铜矿,而某些元素如铷、镓等趋于分散,不易形成独立矿物,一般仅以混入物形式分散于某些矿物成分之中。

三、主要矿物类型

矿物的化学成分和晶体结构决定着矿物性质,据此将矿物分为5大类10种(表1-1)。

表 1-1　矿物分类与代表矿物

分类	描述	代表矿物	化学式
一、自然元素	单质金属或非金属	自然铜 自然金 金刚石	Cu Au C
二、硫化物	元素同硫结合	方铅矿 闪锌矿	PbS ZnS
三、卤化物	卤族元素化合物	岩盐 萤石	$NaCl$ CaF_2
四、氧化物及氢氧化物	1.元素同氧结合 2.金属氧化物与水联合派生	石英 赤铁矿 褐铁矿 铝土矿	SiO_2 Fe_2O_3 $Fe_2O_3 \cdot 3H_2O$ $Al_2O_3 \cdot 2H_2O$
五、含氧盐	1.硅酸盐 元素同$[SiO_4]^{4-}$结合	正长石 橄榄石	$K[AlSi_3O_8]$ $(Mg,Fe)_2[SiO_4]$
	2.含水硅酸盐(黏土矿物) 水同$[SiO_4]^{4-}$盐矿物联合派生的化合物	高岭石 绿泥石	$Al_4[Si_4O_{10}](OH)_8$ $(Mg,Al,Fe)_6[(Si,Al)_4O_{10}](OH)_8$
	3.硫酸盐 元素同$[SO_4]^{2-}$结合	硬石膏 石膏	$CaSO_4$ $CaSO_4 \cdot 2H_2O$
	4.碳酸盐 元素同$[CO_3]^{2-}$结合	方解石 白云石	$CaCO_3$ $CaMg[CO_3]_2$
	5.磷酸盐 元素同$[PO_4]^{3-}$结合	磷灰石	$Ca_5[PO_4]_3(F,Cl,OH)$

1.硅酸盐矿物

硅酸盐是金属阳离子与硅酸根 SiO_4^{2-} 化合而成的盐类矿物。硅酸盐矿物的种类众多,均含氧化硅以及一种或几种金属离子。氧和硅是地壳中分布最广的两种元素,由硅、氧和其他金属阳离子组成的硅酸盐矿物是地壳中各种岩石的主要组成矿物,称造岩矿物。硅酸盐不仅是岩浆岩、沉积岩、变质岩的主要造岩矿物,也是土壤矿物质部分的主要组分。土壤一般由固体、液体和气体3部分组成。绝大部分土壤的固体部分是矿物质,或称无机部分;所谓土壤有机质只占不到土壤固体部分的5%。组成硅酸盐的化学元素种类不多,而由这些元素组成的矿物种数却远远超过组成元素的数目。目前已发现的硅酸盐矿物占已知矿物种类的 1/3,有 800 余种。其中最常见的硅酸盐矿物如下。

(1)长石 长石类矿物是地壳中分布最广的造岩矿物,约占地壳重量的 50%。大多数长石都包含在钾长石 K[AlSi₃O₈]、钠长石 Na[AlSi₃O₈]、钙长石 Ca[Al₂Si₂O₈]的 3 个系列中。钾长石与钠长石的组合称为钾钠长石系列或碱性长石系列,它们在高温时能以任意比例相混溶。长石族矿物按化学组成不同主要分为两个亚族,即钾长石亚族(或称正长石亚族、钾钠长石亚族)和斜长石亚族。钾长石亚族的主要矿物有透长石、正长石、微斜长石和歪长石。斜长石亚族的主要矿物有钠长石、奥长石、中长石、拉长石、培长石和钙长石。钾长石亚族的矿物是土壤中钾的主要来源。正长石呈肉红色,斜长石呈白色或灰白色。钾在作物生长需求的矿质营养元素中居第三位。

(2)白云母 $KAl_2[AlSi_3O_{10}](OH,F)_2$ 呈片状或鳞片状(图 1-2b),薄片为无色透明,具有珍珠光泽,硬度 2.5~3,易撕成薄片,具有弹性,相对密度 2.77~2.88。

(3)黑云母 $K(Mg,Fe)_3[AlSi_3O_{10}](OH,F)_2$ 单晶体为短柱状、板状,集合体为鳞片状或片状(图 1-2a),易撕成薄片,棕褐色或黑色,随含 Fe 量增高而变暗。其他光学与力学性质与白云母相似,相对密度 2.7~3.3。白云母和黑云母也是土壤养分中钾元素的主要来源。

a　　　　　　　　　　　　　　　　b

图 1-2　a. 黑云母;b. 白云母

(4)普通辉石 $(Ca,Na)(Mg,Fe^{2+},Al,Fe^{3+})[(Si,Al)_2O_6]$ 单晶体短柱状,集合体粒状,绿黑色,玻璃光泽,硬度 5.5~6,相对密度 3.2~3.4。Ca、Na、Mg、Fe、Si 等都是植物所需营养元素。

(5)普通角闪石 $NaCa_2(Mg,Fe,Al)_5[(Si,Al)_4O_{11}]_2(OH,F)_2$ 单晶体为长柱状,绿黑色或黑色,玻璃光泽,硬度 5~6,相对密度 3.02~3.45(随含 Fe 量增高而增大)。

(6)橄榄石 $(Mg,Fe)_2[SiO_4]$ 常为粒状集合体。浅黄绿到橄榄绿色,随含 Fe 量增高而加深,玻璃光泽,透明,硬度 6~7,相对密度 3.2~4.4(随含 Fe 量增高而增大)。橄榄石暗色矿物,容易风化。

(7)绿柱石 $Be_3Al_2[Si_6O_{18}]$ 浅绿色,玻璃光泽,相对密度 7.5~8,透明而呈翠绿色者称为绿宝石(含 Cr),透明而呈蔚蓝色者称为水蓝宝石(含 Fe^{2+}),具此特点的硅酸盐呈六方柱。

(8)石榴子石 $X_3Y_2[SiO_4]_3$ 化学式中的 X 代表二价阳离子 Ca^{2+}、Mg^{2+}、Mn^{2+}、Fe^{2+} 等,Y 代表三价阳离子 Al^{3+}、Fe^{3+}、Cr^{3+} 等。阳离子为铁、铝者称为铁铝榴石;阳离子为钙、铝者,称为钙铝榴石。尽管它们的化学成分有某种变化,但其基本结构相同,特征近似。石榴子石常形成等轴状单晶体,集合体成粒状的块状。浅黄白、深褐到黑色(一般随含 Fe 量增高而加深),玻璃光泽,硬度 6~7.5,无解理,断口为贝壳状或参差状,相对密度 4 左右。

(9)红柱石 $Al_2[SiO_4]O$ 单晶体呈柱状,集合体呈放射状,俗称菊花石,常为灰白色及肉红色,玻璃光泽,硬度 6.5~7.5,相对密度 3.13~3.16。

(10)蓝晶石 $Al_2[SiO_4]O$ 单晶体常呈长板状或刀片状,常为蓝灰色,玻璃光泽,解理面上有珍珠光泽,硬度 5.5~7,相对密度 3.53~3.65。

(11)绿帘石 $Ca_2Al_2(Fe^{3+},Al)[SiO_4][Si_2O_7]O(OH)$ 单晶体为柱状,集合体为粒状或块状,绿色,色调随含 Fe 量增加而变深,玻璃光泽,硬度 6~6.5,相对密度 3.21~3.49。

(12)电气石 $Na(Mg,Fe,Mn,Li,Al)_3Al_6[Si_6O_{18}][BO_3]_3(OH,F)_4$ 晶体通常呈柱状,颜色随成分而变,有暗绿、暗蓝、暗褐、玫瑰红、黑色,玻璃光泽,硬度 7~7.5,相对密度 3.03~3.25。由于加热摩擦或加压时晶体一端带正电荷,另一端带负电荷而被命名为电气石。

(13)硅灰石 $Ca[SiO_3]$ 大多为纤维状、放射状集合体,白色、灰白色,玻璃光泽,硬度 4.5~5,相对密度 2.87~3.09。

(14)透辉石 $CaMg[Si_2O_6]$ 单晶短柱状,集合体为粒状,无色,含铁质者成绿色,玻璃光泽,硬度 5.5~6,相对密度 3.22~3.38。

(15)滑石 $Mg_3[Si_4O_{10}](OH)_2$ 单晶体为片状,通常为鳞片状、放射状、纤维状、块状等集合体,无色或白色,珍珠光泽,硬度 1,相对密度 2.55~2.58。滑石粉功能众多,不仅用于各种润肤粉、美容粉、爽身粉等,还用于涂料、油漆、造纸、塑料、橡胶、电缆、陶瓷、防水材料等生产领域。医药食品级滑石粉,更是用于医药片剂、糖衣、中药方剂、食品添加剂、隔离剂等中。

(16)蛇纹石 $Mg_6[Si_4O_{10}](OH)_8$ 与滑石的化学成分相似。一般为细鳞片状、显微鳞片状以及致密块状集合体,呈纤维状集合体者称蛇纹石石棉。黄绿色,或深或浅。块状者常具油脂光泽,纤维状者为丝绢光泽。硬度 2.5~3.5,相对密度 2.83。

(17)高岭石 $Al_4[Si_4O_{10}](OH)_8$ 一般为块状集合体(图 1-3)。白色,常因含杂质而呈其他色调。土状者光泽暗淡,块状者具蜡状光泽。硬度 2,相对密度 2.61~2.68。高岭石具有可塑性,所研磨成的高岭土是陶瓷工业的主要原料。黏质土壤如果其黏土矿物是高岭石,其湿润时和干燥时的涨缩性比以蒙脱石为主的黏质土壤要小。

(18)绿泥石 $(Mg,Al,Fe)_6[(Si,Al)_4O_{10}](OH)_8$ 常呈鳞片状集合体。绿色,深浅随含 Fe 量增减而不同。解理面上为珍珠光泽。硬度 2~3,相对密度 2.6~3.3。

(19)沸石 $A_mX_pO_{2q}\cdot nH_2O$ A 代表 Ca、Na 及部分 K、Ba、Sr;X 代表 Si、Al。沸石的种类很多,最常见的有钠沸石、钙沸石、方沸石、菱沸石、斜法沸石和片沸石等。色浅,为白色或无色,硬度 3.5~5.5,相对密度较小,为 2.1~2.5。大部分沸石加热都能迅速排出水气。沸石主要用于从海水中提取钾和软化硬水等。沸石还用作石油炼制的催化裂化、氢化裂化和石油的化学异构化、重整、烷基化、歧化。在建材工业中,沸石用作水泥水硬性活性掺和料、烧制人工轻骨料、制作轻质高强度板材和砖。在农业上用作土壤改良剂,能起保肥、保水、防止病虫害的作用。

图 1-3　高岭石

（20）**海绿石** $K_2(Fe,Al)_4[(Si,Al)_8O_{20}](OH)_4$　晶体极少见。暗绿色、蓝绿色至绿黑色，光泽暗淡，硬度 $2\sim3$，相对密度 $2.2\sim2.8$。海绿石是典型的海相沉积矿物，产于砂岩、碳酸盐岩、黏土岩及磷块岩中。可用作钾肥。

（21）**蒙脱石** $(0.5Ca,Na)_{0.66}Al_{3.34}Mg_{0.66}[Si_8O_{20}](OH)_4 \cdot nH_2O$　常呈土体块状，白色、或微呈浅红、浅绿色等。土状光泽或蜡状光泽，硬度 $1\sim2$，有滑感，相对密度 $2\sim3$。吸水后体积胀大数倍并分散为糊状，因此又叫"膨润土"。我国绝大多数蒙脱石产出于沉积地层和火山沉积地层，并以火山沉积型为主，此外，还有风化形成的。

在上述硅酸盐矿物中，对岩石有特别意义的是钾长石、斜长石、云母（包括黑云母与白云母）、角闪石、辉石及橄榄石。如果将石英从广义上也归类为硅酸盐矿物（因石英也具有硅氧四面体的基本结构）的话，这 7 类矿物是地壳岩石中最主要的矿物成分。

植物生长所需要的大量元素有碳（C）、氢（H）、氧（O）、氮（N）、磷（P）、硫（S）、钾（K）、镁（Mg）、钙（Ca）、硅（Si）和必需微量元素铁（Fe）、锰（Mn）、锌（Zn）、铜（Cu）、硼（B）、钼（Mo）、氯（Cl）、钠（Na）、镍（Ni），除了碳、氢、氧、氮元素外，基本上都来自硅酸盐的风化产物。土壤学称 Ca 和 Mg 为碱土金属，K 和 Na 为碱金属。土壤如果含 Ca、Mg、K、Na，土壤的 pH 呈微碱性或碱性；如果不含，则呈酸性。

2. 其他常见矿物

（1）**石墨** C　晶体呈六方片状，但少见。常呈鳞片状或块状。铁黑色至钢灰色，硬度 1，易污手，有滑感。由煤或炭质岩经变质作用而成。工业用于原子能、电力和冶金方面，也用于润滑剂、铅笔芯、电极、人造金刚石等方面。

（2）方铅矿 PbS 一般以立方体和粒状块状出现，铅灰色，硬度 2～3。主要由岩浆作用形成，是冶炼铅的主要矿物，含银（Ag）多时可提炼银。

（3）黄铜矿 $CuFeS_2$ 呈四面体，但少见，晶体常呈粒状或致密块状。铜黄色，风化面常显蓝、紫、褐色。硬度 3～4。主要由岩浆作用与变质作用形成，外动力地质作用也可形成。黄铜矿为重要的铜矿石。

（4）黄铁矿 FeS_2 完整的晶体是立方体和五角十二面体，集合体大多呈致密状、粒状。浅铜黄色，风化面常呈褐色。硬度 6～6.5。岩浆作用、沉积作用、变质作用等地质作用均可形成黄铁矿。黄铁矿是制造硫酸的重要原料。黄铁矿与黄铜矿不易区别，一般通过硬度比较。黄铁矿被火烧时放出强烈的 SO_2 臭味，而黄铜矿没有，这也是两者的重要区别。

（5）雄黄 AsS 单斜晶系，属硫化物。细粒状晶体，一般呈粒状集合体。橘红色，条痕淡橘红色。晶面金刚光泽，断口脂肪光泽。半透明，硬度 1.5～2，相对密度 3.4～3.6。

（6）雌黄 As_2S_3 单斜晶系，属硫化物。晶体细小，普通呈叶片状、鳞片状。柠檬黄色，条痕与颜色相同，解理面呈珍珠光泽，解理极完全，可撕裂成薄片。硬度 1.5～2，相对密度 3.4～3.5。

（7）钾盐 KCl 属卤化物。晶体呈立方体，集合体为致密块状。无色透明，有 Fe_2O_3 混入物时呈红色。玻璃光泽，硬度 1.5～2。易溶于水，味苦且涩。灼烧时火焰呈紫色。钾盐形成于干涸盐湖中，与石盐、石膏共生，含钾 52%，可用作钾肥及化工原料。中国钾盐的主要产地有青海柴达木盆地察尔汗盐湖、新疆罗布泊盐湖和云南勐野井固体钾盐矿。其中，青海察尔汗盐湖素有中国钾肥产业脊梁之称。

（8）光卤石 $MgCl_2 \cdot KCl \cdot 6H_2O$ 属卤化物。晶体少见，通常呈致密粒状块体。质纯者无色，含氧化铁时呈红色、黄褐色。新鲜面玻璃光泽。在空气中易潮解变暗呈油脂光泽。硬度 2～3。性脆。易溶于水，具强潮解性。味辛辣苦咸，发强荧光。光卤石形成于干涸盐湖中，与石盐、钾盐共生。我国许多盐湖产光卤石，含钾 14.1%，可制作钾肥。

（9）岩盐 NaCl 晶体呈立方体，集合体呈粒状。纯净者无色透明，如含杂质可呈现各种颜色。硬度 2。岩盐主要在盐湖中沉积而成。可食用。工业上可制盐酸、苏打，也可提取金属钠。NaCl 易溶于水，因此，在湿润区土壤中没有 NaCl；NaCl 存在于干旱区半干旱区的土壤中。

（10）萤石 CaF_2 晶体常呈立方体、立方体与菱形十二面体的聚形等。集合体呈粒状。无色透明的少见，一般为绿、紫、黄色。硬度 4。萤石主要由岩浆作用形成。冶金工业作熔剂，火箭和原子能工业也广泛应用。

（11）石英 SiO_2 常见为粒状或块状集合体，有时可见到石英晶簇（图 1-4）。无色透明者叫水晶。石英因含杂质可呈各种色调，如紫水晶（紫色），还有黄水晶（淡黄色至深黄色）、烟水晶（淡棕色至深褐色）。石英晶面为玻璃光泽，断口为油脂光泽，无解理，硬度 7，贝壳状断口。

隐晶质的石英称为石髓（玉髓），常呈肾状、钟乳状及葡萄状等集合体。一般为浅灰色、淡黄色及乳白色，偶有红褐色及苹果绿色。微透明。具有多色环状条带的石髓称为玛瑙。玛瑙颜色丰富多彩，有红玛瑙、绿玛瑙、蓝玛瑙、白玛瑙等。水晶与玛瑙也都属于宝石。

（12）蛋白石 $SiO_2 \cdot nH_2O$ 属氧化物，是非晶质的固态凝胶，含水量 1%～21%。无一定外形，通常为致密块体，有时呈钟乳状及多孔状。本身无色，常因含有杂质而被染成各种色彩。

图 1-4 石英晶簇

玻璃光泽至蜡状光泽,半透明而具蛋白光。硬度 5～5.5。断口贝壳状,相对密度 2 左右。蛋白石可以从火山区域的温泉和间歇泉中沉淀而成,称为硅华。在外生条件下,由于硅酸盐矿物风化分解,产生大量硅酸溶胶,或就地凝聚形成蛋白石,或被携带到海洋,被硅藻、放射虫吸收组成其骨骼,死后形成硅藻土。非晶质的蛋白石经过晶化作用能变成隐晶质的石髓或显晶质的石英。

(13)赤铁矿 Fe_2O_3 常见为致密块状、鲕状、豆状、土状和肾状。常见为土红、暗红或猪肝色,故又称红铁矿。硬度 5.5～6,无解理。岩浆作用、沉积作用和变质作用均可形成。赤铁矿是重要的铁矿石。南方红壤、砖红壤的红色也来自赤铁矿。

(14)磁铁矿 $Fe^{2+}Fe_2^{3+}O_4$ 晶体为八面体或菱形十二面体,通常为致密块状、粒状。铁黑色或深灰色。无解理,硬度 5.5～6,具强磁性。岩浆作用和变质作用均可形成。磁铁矿是最重要的炼铁矿物。与基性岩有关的磁铁矿床常含钒、铬、铂族元素,可综合利用。

(15)软锰矿 MnO_2 常见为土状、粉末状集合体。黑色。除晶体外集合体硬度很小,易染手。主要是沉积作用和风化作用形成。软锰矿是主要的炼锰原料。

(16)铝土矿 $Al_2O_3 \cdot nH_2O$ 通常呈鲕状、豆状、致密块状。深灰至白色,硬度 2～4,无解理。铝土矿是提炼铝的重要原料。铝土矿大多为风化、沉积作用形成,南方湿热地区的土壤中含有铝土矿。

(17)褐铁矿 $Fe_2O_3 \cdot nH_2O$ 是铁的氢氧化物集合体的统称,成分比较复杂。其中主要包括纤铁矿〔$FeO(OH)$〕和针铁矿($FeOOH$)。纤铁矿和针铁矿在成因上密切相关,两者常共同产出,可一起用于炼铁,但纤铁矿较为少见。褐铁矿外形有土状、豆状、多孔状、蜂窝状和葡萄状等。有褐色、棕褐色、黑褐色。硬度 1～4。多为风化作用形成,也有沉积作用产生的。褐铁矿脱水成赤铁矿。针铁矿的颜色呈黄褐色,我们通常所见到的铁锈基本就是由它组成的。贵州、四川的黄壤的颜色主要是由针铁矿造成的。

(18)方解石 $CaCO_3$(图 1-5) 常见晶形有菱面体和六方柱的聚形、菱面体等。三组解理完全。集合体多样,有粒状、致密块状、鲕状、晶簇、钟乳状等。纯净无色透明者叫冰洲石。方解石常因含杂质而呈现各种颜色。性脆。硬度 3。遇盐酸强烈起泡。方解石主要是沉积作用形成,也有岩浆作用和变质作用形成的。主要成分为方解石的石灰岩是制水泥、烧石灰的原料,工业上作冶金熔剂;冰洲石可作光学仪器;经变质作用形成的以方解石为主要成分的大理岩可作建筑和雕刻材料。北方土壤大部分含方解石,方解石溶解出的钙离子是使北方土壤呈微碱性的主要原因。

a   b

图 1-5   a.白色方解石;b.灰色方解石

(19)白云石 $CaMg[CO_3]_2$ 晶体为菱面体,常为粗粒集合体,也有致密块状产出。还可见到多孔状、肾状。多呈灰白色,有的具浅黄、浅红色。硬度 3.5~4。遇冷盐酸微起泡。白云石主要是沉积作用形成的。工业上用作冶金熔剂和耐火材料,也可作化肥原料。

(20)菱镁矿 $MgCO_3$ 属碳酸盐。晶体呈菱面体,常见为致密粒状集合体。色白,微带浅黄、浅灰色。玻璃光泽。硬度 4~4.5。相对密度 2.9~3.1。遇稀冷盐酸不起泡,用加热的稀盐酸才起泡。

(21)孔雀石 $Cu_2CO_3(OH)_2$ 常为针状、放射状或钟乳状集合体,或呈皮壳附于其他矿物表面。深绿或鲜绿色,条痕为淡绿色。晶面上为丝绢光泽或玻璃光泽。硬度 3.5~4。相对密度 3.5~4.0。遇冷稀盐酸剧烈起泡。孔雀石以其特有颜色而与其他矿物相区别,属于绿色系宝石。孔雀石也用于中药,具有舒缓松弛神经、平衡情绪、消除疲劳的作用。

(22)石膏 $CaSO_4 \cdot 2H_2O$(图 1-6)   单晶体常为板状,集合体为块状、粒状及纤维状等。为无色或白色。有时透明。玻璃光泽,纤维状石膏为丝绢光泽。硬度 2。有极好解理,易沿解理面劈开成薄片。薄片具挠性。相对密度 2.30~2.37。石膏中透明而呈月白色反光者称透明石膏,纤维状者称纤维石膏,细粒状者称雪花石膏。石膏是建筑材料,也具有清热降火作用。石膏也可将豆浆絮凝为豆腐脑,所谓"石膏点豆腐"。石膏易溶于水,会随着水流失,因此干旱区的土壤中才含石膏,湿润区土壤不含石膏。

(23)重晶石 $BaSO_4$ 属硫酸盐。晶体常为板状,集合体常为粒状、纤维状。纯净的晶体,无色透明,一般呈白色、灰白、浅黄、淡褐。玻璃光泽,解理面珍珠光泽。硬度 3~3.5。相对密度 4.3~4.5。

(24)磷灰石 $Ca_5[PO_4]_3(F,Cl,OH)$ 晶体为六方柱状,集合体为柱状、致密块状等。有

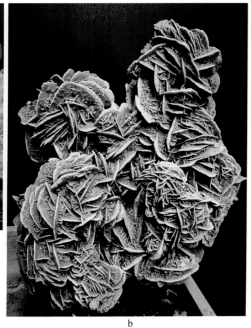

图 1-6　a.透明石膏；b.不透明石膏

绿、黄、黄褐、浅紫色等。具玻璃光泽、油脂光泽。性脆，硬度5。相对密度3.1～3.2。将磷灰石的粉末放在火焰上焙烧，会产生绿色磷光，或将饱和钼酸铵的硝酸溶液滴在矿石的新鲜面上，可见姜黄色沉淀（磷钼酸铵）。磷灰石是重要的磷肥原料。

四、黏土矿物的类型

　　黏土矿物是次生矿物，是蚀变岩石经交代作用、原生矿物在地表经风化淋滤作用以及沉积作用的产物，形成并稳定于地表特定气候环境中。因此，黏土矿物主要存在于土壤中或风化壳中。但土壤中有黏土矿物不意味着就成为黏土矿物矿床。黏土矿物多数为结晶质的，是层状的铝硅酸盐和次生的硅、铝、铁氧化物。

　　黏土矿物通常颗粒细小（一般小于 $2\ \mu m$），因而具有较大的比表面积和化学活性，能吸附各种离子，其吸附性能和离子交换量随黏土矿物类型而变化。黏土矿物能吸附水分和极性溶液，具有可塑性，黏性，有的还有胀缩性。

　　黏土矿物种类很多，据其性质归为以下几类。

1.蒙脱石组

　　这一组黏土矿物包括蒙脱石（又叫膨润土）、绿脱石和拜来石，又叫 2：1 型胀缩型矿物。这类矿物有相当大的膨胀收缩性，吸湿能力强。矿物呈片状，而且颗粒细小。含蒙脱石多的土壤，黏结性、可塑性都特别显著，耕作时黏犁，干时结成坚硬的土坷垃。蒙脱石因为胀缩性和吸湿能力强，也用于治疗痢疾。蒙脱石类矿物带负电荷，有较强的吸附阳离子能力。土壤中含这类黏土矿物较多时，保肥能力较强，能吸附较多的植物营养所需的阳离子。

　　蒙脱石类矿物主要分布在东北的黑土、黄淮平原的黏性沉积物中。

2.高岭石组

这一组黏土矿物包括高岭石、埃洛石和迪开石，又叫 1：1 型矿物。其粒径较蒙脱石粗，膨胀收缩性和对阳离子吸附能力不如蒙脱石组，黏着力和可塑性较弱。在南方热带、亚热带土壤中，由于雨水丰沛，会发生强烈的脱硅富铝化现象，黏粒成分主要是高岭石类；而在华北、东北、西北及西藏高原的土壤中，基本不含高岭石类黏土矿物。

3.水云母组

水云母组黏土矿物包括伊利石、水化云母、蛭石，又叫 2：1 型非胀缩型矿物。水云母组黏土矿物的膨胀收缩性介于蒙脱石组和高岭石组，有一定的塑性和对阳离子的吸附能力，主要吸附 K^+、Ca^{2+}、Mg^{2+}、H^+，故含水云母较多的土壤，钾素养料也较丰富。水云母组黏土矿物分布较广，北方土壤中的含量较南方土壤中多。

4.氧化物组

这类黏土矿物是原生的硅酸盐矿物在地表经强烈风化所产生 $Fe(OH)_3$、$Al(OH)_3$ 及 SiO_2 的水胶凝体矿物，以及由于胶体老化而形成的结晶质矿物（即变胶体矿物）。土壤中存在着结晶程度高低不等的一系列铁、铝氧化物。有结晶质的，如三水铝石（$Al_2O_3 \cdot 3H_2O$）、水铝石（$Al_2O_3 \cdot H_2O$）、针铁矿（$FeOOH$）、赤铁矿（Fe_2O_3）；也有非晶质的，如蛋白石（$SiO_2 \cdot H_2O$）。

我国热带和亚热带红壤中含高岭石、氧化物组矿物较多，干旱地区石灰性土壤中伊利石最多。

五、农用矿物

纵观人类文明的发展史，人与岩石矿物始终保持着紧密联系。从穴居山洞石窟，利用石器耕耨狩猎，到利用黏土烧制陶瓷瓦罐，再到炼铜冶铁，岩石矿物伴随着人类的生产生活的方方面面。19 世纪，随着德国化学家尤斯图斯·冯·李比希创建了矿质营养学说，人类正式进入农业化学时代，岩石矿物又多了一个重要的角色——作物营养元素。由于矿物有多样的特性及丰富的化学成分，有的矿物可用于生产某些肥料或农药，有的矿物可以作为土壤的改良剂。下面是几种常见的农用矿物。

（1）磷灰石 磷灰石是分布最广的矿物之一，是提取磷的主要矿物原料，农业上主要用作磷素肥料和有机磷农药原料。在用作磷肥，特别是以磷矿粉施用时，磷灰石的成分及其结晶程度对其有效性影响很大。一般岩浆型和变质型的磷矿（常叫磷灰岩），以含氟磷灰石和氯磷石为主，结晶程度高，有效磷含量低（植物吸收矿质养分主要是以离子形式进行的，矿质养分离子跨过细胞膜进入植物根细胞内部），所以直接将其碾碎成磷矿粉做肥料施用并不合适；而沉积型磷矿（常叫磷块岩）以细晶磷灰石和碳磷灰石为主，为结晶程度低的及非晶质的胶磷矿，其有效磷含量高，可以直接将其碾碎成磷矿粉做肥料施用。

（2）钾长石 可为土壤提供天然钾（K）元素，主要有正长石、透长石、微斜长石。

（3）沸石 可用于改良土壤和提取钾（K）。由于沸石的架状构造中具有宽阔的孔道，其间可含水。当加热时，水可徐徐逸出而不破坏其结晶构造，当外界条件改变时，又重新吸水或被其他成分的分子代换，晶体构造并不破坏。沸石有很高的阳离子代换量，具有较强的离子交换性、交换选择性、吸附性和催化性。在农业上用作吸附剂。土壤中施入沸石粉，可提高土壤的保水、保肥能力，并可疏松改良土壤。

(4)雄黄、雌黄 雄黄和雌黄为岩浆活动后期低温热液矿物,二者常共生。雄黄在地表不稳定,通常部分会转变为雌黄。雄黄与雌黄是提取砷(As)和砒霜(As₂O₃)的重要原料,可制作农药。当然,土壤含砷多则成为污染物,进入农产品则有害。我国湖南慈利等地有较大的雄黄、雌黄矿床。

六、矿物与农业环境

矿物与农业环境的关系也非常密切。目前我国受铅、铬、镉、砷、铜等重金属污染的耕地面积近 2 000 万 hm²。土壤中的这些重金属从根本上来说,主要受当地岩石矿物的影响,也即区域岩石矿物含这些重金属,土壤中这些重金属含量就高。当然,开采和冶炼含这些元素的矿石,会加剧区域与周边土壤的重金属污染。另外,许多处于还原环境的含硫矿物,由于某种原因处于地表氧化条件下后,很容易受氧化作用而分解。如在氧化条件下,黄铁矿(FeS₂)氧化成硫酸亚铁(FeSO₄),而硫酸亚铁可进一步氧化为硫酸铁 Fe₂(SO₄)₃,硫酸铁再进一步水解成褐铁矿及硫酸。可见,由于风化作用,硫化物矿床氧化会形成大量硫酸,使附近的农田变成酸性环境,影响到某些元素的活性,并影响到农作物的生长等。因而了解有关矿石的矿物成分及其特性,并采取相应的措施,对农业环境的保护无疑是很有意义的。

第二节　三大类岩石

我国古汉语中岩与石不同,石与现在的岩石同义,而所谓岩,是指石头堆成的山。直至西方地质学传至我国,翻译家将西方的 rock 翻译成岩石,岩石才成为一个科学术语,指天然形成的,具有一定结构、构造和稳定形状的矿物集合体;并且根据岩石成因,将岩石分为岩浆岩、沉积岩和变质岩。岩石是地壳和地幔的一种基本构成物质。

岩石的结构是指组成岩石的矿物颗粒本身的特点(包括结晶程度、颗粒大小、晶粒形状)和矿物颗粒之间的相互关系所表现出来的特征。岩石构造是指组成岩石的各部分(包括矿物集合体及玻璃质)间在排列方式与充填方式上所表现出来的特征。

一、岩浆岩

岩浆岩,又名"火成岩",是岩浆经过冷却结晶所形成的岩石。岩浆岩在地壳中占有很大的比例,大约占地壳总体积的 65%。

1.岩浆岩的形成

按照形成方式,岩浆岩又可分为两种,即侵入岩和喷出岩。

岩浆位于地下深处,经过一系列的运动或变化,以侵入的方式进入周围岩石而未到达地表,并最终冷凝形成岩石,这就是侵入岩形成的过程。侵入岩形成的时间非常漫长。有关研究认为,形成厚度为几千米的侵入岩所需的时间可能是几万年。

温度极高的岩浆喷出地表,经过冷却凝固所形成的岩石,称为"喷出岩"。喷出地表的岩浆,其温度会呈现急剧降低的趋势,因此,喷出岩的成岩过程比较迅速。厚度约为 1 m 的玄武岩,其彻底结晶的时间大约是 12 d;厚度约为 10 m 的玄武岩,固结成岩的时间大约需要 3 年;

厚度约为 700 m 的则大约需要 9 000 年。

喷出岩冷却成岩的时间要比侵入岩短得多,这不难理解,因为从地表向地壳深处,温度越来越高。因此,当侵入岩因地质作用暴露在地表时,由于其形成环境与地表环境差异很大,更容易风化成土。

岩浆岩类型很多。不同种类的岩浆岩,无论是在化学成分、矿物成分方面,还是在构造、成因方面,都存在或大或小的差异,但是,它们之间又存在着一定的过渡关系。

2.岩浆岩的化学成分

地球化学测定表明,地壳中存在的所有元素在岩浆岩中几乎都有所见,但各种元素的含量却很不相同,其中以 O、Si、Al、Fe、Mg、Ca、Na、K、Ti 等元素最为常见,它们约占岩浆岩总成分的 99.25%,其他的元素占比不足 1%。

岩浆的化学成分主要是两部分,一部分是硅和部分铝的氧化物,它们构成岩浆中的阴离子,其基本形式为 $[SiO_4]^{4-}$ 和 $[AlSi_3O_8]^-$;另一部分是铁、镁、钙、钠、钾等金属离子构成的阳离子。

岩浆岩中的化学成分常用氧化物来表示。据统计,中国岩浆岩中各主要氧化物的平均含量如表 1-2 所示。

表 1-2　中国岩浆岩中各主要氧化物的平均含量　　　　　　　　　　　%

化学成分	酸性岩(318)[*]	中性岩(64)	基性岩(225)	超基性岩(14)	碱性岩(40)
SiO_2	70.40	58.05	48.25	43.67	64.30
TiO_2	0.31	0.79	2.08	0.90	0.52
Al_2O_3	14.48	17.41	14.90	4.53	16.21
Fe_2O_3	1.38	3.23	4.17	4.22	2.44
FeO	1.77	3.57	7.61	7.77	2.57
MnO	0.08	0.15	0.21	0.25	0.16
MgO	0.94	3.24	6.93	25.34	0.63
CaO	1.93	5.77	8.27	8.79	1.71
Na_2O	3.77	3.57	3.30	0.90	5.00
K_2O	3.90	2.36	1.72	0.41	5.51
H_2O	0.65	0.85	1.47	2.84	0.32
P_2O_5	0.18	0.44	0.56	0.11	0.12
CO_2	0.32	0.57	0.53	0.27	0.51
总计	100.11	100.00	100.00	100.00	100.00

[*] 表示分析的样品数量。引自《地质学与地貌学》(王数和东野光亮,2013)

3.岩浆岩的矿物组成

尽管自然界的矿物种类很多,但组成岩浆岩的常见矿物其实只有十几种,如表 1-3 所列。岩浆岩中长石含量最多,占整个岩浆岩成分的 60% 以上,其次是石英,其他矿物的量则较少。因此这两种矿物就成了鉴别和分类岩浆岩的重要依据之一。

表 1-3 岩浆岩的常见矿物成分

矿物	所占比例/%	矿物	所占比例/%
石英	12.4	白云母	1.4
碱性长石	31.0	橄榄石	2.6
斜长石	29.2	霞石	0.3
辉石	12.0	不透明矿物	4.1
普通角闪石	1.7	磷灰石、榍石及其他	1.5
黑云母	3.8	总计	100.0

1）主要矿物、次要矿物、副矿物

主要矿物实际上就是岩浆岩中数量最多的物质，这在一定程度上决定了岩石分类。次要矿物的数量略低于主要矿物。副矿物的数量比次要矿物还要低，当然，副矿物也是岩浆岩中数量最少的矿物，对岩浆岩的构造和特征基本上不会造成影响。

2）硅铝矿物和铁镁矿物

硅铝矿物的颜色较浅，这种矿物中 SiO_2 和 Al_2O_3 的含量很高，但不含铁镁。石英和长石都属于硅铝矿物。铁镁矿物的颜色较深，这种矿物含有大量的 Fe_2O_3 和 MgO，而 SiO_2 的含量很低。橄榄石、辉石属于铁镁矿物。

岩浆岩中的矿物成分不断变化，此消彼长。当 SiO_2 的含量多时，氧化铁和氧化镁便会少，而氧化钠、氧化钾的含量却呈现出增多的趋势。

4. 岩浆岩的分类

1）按矿物化学组成分类

在对岩浆岩进行分类的时候，考虑的首要因素是各种矿物质的化学性质。SiO_2 是岩浆岩中一种最主要的氧化物，所以，人们将其含量的多少作为划分岩浆岩类型的重要依据。根据 SiO_2 的含量，可以把岩浆岩划分为 4 种类型：超基性岩（SiO_2 含量小于 45％）、基性岩（SiO_2 含量为 45％～53％）、中性岩（SiO_2 含量为 53％～66％）和酸性岩（SiO_2 含量大于 66％）。这里所谓的酸性岩的"酸性"，不是化学上的酸性，而是指 SiO_2 的含量。不过，在同样气候条件下，超基性岩、基性岩形成的土壤中的钙、镁、钾、钠等离子含量高于酸性岩和中性岩形成的土壤，其风化而成土壤的 pH 相对较高，即碱性较强。

2）按岩浆转变为岩石的过程与形式分类

上面讲过，依据岩浆转变为岩石的过程及形成形式，可将岩浆岩分为侵入岩和喷出岩两种类型。侵入岩是指岩浆侵入到地壳中所形成的岩石，而且，依据岩浆侵入地壳的深浅，还可以将侵入岩再分成深成岩和浅成岩两种，深成岩较浅成岩距离地表深。

实际上，岩浆无论是喷出地表，还是侵入地壳不同的深度，其化学物质基本上相同，只是因为形成岩石的环境和形成过程的快慢不同，才会在岩石结构和构造上差别很大。如喷出岩类流纹岩在矿物成分上与侵入岩类花岗岩类似，都是以碱性长石和石英为主，都是酸性岩（表 1-4）。玄武岩在矿物成分上是与侵入岩辉长岩类似的喷出岩，矿物成分主要由基性斜长石和辉石组成，次要矿物有橄榄石、角闪石及黑云母等。因此，玄武岩和辉长岩都是基性岩（表 1-4）。

深成岩是岩浆侵入到地壳下部较深的地方形成的。地下深处散热速度缓慢，岩浆冷却凝固的速度也会慢。这种情况下，矿物结晶缓慢，结晶良好，岩石中矿物的颗粒也比较大，一般会形成较大的斑晶。而岩浆侵入地壳较浅地方所形成的浅成岩，与地面的距离近，散热速度较快，一般呈现出细粒和斑状结构。

喷出岩是岩浆喷溢到地表形成的。喷到地表的岩浆很快便会冷却，从而固结成岩。由于岩浆冷却的速度很快，其中的矿物来不及结晶，因此通常会形成隐晶质和玻璃质的岩石。

同样都是酸性岩，深成岩矿物结晶好，比喷出岩更容易发生物理风化。同样都是喷出岩，基性岩的暗色矿物多，比酸性岩易于风化；而且形成的土壤中的植物矿质营养较丰富。

5.岩浆岩的种类

依据酸性程度（不是化学上的酸性，而是指 SiO_2 的含量）的不同，将岩浆岩划分为 4 种类型；依据岩浆喷出地表和侵入地壳的深浅将岩浆岩划分为 3 种岩类。综合这两个角度划分出岩浆岩的分类体系（表1-4）。

表 1-4　岩浆岩分类

化学成分分类			超基性岩	基性岩	中性岩		中酸性岩	酸性岩
岩石类别			橄榄岩—苦橄岩类	辉长岩—玄武岩类	闪长岩—安山岩类	正长岩—粗面岩类	花岗闪长岩—英安岩类	花岗岩—流纹岩类
SiO_2含量/%			<45	45~53	53~66		>66	
颜色			黑—绿黑	黑灰—灰	灰—灰绿	肉红—灰红	灰白	肉红—灰白
矿物成分	石英/%		无	无或极少	少，<5	较少	多，20	多，>20
	正长石/%		无	无	极少	主要，40	<30	主要，30~40
	斜长石/%		基性少，<15	基性为主，>50 左右	中性为主，50	极少	偏中性，>60	酸性，<30
	主要暗色矿物及其含量/%		橄榄石（主）辉石（次）>95	辉石（主）橄榄石（次）40~50 角闪石	角闪石（主）黑云母（次）25~40 辉石	角闪石（主）黑云母（次）10~20	角闪石（主）黑云母（次）15 左右	角闪石（主）黑云母（次）0~10
岩石产状	构造	结构	岩石类型					
喷出岩	熔岩流熔岩被	气孔杏仁流纹块状 玻璃质	火山玻璃岩（黑曜岩、珍珠岩、松脂岩、浮岩）					
		隐晶质斑状	苦橄岩	玄武岩	安山岩	粗面岩	英安岩	流纹岩
侵入岩	浅成岩 岩脉岩墙岩盘岩床	气孔块状 伟晶细晶等	各种脉岩（伟晶岩、细晶岩、煌斑岩等）					
		细粒斑状	金伯利岩	辉绿岩辉绿玢岩	闪长玢岩	正长斑岩	花岗闪长斑岩	花岗斑岩、石英斑岩
	深成岩 岩株岩基	中、粗粒等粒似斑状 块状	橄榄岩辉石岩	辉长岩	闪长岩	正长岩	花岗闪长岩	花岗岩

注：玢岩指斑状结构，斑晶成分是斜长石的中、基性岩的浅成岩或部分喷出岩；斑岩指具有斑状结构，斑晶成分是钾长石或石英的岩石。

1）超基性岩类

它是地球表面分布较少的一类岩石,根据地质学家的调查,超基性岩在岩浆岩家族中仅占0.4％。

超基性岩具有较深的颜色,其中黑色和墨绿色的岩石占据多数,其相对密度通常都在3.0以上。这种岩石的质地十分刚硬,呈致密块状构造。

超基性岩是岩浆岩家族中酸性程度最低的岩类,含有低于45％的SiO_2,碱性程度也非常低,它含有的K_2O+Na_2O通常都达不到1％。但超基性岩中含有Fe、Mg的量比较多,一般情况下,Fe_2O_3+MgO所占的比例在8％～16％,MgO的含量变化较大,它在超基性岩类中所占的比例在12％～46％。

组成超基性岩的矿物基本上都属于暗色矿物,其中,橄榄石和辉石是其主要的矿物成分,这两种矿物的含量可以达到70％以上;角闪石和黑云母的含量仅次于橄榄石、辉石;超基性岩中不含有石英,偶尔会有长石,不过数量极少。

在超基性岩类中,比较常见的是橄榄岩类(图1-7),它属于侵入岩;常见的喷出岩是苦橄岩类。

图1-7　橄榄岩

2）基性岩类

与超基性岩相比,基性种类的岩石颜色更浅。基性岩类中,SiO_2的含量在45％～53％,Al_2O_3的含量可达到15％,CaO的含量可达到10％,Fe、Mg所占的比例都在6％左右。

基性岩中Fe、Mg矿物大约占据40％,其中以辉石为主,橄榄石、角闪石和黑云母仅次于辉石。基性岩和超基性岩还有一个很大的不同之处,即基性岩类中出现了大量斜长石。

基性岩类中的侵入岩(即辉长岩)和喷出岩(即玄武岩)在地球表面的分布面积差别很大。辉长岩分布的面积非常小,而玄武岩分布面积非常大。岩浆喷出地表后在地面流动的过程中,由于压力减小,其中的挥发组分逸出,这样一来,冷凝之后的玄武岩,自然就出现很多气孔,形成气孔状结构的玄武岩(图1-8a)。也有杏仁状结构的玄武岩(图1-8b)。而由爆发性火山喷溢出的玄武岩浆,因其在着地之前就已经冷凝固结了,所以会形成形状不一的火山弹。当岩浆溢出地表过程中受到围岩的限制,冷却收缩时,它会沿着与熔岩流动方向垂直的角度裂开,形成非常规则的六边形,横截面呈柱状节理,称为石林柱(图1-9)。

a   b

图1-8   a.气孔状玄武岩,b.杏仁状玄武岩

图1-9   玄武岩柱状节理(地点:云南腾冲曲石乡)

玄武岩在陆地上比较常见,大陆上的火山和台地都是由玄武岩构成的。同时,在海洋的底部,玄武岩的分布情况也是惊人的。据考察,海洋的底部基本上都是由玄武岩构成的。

辉长岩(图1-10)中所含有的矿物成分与玄武岩中的矿物成分十分相似,但是,矿物的组合、排列结构却具有很大的差别。

图1-10 辉长岩

3)中性岩类

中性岩类的颜色较浅,通常为浅灰色,相对密度小于3.0。这类岩石中,SiO_2的含量在53%～66%,Al_2O_3的含量在16%～17%,比基性岩类的比例稍微大一些;Fe、Mg等金属元素的含量没有基性岩类多;Na_2O+K_2O的含量大约可以达到5%,远远大于基性岩类的比例。

中性岩类的特征与它的名字十分相符,所谓"中性",即指这类岩石属于基性岩和酸性岩之间的过渡类型。中性岩类的侵入岩有正长岩和闪长岩,但主要是闪长岩;喷出岩主要是安山岩。

闪长岩和正长岩均为中性侵入岩;主要矿物为斜长石(闪长岩类)、碱性长石(正长岩类),可含少量石英;暗色矿物为角闪石、辉石、黑云母;正长岩的K_2O+Na_2O的含量较闪长岩略高,而CaO略低,更偏碱性。因此,闪长岩和正长岩的钙元素和钾元素比酸性岩含量高。辉石正长岩(图1-11)的含钙、钠元素更多,更偏碱性。黑云母花岗闪长岩(图1-12)则钾、镁元素更丰富。

图 1-11　辉石正长岩

图 1-12　黑云母花岗闪长岩

4)酸性岩类

矿物颜色主要以浅色为主,如石英和酸性斜长石等,岩石的颜色也都是浅颜色。虽然偶尔也会有暗色矿物,但其数量也是极少的。

酸性种类岩石的化学成分特征为:SiO_2 的含量大于 66%,含量最高;铁、钙含量很低;K_2O+Na_2O 的含量通常在 6%~8%。

酸性岩中的深成岩是花岗岩(图 1-13),这种岩石分布广泛;喷出岩是流纹岩和英安岩。

图 1-13　花岗岩

6.岩浆岩的结构

岩石的结构,是指岩石内部颗粒的大小及其组合排列的方式、结晶类型、晶体完美程度以及这些特征的相互关系。

1)结晶程度

结晶程度是指岩浆岩中结晶物质和非结晶物质的含量以及二者的比例关系。根据岩浆岩结晶程度的不同,可以将其分为 3 种类型。

(1)全晶质结构　整个岩石由结晶矿物构成。

(2)半晶质结构　整个岩石由结晶矿物和非结晶的玻璃质构成。

(3)玻璃质结构　整个岩石由非结晶的玻璃质构成。

2)矿物颗粒

矿物颗粒的大小,具体来说,既指岩浆岩中矿物颗粒的绝对大小,也指相对大小。

根据岩浆岩内部颗粒的绝对大小,全晶质结构可以分为伟晶结构、粗晶结构、中晶结构、细晶结构、微粒结构。其中,伟晶结构的矿物颗粒,直径长度一般都在 1 cm 以上;粗晶结构的矿物颗粒,直径长度在 0.5~1 cm;中晶结构的矿物颗粒,直径长度在 2~5 mm;细晶结构的矿物颗粒,其直径在 0.2～2 mm;微粒结构的矿物颗粒,直径基本上小于 0.2 mm。

根据岩浆岩内部颗粒的相对大小,全晶质结构大致分为:等粒结构、不等粒结构、斑状结构和似斑状结构。

(1)等粒结构和不等粒结构 岩石中同种主要矿物的结晶颗粒大小大致相等的结构称为"等粒结构";反之,为"不等粒结构"。

(2)斑状结构 即岩浆岩中的矿物颗粒基本上由体积相差悬殊的两大类矿物组成,体积大的叫作斑晶,体积微小的和没有结晶的玻璃质叫作基质。

(3)似斑状结构 顾名思义,其外观与斑状结构极为相似,不过其中的基质属于全晶质,并且颗粒比较粗大。

岩浆岩矿物的结晶程度越高,越有利于物理风化,即岩石容易崩解为矿物颗粒。易于物理风化的排序是:似斑状结构＞斑状结构＞不等粒结构＞等粒结构。

二、沉积岩

沉积岩,又名"水成岩",是地球岩石圈的主要构成岩石之一。沉积岩主要是由岩石的风化产物或一些火山喷发物,并在水流、冰川的搬运、沉积和固结等作用下形成的岩石。

在地壳表层的岩石中,大约有 2/3 以上属于沉积岩,而在距离地壳表面大约 16 km 的深处,大约只有 5% 的沉积岩。矿产资源主要集中在沉积岩中。据相关资料统计,沉积岩中所储存的矿产资源约占总矿产资源的 4/5。沉积岩中储存有煤、石油、天然气以及其他许多金属、非金属矿产,具有重要的经济价值。

沉积岩中记录了地球上的很多信息,如各个地质年代的地质构造、气候条件、古代动植物生存状态等。不同的地理构造区所形成的沉积岩存在着显著的差别。生物化石是研究、推演古地理环境的物证。与岩浆岩和变质岩相比,沉积岩中的化石是三大类岩石中保存最为完整的,所以,沉积岩一直是生物考古学的重要研究对象。

1.沉积岩的形成

沉积岩的形成过程可以分为岩石风化、剥蚀与搬运、搬运与沉积和固结成岩 4 个阶段。

首先是母岩(无论其是岩浆岩、沉积岩或变质岩)发生风化,引起岩石的崩解和分解。风化产物有碎屑物质、黏土物质和溶解物质。风化物在原地沉积,或在流水、冰川、风、海流等外力作用下被剥蚀,并被搬运到其他地方沉积。当碎屑物质、黏土物质和溶解物质这三类风化产物分别沉积时,就构成了形成碎屑岩、黏土岩和生物化学岩三类沉积岩的基本物质:即碎屑物质构成碎屑岩的主要成分,黏土物质组成黏土岩的主要成分,溶解物质则是构成化学岩和生物化学岩的基础。

剥蚀与搬运是交互迭置进行的过程,不能截然分开。同样,搬运和沉积也是交互迭置的过程,不能截然分开。在搬运过程中物质仍然可以发生机械破碎和化学分解,即使物质沉积下来以后,还可以因条件的变化再次进入搬运状态。

母岩的风化产物,除了少部分残留原地组成风化壳外,大部分被搬运走,并在新的地方沉积下来。碎屑物质、黏土物质和溶解物质三者的性质不同,它们的搬运、沉积方式也不同。

从能量来源看,剥蚀和搬运力可以分为水、风、冰川、重力以及生物等。从运动形式看,搬运方式可以分为机械搬运、化学搬运、生物搬运。

碎屑物质,如泥、沙、砾石被重力、流水、风、冰川搬运是机械型搬运。

风化产物能够形成溶液或胶体的,以化学形式搬运。如石灰岩溶于水后以钙离子与碳酸氢根离子的形式随着水流被搬运;长石风化后形成的黏土矿物与二氧化硅在水中呈胶体态被水搬运。

生物吸收溶液中的化学元素营养自己,建造其骨骼,死亡后在一定的地方堆积下来,也起着搬运作用,称生物搬运。

被搬运的风化产物在一定的地点沉积下来,沉积物形成以后,即开始了转变为沉积岩的过程。由松散沉积物转变为坚硬的岩石,称为固结成岩作用。固结成岩作用主要有以下几种。

1)压固作用

由于上覆沉积物不断加厚,在重荷压力下,松散沉积物的含水量减少,体积缩小,并变得较为致密,这种作用称为压固作用。压固作用是黏土物质成为泥质岩的主要方式。

影响压固作用的因素有负荷力大小、沉积物的粒度及成分、溶液的性质、温度等。

2)胶结作用

在碎屑物质沉积的同时或生成之后,溶于水中的物质或由水带来的物质充填在碎屑沉积物的孔隙之中,将松散的碎屑黏结在一起,称为胶结作用。起胶结作用的物质主要是化学沉淀物质,如硅质(SiO_2)、钙质($CaCO_3$)、铁质($Fe_2O_3 \cdot nH_2O$)、泥质(黏土)等,称为胶结物。其中,黏土物质将松散的碎屑黏结在一起,称为黏结作用更合适。过去,农民的土坯房就是用黏土和泥将土坯块黏结在一起。胶结物对于岩石抗风化的能力是不同的。从抗风化能力来说,硅质＞铁质＞钙质＞泥质。反过来说,对于风化成土的容易度来说,泥质＞钙质＞铁质＞硅质。

胶结作用是碎屑沉积物成岩的主要方式,如砾石经胶结后形成砾岩。建筑上的混凝土就可以理解为砾岩,混凝土就是水泥(俗称洋灰)与砾石、砂子搅拌固结(水泥中的水分和二氧化碳逸失)而形成的。水泥是由石灰岩(碳酸钙)和黏土在一起煅烧而成,水泥将砾石和砂子胶结在一起。

3)重结晶作用

沉积物的矿物成分借溶解、局部溶解和固体扩散作用,使物质质点发生重新排列组合的现象,称为重结晶作用。重结晶作用不仅使细粒、松散沉积物逐渐固结变粗、变硬,而且还可改变沉积物的原始构造。如沉积物的颗粒大小、形状及排列方向等均可因重结晶作用而受到改变,微细薄层理也可因重结晶作用而消失。

2.沉积岩的分类与主要沉积岩

根据沉积物的来源把沉积岩分为两大类:外源沉积岩和内源沉积岩。

外源沉积岩也称为外生沉积岩,其组成物质主要来自沉积盆地(沉积物沉积的地方)之外,包括母岩风化后形成的陆源碎屑物质和黏土物质,以及火山碎屑物质。其中陆源碎屑物质和黏土物质组成的岩石称陆源碎屑岩。按颗粒大小不同,陆源碎屑岩分为砾岩、砂岩、粉砂岩和泥质岩四类。

内源沉积岩也称为内生沉积岩,组成岩石的主要物质直接来自沉积盆地的溶液,由溶液中的溶解物质通过化学或生物化学作用沉淀而成。内源沉积岩按其成分不同分为碳酸盐岩、硅质岩、磷质岩、铝质岩、铁质岩等。

1)砾岩

砾岩(图 1-14)就是颗粒直径大于 2 mm 的砾石占岩石总量 50％以上的碎屑岩。

砾岩中碎屑物质的大小差距非常大,最大的颗粒可长达 1 m 多。按照砾岩中含有砾石的大小,可以将砾岩分为漂砾砾岩、大砾砾岩、卵石砾岩和细砾砾岩。其中,漂砾砾岩中砾石的直径通常大于 256 mm,大砾砾岩中砾石的直径范围在 64~256 mm,卵石砾岩中砾石的直径在 4~64 mm,细砾砾岩的直径范围在 2~4 mm。

图 1-14 砾岩

碎屑物质粗大,颗粒之间的空隙也就大,因此,填充空隙的物质往往也具有比较粗的颗粒。填充空隙的物质由粉砂、黏土物质和化学沉淀物质构成。有化学沉淀物质的,如碳酸钙,则砾石被胶结得很结实。

形成砾岩的沉积环境必然是惊涛骇浪,倘若是风平浪静,则沉积的是泥沙。因此,砾岩往往形成于风化成岩屑的源区,或急流险滩区(例如山区的河床区)。

岩屑源区形成的砾岩,砾石是有棱角的;河床区形成的砾岩往往可以看到有一定磨圆的卵石。由圆度较好的砾石和卵石构成的岩石称为"砾岩",由棱角鲜明的砾石和碎石构成的岩石称为"角砾岩"。

砾岩风化物会含有大量的粗岩石碎屑,形成的土壤的渗漏性非常强。

2)砂岩

砂岩(图 1-15)是沉积岩中的碎屑岩,由胶结的大小较均一的砂粒构成,其粒度范围在 0.1~2 mm。从砂岩的组分来看,砂粒所占的比例一般会超过 50%。砂岩在地球上的沉积岩中所占比例仅次于黏土岩。

图 1-15 砂岩

图 1-16 伊利石黏土岩

石英和长石是砂岩碎屑物的主要矿物成分,岩屑、云母、绿泥石及其他矿物为次要矿物。

石英砂岩的主要成分是石英,因此,石英砂岩风化成土的土壤很少含有除了硅之外植物所需要的矿物质营养元素,是非常贫瘠的土壤。

砂岩的形成分为两个阶段:首先是砂粒沉积;然后,沉积的砂粒被胶结物(碳酸钙或硅质或黏土)胶结到一起,固结形成砂岩。沉积环境的差别,使得各种砂岩有不同的节理(裂缝)、粒径、颜色和性质。砂岩的节理有些是在流水搬运的砂粒沉积后干裂形成的,有些是成岩后受地震、构造运动影响断裂形成的。

河流有"紧砂慢淤"的现象。就是说,水流急可以携带着砂粒(当然,能够携带砂粒也就能够携带黏粒),水流缓只能携带黏粒。因此砂岩是急流沉积物,泥质岩是静(缓)水沉积物。砂岩与页岩经常是交互层叠的,说明了当时沉积环境的变化。

3)粉砂岩

粉砂岩,是含量占 50% 以上的 0.01～0.1 mm 粒级的碎屑颗粒形成的岩石。

组成粉砂岩的主要矿物是石英和白云母等,也有一些粉砂岩中含有钾长石和酸性斜长石等矿物。

4)泥质岩

泥质岩(简称泥岩)也称黏土岩(图 1-16),是分布最广的一类沉积岩,约占沉积岩总量的 60% 以上,其中又以页岩分布最广。一般情况下,泥质岩颗粒直径在 0.045 mm 左右。

沉积的黏土经过中等程度的压固作用和脱水作用,还没有形成明显的层理,称为泥岩;如形成了明显的层理,就称页岩。从发生过程来说,沉积的黏土随着压固作用的加强,由黏土向泥岩再向页岩顺序演变。因此,通常根据泥质岩的压固作用强度(压固程度)和页理(形容像书页一样,一层一层的)的有无和明显程度进行分类命名:黏土(弱固结)、泥岩(固结)和页岩(强固结,并具页理)。从颗粒大小上说,页岩是泥质岩的一种,是由极细的黏土,经过压实固结、脱水、重结晶后形成的,具有薄页状层理构造。

泥质岩的矿物成分主要是含量 50% 以上的黏土矿物,常混入一部分石英、云母和极少量长石等的微细颗粒以及碳酸盐和铁的氧化物等杂质。黏土矿物有蒙脱石、高岭石、多水高岭石、水云母和绿泥石等矿物。

泥质岩颜色多种多样,取决于黏土矿物和混入物,主要为灰色、黑色、紫红色等。颜色能帮助我们推断泥质岩的生成环境。

泥质岩是由黏土质沉积物经压实固结而来。因为是黏土,其土壤孔隙大部分是 <2 μm 的微细孔隙,吸湿水(在分子引力作用下,土壤颗粒吸附水分子在其表面)形成的水膜就会封闭孔隙,孔隙内有封闭的空气阻止水分进入,即使有水分也不能移动或移动极其缓慢。而压实以后,孔径更细。没有水流进入这些微细孔隙,也就不会有溶解在水中的碳酸钙等胶结物胶结碎屑物质,只能是受到压力而坚实一些。因此,泥质岩胶结性差,特别容易风化成土。

5)火山碎屑岩

火山碎屑岩是介于岩浆熔岩和沉积岩之间的过渡类型的岩石,其中 50% 以上的成分是由火山碎屑流喷出的物质组成,这些火山碎屑主要是火山上早期凝固的岩石、火山熔岩、通道周围在火山喷发时被炸裂的岩石。火山碎屑物中包含岩屑、晶屑、玻璃质屑、浆屑、火山块(直径大于 100 mm)、火山砾(直径大于 2 mm、小于 100 mm)和火山灰(直径小于 2 mm)。这些碎屑降落到地面或海底,经过固结形成岩石。火山碎屑岩在火山喷发地都有可能堆积形成。火山碎屑岩的颗粒,无论是颗粒还是颗粒的磨圆度都比较差。

6）碳酸盐岩

碳酸盐岩是一种以方解石和白云石为主，多种矿物共同组成的岩石。其中分布较多的是石灰岩和白云岩等。石灰岩的主要矿物是方解石，其化学成分为碳酸钙。白云岩的主要矿物是白云石，其化学成分为碳酸镁。石灰岩中的碳酸钙和白云岩中的碳酸镁是可以溶解的，发生化学风化后的残余物质特别少，主要是黏粒。碳酸盐岩在干冷条件下特别抗风化，因为组成矿物比较单一，不似花岗岩那样矿物复杂，且膨胀系数不同，容易发生物理风化。

石灰岩（图 1-17）主要是在浅海的环境下形成的。过饱和的重碳酸钙溶液在沉淀过程中，会排出二氧化碳。巨大的风浪能够将海水充分地搅动，海水中的二氧化碳就可以迅速地释放出来。温暖的海水能够促进生物的生长发育，繁茂的藻类植物在进行光合作用时则需要吸收大量的二氧化碳，这对重碳酸钙的过饱和与沉淀十分有利；同时，逐渐升温的海水也可以促使释放出二氧化碳，从而促进重碳酸钙的过饱和与 $CaCO_3$ 的沉淀。

底栖和一些浮游生物可以自然地建造自己的钙质骨骼，从而形成生物性碳酸盐岩。

图 1-17　石灰岩

7）硅质岩

化学成分为 SiO_2，组成矿物为微粒石英或玉髓，少数情况下为蛋白石。质地坚硬，小刀也刻划不出刻痕。性脆。含有机质的硅质岩颜色为灰黑色。含氧化铁的硅质岩称为碧玉，常为暗红色。呈结核状产出者为燧石结核，含黏土矿物丰富者称为硅质页岩，质地较软。

硅质岩的成因多样。部分硅质岩是热泉涌出富含 SiO_2 的热水凝聚沉淀或置换碳酸钙沉积物而形成。部分硅质岩的形成与海中硅质生物，如硅藻等的迅速繁衍及其骨骼的大量堆积有关。

燧石岩是最常见、最重要的硅质岩，是一种致密坚硬具贝壳状断口的岩石。常呈层状、条带状、结核状产出，常产于碳酸盐岩中。

硅藻土也是一种硅质岩，主要由硅藻遗体组成。硅藻主要由蛋白石组成，个体很小。硅藻土呈白色或浅黄色,轻而软,孔隙度很大,有很强的吸收性能,常见薄层理。硅藻土易碎。在工业上可被用作漂白剂、隔热隔音材料。

8)磷质岩

P_2O_5 的含量在 5%～8% 的沉积岩称磷质岩,或磷块岩。当 $P_2O_5 > 12\%$ 时,即可作为磷矿开采,主要矿物有胶磷矿 $[Ca_3(PO_4)_2 \cdot 2H_2O]$、磷灰石等。一般认为磷块岩的生成与生物作用密切相关,是生物化学作用的产物。

9)生物沉积岩

生物沉积岩是由生物体堆积形成的。生物体包括海洋中的珊瑚、藻类等,陆地植物的根、茎、叶、花粉、孢子等,动物的贝壳、骨骼等。在某种特殊条件下,生物体大量堆积,再经过成岩作用而形成沉积岩。

通常认为,与金星相比,地球大气中的含碳量之所以比较低,是因为地球上一部分碳被石灰岩固结了。石灰岩中的碳和钙,在生物体内也大量存在。因此,生物沉积岩的形成是碳汇过程。所以,现在有人称贝壳类海产品(如蛏子、鲍鱼、海螺)养殖是生物碳汇工程。

三、变质岩

变质岩是三大岩类之一,其分布范围比岩浆岩和沉积岩小,占大陆面积的 1/5 以上。变质岩是岩浆岩或沉积岩经变质作用所形成的岩石。所谓变质作用是指岩石在基本处于固体条件下,由于温度、压力及流动性化学液体的作用,发生化学成分、矿物成分、岩石结构和构造变化的地质作用。但变质作用并未使岩石发生熔融,原有岩石并未失去其整体性。如果原岩受热全面熔融变为岩浆后冷凝结晶成岩,这种新形成的岩石就是岩浆岩。

一般来说,岩浆岩也好,沉积岩也好,经变质作用所形成的变质岩,都比原来的岩石更容易风化。如花岗岩变质形成的片麻岩,更容易风化。粉砂岩变质形成的变粉砂岩,比粉砂岩容易风化。

1. 变质岩的形成

变质作用包括很多类型。促使岩石变质的因素主要有温度、压力、流动性化学液体和时间。

1)温度

温度是变质作用中最主要和最积极的因素。大多数变质作用是在温度升高时产生的。变质作用发生的温度从 $150～180℃$ 直到 $800～900℃$。低于这一温度的作用属于沉积岩形成的固结成岩作用,高于这一温度的作用属于岩浆作用范畴。

引起温度升高的热能来源主要有:①岩浆热。岩浆是高温熔融体,地热就来自岩浆,因此,地下温度随着深度增加而增高。如果地下岩浆入侵,会使得周围岩石温度升高。由于地壳运动、地震等某种原因,岩石断落到一定深处,岩石的温度就会增加。②放射性元素蜕变释放的热。地壳的放射性元素虽然微量,但蜕变释放的热总量却惊人,若地壳花岗岩厚度以 20 km 计算,其一年释放的总能量比百万吨级的核爆炸释放的能量还大 250 000 倍。因而放射性元素蜕变释放的热是变质作用重要的热源。③构造运动所产生的摩擦热。构造运动导致岩石块体相互错动和挤压,能产生高温。

岩石受到较高温度时,岩石中矿物的原子、离子或分子的活动性增强,主要引起两方面的变化:①促进重结晶作用。温度升高,使岩石在固体状态下矿物组分重新排列,产生重结晶作用,使非晶质变为晶质,或由小晶体变为大晶体,但岩石组分基本不变。如在高温下,石灰岩中的碳酸钙物质经重结晶作用转变为方解石,石灰岩则经重结晶作用变成结晶较粗大的大理岩。②促进新矿物的形成。温度升高,使矿物成分间化学反应加快,原有的矿物消失,形成新矿物。如沉积岩中常见的高岭石黏土矿物在高温脱水后可以变成红柱石和石英。

2)压力

压力可分为静压力和定向压力。

(1)静压力 静压力是由上覆岩石重量引起的,它随着深度增加而增大。要达到变质作用,最低静压力为$(1\sim2)\times10^8\,Pa$,最高到$(13\sim14)\times10^8\,Pa$,即变质作用可以在地下几千米到40千米的深处发生。

静压力加大会使岩石孔隙减小,使矿物中原子、离子、分子间的距离缩小,形成密度大、体积小的新矿物。如相对密度为3.1的红柱石,当压力增大后,变为相对密度为3.6的蓝晶石,其化学成分不变,但内部结构排列却改变了。如辉长岩中的橄榄石与钙长石,在大压力下,可反应形成分子体积小、相对密度大的石榴子石,总体积大约减小17%。

(2)定向压力 定向压力又称应力,是一种侧向压力,具有方向性,且两侧的作用力方向相反。它们可以位于同一直线上,也可以不位于同一直线上。位于同一直线上时称为挤压力,不位于同一直线上时称为剪切力。

定向压力是由于地壳岩石的相邻块体作相对运动而产生的,它的作用主要在于导致岩石结构与构造发生变化。

3)流动性化学液体

岩石的空隙和矿物颗粒间存在流体,含量占岩石总量的1%～2%,以H_2O、CO_2为主,并含其他一些易挥发、易流动的物质。

流动性化学液体化学性质活泼,其侵入围岩后,在适当的温度、压力下可与围岩发生一系列的化学反应,或者作为催化剂,或者溶解置换原岩中的原子、离子、分子,使岩石的化学成分及矿物成分发生改变,形成新的矿物,这种作用称交代作用。例如:菱镁矿与二氧化硅和水作用形成滑石;侵入岩中的SiO_2、Al_2O_3等成分被带到围岩中,围岩中的CaO、MgO等成分被带入侵入岩内,结果在接触带两侧由交代作用而形成石榴子石、透辉石、透闪石、阳起石等矿物。

4)时间

时间是变质作用很重要的影响因素,有些变质作用看起来不易发生,但在长时间变质因素持续作用下却可以进行。特别是变质结构的生成、岩石的塑性变形(不可自行恢复的变形),都是很慢的过程。

以上各项变质作用因素在变质作用中是相互配合的,但不同情况下起主导作用的因素不同,因而变质作用就显示出不同的特征。

2. 变质岩的类型与主要变质岩

变质作用的类型有4种,即接触变质作用、区域变质作用、混合岩化作用、动力变质作用。按照变质作用类型,变质岩可分为接触变质岩、区域变质岩、混合岩和动力变质岩4大类,其中分布最多的是接触变质岩和区域变质岩。

1)热接触变质岩

由热接触变质作用形成。引起变质的主要因素是温度。接触变质作用所需的温度较高,一般在$300\sim800\,℃$;所需的静压力较低,仅为$(1\sim3)\times10^8\,Pa$。岩石受热后发生矿物重结晶、脱水、脱碳以及物质成分的重新组合,形成新矿物或晶体结构发生变化,但是,岩石中总的化学成分并无显著改变。热接触变质岩的代表性岩石有以下几种。

（1）大理岩　大理岩又称大理石、凤凰石等,因盛产于我国云南省大理县而得名。大理岩由石灰岩或白云岩变质而来,因此,大理岩主要由方解石或白云石构成,也含有滑石、透辉石、石英、方镁石等。大理岩的构造通常为块状或是条状,以灰色和白色的大理岩居多。几乎不含杂质、洁白似玉的大理岩,称为汉白玉。多数大理岩因含有杂质而显示不同颜色的条带。如蛇纹石大理岩因含蛇纹石而显绿色条带,主要是由含镁质石灰岩（如白云质石灰岩）变质而来。

早在公元前 12 世纪的时候,我国就出现过一头由大理岩雕刻而成的牛,这是人们最初将大理岩成功应用到生产和生活中的标志。我国古今许多的著名建筑都使用了大理岩,如故宫、天安门、天坛、人民大会堂和人民英雄纪念碑等。直到今天,大理岩在人们的生产和生活中还发挥着巨大的作用。

大理岩的分布较广,我国山东莱阳、广东云浮、云南、北京房山、河南镇平等地均产大理岩,但以云南省大理县点苍山所产的大理岩最为著名。点苍山的大理岩有灰色和白色两种:灰色的为艾叶青,其结构为中细粒,上有许多细条纹状花纹;白色的为汉白玉,其结构为细粒,且质地均匀致密。这两种大理岩均是雕刻和建筑的优良材料。

（2）石英岩　主要由石英组成,具有粒状变晶结构,块状构造。岩石极为坚硬。石英砂岩是由砂岩变质而来。石英岩的用途广泛,能作为玻璃、陶瓷、冶金、化工、机械等行业的重要原料。

热接触变质岩的变质程度因原岩离岩浆体的距离大小而不同。原岩离岩浆体近者受到的温度高,变质较强烈;离岩浆体远者受到的温度低,变质较轻。因此,可以看到变质程度不同的岩石围绕岩浆侵入体呈环带状分布。

2)区域变质岩

区域变质作用的发生常常和地壳构造运动有关。地壳构造运动可以对岩石施以强大的定向压力,使岩层弯曲、褶皱、破裂;也可以使浅层岩石沉入地下深处遭受地热和围压的作用;还可以将深层岩石推挤到表层。构造运动还能导致岩浆的形成与侵入,从而带来热量和化学物质,或从地下深处引来流动性化学液体。此外,由构造运动所造成的破裂,是热能和化学能向围岩渗透的良好通道。因而,构造运动为岩石的区域变质创造了有利的物理、化学条件。

区域变质作用中温度与压力总是联合作用并相辅相成的。一般来说,地下的温度与压力随深度增加而增长。但是,由于各处地壳的结构与构造运动性质不同,因而温度与压力随深度而增长的速度并非处处相同。

区域变质岩常具有鳞片状结构、片理构造、片麻状构造特征。变质程度由浅至深的主要岩石类型有以下几种。

（1）板岩　具有板状构造。板岩的原岩主要是泥质岩和黏土质粉砂岩。重结晶作用不明显,主要矿物是石英、绢云母及绿泥石等。板岩常具泥状结构及显微鳞片变晶结构,是变质程度轻的产物。板岩中含炭质者,为黑色,称为炭质板岩,其他板岩常根据颜色定名。因为板岩有着清晰的纹理,略带有晶体光泽,且坚硬耐磨,同时凹凸不平的表面又使其具有防滑功能,因此现在常常被用作浴室地板。

（2）千枚岩　具有千枚状构造。原岩性质与板岩相似,但重结晶程度更高,基本上已全部重结晶。矿物主要是绢云母、绿泥石及石英等。岩石具有显微鳞片变晶结构,片理面上常能见到定向排列的绢云母细小鳞片,呈丝绢似的光泽。千枚岩可以根据颜色定名。

（3）片岩 具有片状构造。原岩已全部重结晶。矿物主要是白云母、黑云母、绿泥石、滑石、角闪石、阳起石、石英及长石等,有时出现石榴子石、夕线石、蓝晶石、蓝闪石等。岩石中片状或柱状的矿物含量不少于 1/3,以鳞片、纤维状及粒状晶体结构为主,有时出现斑状晶体结构。肉眼能清楚分辨矿物,可根据其中主要矿物(或特征性矿物)进一步命名,如云母片岩、石英片岩、绿泥石片岩、角闪石片岩和蓝闪石片岩等。岩石中如含有两种主要矿物或特征矿物,则多数者在后,少数者在前。如云母石英片岩、蓝晶石白云母片岩等。

（4）片麻岩 具有片麻状构造,为中、粗粒粒状晶体结构并含长石较多的岩石。主要矿物是长石、石英、黑云母、角闪石等,有时出现辉石或红柱石、蓝晶石、夕线石、石榴子石等。片麻岩中长石与石英的含量大于 50%,而且长石含量大于石英。如长石含量减少,石英增加,则过渡为片岩。片麻岩可根据长石的成分进一步命名,以钾长石为主者称为钾长片麻岩,以斜长石为主者称为斜长片麻岩。花岗片麻岩的成分与花岗岩相当,主要由钾长石、石英及黑云母组成。图 1-18 是角闪斜长片麻岩,即该片麻岩的长石以斜长石为主,而且角闪石的含量比一般的片麻岩也高。

图 1-18 角闪斜长片麻岩

在变质程度上,板岩＜千枚岩＜片岩＜片麻岩。板岩常被作为建筑材料,用于地板、墙面、园林绿化等。在山区,常见农民将板岩、千枚岩和片岩当作瓦片用于房屋的屋顶。

第三节 岩石圈

所谓"岩石圈"是地球表层由各种体积巨大的岩石所构成的空间,包括两部分,即地壳和上地幔的顶部。

众所周知,我们赖以生存的地球是一个椭球体,这个椭球体的平均半径为6371km。实际上,地球的构造与鸡蛋十分相似,从地表到地心,依次为地壳、地幔和地核3部分。

地壳是地球的最外层。地球表面分为陆地和海洋两大部分,地壳又可以分为大陆地壳和大洋地壳。大陆地壳的厚度非常大,最厚处有60km左右,其平均厚度可达30km以上。我国的青藏高原是世界上地壳厚度最大的地区。

在地球结构中,地幔的厚度约为2800km,分为两部分,即上地幔和下地幔。上地幔基本上是由橄榄岩组成,下地幔基本上是由密度很高的铁镁氧化物构成。

研究证明,地壳和上地幔的顶部均由岩石构成,并被称为"岩石圈"。岩石圈中的成分以镁铁质和超镁铁质为主,但也有岩石是其他成分,如橄榄类岩石的成分以硅铝质和硅镁质为主。不同地区的岩石圈,其厚度也是不同的。比如,大洋中脊处的岩石圈的厚度就非常小,人们通常将其厚度视为零;在水下100～150km处,岩石圈的厚度非常小,甚至可以忽略不计。

大约在20世纪20年代,科学家们发现了软流圈。软流圈是位于坚硬的岩石圈下边,其深度为100～250km。其实,软流圈并不是真正的"软",人们曾经对其进行了一系列模拟试验,通过试验可以证明,在软流圈中,大约只有0.5%的局部地区呈现出了熔化现象。不过,软流圈与其上面的具有很强刚性的岩石层相比,软流圈因其具有某种程度的"熔化"而呈现出一定的塑性和流动性。

20世纪60年代,板块构造学说问世。确切地说,这一学说可以概括为"岩石圈板块运动学说"。连续的地震使得岩石圈不断地进行分裂,最后,岩石圈分裂成了若干个面积不等的板块,这些大小不同的板块便"漂浮"在软流圈上。其实,在大陆板块漂移的同时,大洋板块也在不停地漂移。人们曾经通过多角度探知了大陆漂移的证据,比如古气候、古生物、古地磁和深海钻探等很多学科,都可以证明大陆漂移的事实。印度大陆板块向北推挤欧亚大陆板块,太平洋板块向欧亚板块之下俯冲下插(陆壳、洋壳汇聚),是我国大陆如今西高东低、阶梯状的地形和东西向与东北—西南向巨大山脉形成的动力。

岩石的形成以及演变过程,与岩石圈的板块运动有着不可分割的联系。比如,在岩石圈板块的边缘部位,通常分布有岩浆岩带和变质岩带。不同的板块,岩石的组合方式也有很大的不同。地球上的现代火山也主要分布在板块的边缘部位,众所周知的环太平洋"火山链"便是活火山的多发地带,这里集中了地球上大约一半以上的活火山。其实,火山活动比较频繁的地区也是地震多发的地区。

第四节 岩石风化与风化壳

大家都知道"海枯石烂"这个成语。裸露于地面的岩石,在地表环境中,在太阳辐射、大气、水以及生物的作用下,岩石会发生一系列的变化,比如会出现破碎、疏松等现象,矿物成分也会出现次生变化的现象。这种现象的背后实际上是由"风化作用"在推动。

一、风化作用的类型

风化作用是指地表或接近地表的坚硬岩石和矿物在与大气、水及生物接触过程中产生物理、化学变化而在原地形成松散堆积物的全过程。根据风化作用的因素和性质可将其分为3

种类型:物理风化作用、化学风化作用和生物风化作用。

1.物理风化作用

物理风化,顾名思义,就是风化的主要作用力是物理作用。在地球上,由于温度的变化引起热胀冷缩作用和水的冻融产生的胀缩作用,会导致岩石发生裂隙或崩解。那么,这种在地表或接近地表条件下,岩石、矿物在原地发生机械破碎的过程叫作物理风化作用,通俗来讲,就是大块岩石破碎成小块的石头。由于是物理作用形成的,所以物理风化一般不引起岩石或矿物化学组成的变化。

那么,物理风化的具体过程到底是怎样的呢?想象有一块长年累月暴露在地表的大块岩石,每天都在经历着昼夜和四季的温度变化。白天被烈日灼晒,晒到太阳的外层热得快,体积膨胀也快,而内层和晒不着的部分则热得慢,膨胀也慢。到了夜晚,岩石外层冷得快,体积收缩程度大,而内层则冷得慢,体积收缩程度小。这样一冷一热,一缩一胀,内紧外松就导致岩石首先在外层产生了裂缝和崩散。盛夏,新疆戈壁滩地面中午最高温度可以达到 80℃ 以上,你如果蹲下静静地听,可以听到"嘎巴嘎巴"岩石被爆晒崩裂产生的声音。

同样道理,由于岩石中也包含着各种矿物成分,各种矿物热胀冷缩的程度或快慢也不同,在昼暖夜凉、寒来暑往的过程中,会产生互相挤压和拉扯的力量,形成裂缝。这些裂缝形成初期很细小,但久而久之,就会日益扩大并增多,便导致岩石层层剥落,最后崩解成碎块或碎屑物质。如果你来到北京西山的凤凰岭,你会发现很多花岗岩表面都呈浑圆的外形(球状风化),这是因为块状花岗岩的边棱角热胀冷缩最剧烈,首先崩解脱落而造成的(图 1-19)。

图 1-19　花岗岩球状风化(地点:北京凤凰岭)

在一些高寒地区,如果雨水或融雪水侵入岩石裂隙,当温度降到 0℃ 以下时,液态的水就变为固态的冰,体积膨胀约 9%。这给裂隙很大的撑胀压力,使原有裂隙进一步扩大,同时产生更多的新裂隙。当温度升高至 0℃ 以上时,冰又融化成水,体积减小,扩大的空隙中又会有水渗入。如此往复,就会使岩体逐渐崩解成碎块。这种物理风化作用又称为冰冻风化作用或冰劈作用。冰冻风化作用主要发生在严寒的高纬度地区和低纬度的高寒山岳地区。在秦岭北麓陕西的太白山、太行山北端的山西五台山山顶上会看到"尸横遍野"的砾石。这些砾石主要就是由于冰冻风化作用形成的(图 1-20)。

图 1-20 岩石冻融物理风化(地点:陕西太白山)

物理风化并不产生新的矿物,只是岩石在原来的地方经过风力、冰劈、热胀冷缩和盐分结晶等作用而改变原来的形状,比如大块岩石破碎为小石块等。

2.化学风化作用

岩石的化学风化一般是指在地表或接近地表条件下,岩石、矿物在原地发生化学变化并可产生新矿物的过程。地表的岩石与水、氧气和二氧化碳发生化学反应时,其内部的化学成分、化学组合结构会发生各式各样的变化,原有的化学成分经过重新排列组合便产生了新的矿物成分。岩石的化学风化作用比较复杂,通常包括溶解、水化、碳酸化和氧化等方式。

一般化学风化强度远比物理风化大得多,引起化学风化作用的主要因素是水和氧。自然界的水,不论是雨水、地面水或地下水,都溶解有多种气体(如 O_2、CO_2 等)和矿物元素,如钙、镁、钾、钠、硅、铁等,因此自然界的水都是水溶液,或者说是矿泉水。水溶液可通过溶解、水化、水解、碳酸化等方式促使岩石风化。而大气中的氧则主要通过氧化作用促使岩石风化。

(1)溶解作用　水直接溶解岩石中矿物的作用称为溶解作用。溶解作用的结果,使岩石中的易溶物质被逐渐溶解而随水流失,难溶的物质则残留在原地。岩石由于可溶物质被溶解而致孔隙增加,削弱了岩石颗粒间的结合力从而降低了岩石的坚实程度,使其更易遭受物理风化作用而破碎。在各种矿物中,最容易溶解的是卤化盐类(钠盐、钾盐),其次是硫酸盐类(软石膏、硬石膏及明矾等),再次是碳酸盐类(石灰岩、白云岩)。岩石在水里的溶解作用一般进行得十分缓慢,但是当水的温度升高以及压力增大时,水的溶解作用就增强。特别是当水中含有酸性的 CO_2 而发生碳酸化作用时,水对碳酸盐的溶解作用就会显著增强。溶解作用最为典型的例子就是喀斯特地貌。即在石灰岩分布地区,碳酸钙在水与二氧化碳的作用下会变成易溶解的重碳酸钙而流失,溶解的重碳酸钙在失去水和二氧化碳后,又重新沉淀为碳酸钙。溶洞是石灰岩中的碳酸钙在水与二氧化碳的作用下变成易溶解的重碳酸钙而流失被溶蚀出来的;溶洞中的石笋、钟乳石等则是重碳酸钙在失水和二氧化碳后又重新沉淀为碳酸钙形成的。这个过程的化学式如下:

$$CaCO_3 + H_2O + CO_2 \rightleftharpoons Ca(HCO_3)_2$$

(2)水化作用　有些矿物与水接触后和水发生化学反应,吸收一定量的水到矿物中形成含水矿物,这种作用称为水化作用。水化作用的结果是产生了含水矿物,而含水矿物的硬度一般低于无水矿物,同时由于在水化过程中结合了一定数量的水分子,改变了原有矿物成分,会引起体积膨胀,对岩石就会有一定的破坏作用。例如,硬石膏经过水化作用会变成软石膏,化学反应式如下:

$$CaSO_4 + 2H_2O = CaSO_4 \cdot 2H_2O（硬石膏 \longrightarrow 软石膏）$$

当岩层中含有硬石膏时,硬石膏发生水化作用而体积膨胀,就会对围岩产生很大的压力,促使岩层破碎。在隧道施工中,这种压力甚至能引起支撑倾斜、衬砌开裂,应当引起足够的注意。

(3)水解作用　某些矿物溶于水后,会出现离解现象,其离解产物可与水中的 H^+ 和 OH^- 发生化学反应,形成新的矿物,这种作用称为水解作用。例如,正长石经水解作用后,开始形成的 K^+ 与水中 OH^- 结合,形成 KOH 随水流失,析出一部分 SiO_2 可呈胶体溶液随水流失,或形成蛋白石($SiO_2 \cdot nH_2O$)残留于原地;其余部分形成难溶于水的高岭石而残留于原地,化学反应式如下:

$$4KAlSi_3O_8 + 6H_2O = 4KOH + 8SiO_2 + Al_4(Si_4O_{10})(OH)_8（正长石 \longrightarrow 高岭石）$$

(4)碳酸化作用　当水中溶有 CO_2 时,水溶液中除 H^+ 和 OH^- 外,还有 CO_3^{2-} 和 HCO_3^-,碱金属及碱土金属与之相遇就会形成碳酸盐,这种作用称为碳酸化作用。硅酸盐矿物经过碳酸化作用,其中碱金属就变成碳酸盐随水流失。如花岗岩中的正长石受到碳酸化作用时,会发生如下反应:

$$4K(AlSi_3O_8) + 4H_2O + 2CO_2 = 2K_2CO_3 + 8SiO_2 + Al_4(Si_4O_{10})(OH)_8（正长石 \longrightarrow 高岭石）$$

(5)氧化作用　矿物中的低价元素与大气中的游离氧发生化合作用,变为高价元素,称为氧化作用。氧化作用是地表极为普遍的一种自然现象,在湿润的情况下,氧化作用更为强烈。自然界中,有机化合物、低价氧化物、硫化物最容易遭受氧化作用。例如低价铁就很容易被氧化成高价铁,常见的黄铁矿(FeS_2)在含有游离氧的水中,经氧化作用形成褐铁矿($Fe_2O_3 \cdot nH_2O$),同时产生对岩石腐蚀性极强的硫酸;硫酸可使岩石中的某些矿物分解形成洞穴和斑点,致使岩石破坏,化学反应式如下:

$$2FeS_2 + 7O_2 + 2H_2O = 2FeSO_4 + 2H_2SO_4（黄铁矿\longrightarrow 硫酸亚铁）$$

$$12FeSO_4 + 3O_2 + 6H_2O = 4Fe_2(SO_4)_3 + 4Fe(OH)_3（硫酸亚铁\longrightarrow 褐铁矿）$$

$$Fe_2(SO_4)_3 + 6H_2O = 2Fe(OH)_3 + 3H_2SO_4（褐铁矿\longrightarrow 硫酸）$$

3.生物风化作用

生物风化一方面主要是指植物根系对岩石矿物的撑胀产生物理风化;另一方面,根系也会产生有机酸对矿物进行化学蚀变。具体包括以下两种方式。

(1)生物的机械破坏　植物根部在岩石裂隙中生长,迫使裂隙扩大,引起岩石崩解,这个作用称为根劈作用。根劈作用其实也是一种物理性的风化。在国家植物园的樱桃沟,我们可以看到一块巨大岩石被柏树树根撑裂(图 1-21)。据说曹雪芹《红楼梦》中的"木石前盟"即感悟于此。

(2)生物的化学破坏　生物通过新陈代谢及其遗体腐烂后对岩石进行分解的过程,称为生物化学风化作用。植物根系、真菌和细菌等常分泌出有机酸、硝酸(HNO_3)、亚硝酸(HNO_2)、氢氧化铵(NH_4OH)等溶液,这些酸类溶液腐蚀岩石,改变其矿物性质、结构和成分。生物死亡后,其遗体逐渐腐烂分解,形成一种暗黑色的胶状物——腐殖质。腐殖质在自然条件下,能使硅酸盐分解而生成腐殖酸盐,其易随水流失。腐殖酸还能使难溶的 Fe_2O_3,还原为易溶的 FeO,加速某些矿物的分解。

通常来讲,在两极、高山及干旱地区,以物理风化为主;在湿热地区,则化学风化强烈。但物理风化有助于化学风化。一些低等生物可以直接生长在岩石矿物表面而发生缓慢微弱的生物风化,但具有显著成土作用的生物风化发生往往都是在物理风化与化学风化的基础上进行的。一般在温暖湿润的南方地区,化学风化和生物风化都十分强烈,形成的土壤层次比较深厚。

图 1-21　柏树树根撑裂巨大岩石
(地点:国家植物园樱桃沟,北京)

以上所讲的3种风化作用并不是孤立进行的,而是相互促进、彼此联系的。物理风化使得岩石破碎,从而增大了岩石与水溶液等的接触面,有利于化学风化的发生;化学风化降低了岩石强度,又促进物理风化的加强;与此同时,在物理风化和化学风化的过程中又有生物活动的影响和促进。

但是,不同地区的气候条件不同,导致3种风化作用的强弱主次不同。比如,在炎热湿润的地区以化学风化和生物风化为主,而在寒冷干旱的地区则以物理风化为主。正因为这些不同的风化作用组合和强弱不同,才形成了我们现在看到的多种多样的土壤。

二、影响风化作用的要素

不同岩石的内部构造以及矿物组成有着很大的不同,而每种矿物都具有独特的溶解性。不同岩石的层理、节理、孔隙分布、矿物粒度等都各具特点,它们决定了岩石的易碎程度以及岩石的表面积。

气候因素(气温、降水量等)会直接影响岩石风化作用的程度和速度。湿热气候条件有利于岩石风化,温度愈高、水分愈充足就愈有利于矿物水解和水解产物的淋溶。反之,干燥而寒冷的气候则不利于岩石风化,这种气候条件下几乎没有化学风化和生物风化,只能产生物理风化,造成岩石的破碎。著名的埃及狮身人面像已矗立4600多年,在这漫长的时间里,它保存得十分完整,不仅因为其精湛的工程技术,也有赖于那里干燥的气候,使风化速度非常慢。

不仅如此,地势的起伏状况对风化作用的影响也是极为深远的。地势起伏大的山区,风化产物很容易被剥蚀,如此一来使得下面的基岩不断裸露出来,从而使岩石不断风化,成为风化产物的源地。但这种风化也只是停留在物理风化阶段,产生大量岩石碎屑。而起伏不大的山区,风化产物不易被剥蚀、搬运,覆盖着下面的岩石,下面的岩石处于恒温状态,也就没有膨胀收缩造成的物理风化。但这样的地形,水分入渗多,使得岩石矿物可产生深度化学风化。

坡向也对风化产生一定的影响。通常情况下,向阳坡和背阳坡在局域气候上具有明显的差别。低纬度区,日照强、雨水多的向阳坡的风化比阴坡强烈,而且以化学风化为主,因为温暖的水分进入岩石裂隙容易分解、溶解矿物。而高纬度区,向阳坡只是在夏季产生热胀导致的物理风化,但背阴坡不但在冬季因为有融化的冰雪水进入岩石裂隙再冻结膨胀撑裂岩石,而且在夏季融化的水与矿物作用也产生微弱的化学风化。

三、剥蚀与沉积作用

古语有言"沧海桑田",形容世事变化很大。它用在地质学上来描述岩石风化、剥蚀、搬运、沉积、成岩、再成山的地质作用再形象不过了。高大挺拔的山脉终究会被风化、被剥蚀变矮;风化产物被流水带到山前沉积形成平原,流向海口填海;这样一个过程称为夷平。地壳运动再把海洋地层抬升成山。地球上的任何物质都处在不断的变化和发展之中,我们看到的山岭、森林、草原、耕地、湖泊、海洋等都是地质历史时期的一个片段而已。

山地岩石经过一系列物理破碎和化学分解后所产生的岩石碎屑,在流水、风、冰川、重力等动力的作用下,会发生由高处到低处的运移,最终在低洼处堆积。风化产物迁移过程称为"剥蚀",被搬运的风化产物停止移动称为"沉积"。剥蚀与沉积使造山运动产生的有巨大起伏的地球变成起伏不大只有一些残丘存在的"准平原"。我们在华北平原、长江下游平原看到的一些低矮的丘陵或小山包,其实就是被山上剥蚀下来的风化产物沉积、填埋露出的山峰,它的根基是与西面的太行山、大别山连在一起的。

风化与剥蚀常相伴出现,二者相辅相成、密不可分。岩石只有经历了风化作用后,才能够被剥蚀;而风化后的岩石再经历剥蚀,才能将新鲜的、坚硬的岩石暴露在外面,继续发生风化作用。

风化产物的搬运过程是剥蚀作用的主要表现形式,搬运过程主要通过水或风来实现。当岩石的碎屑随着水或风进行移动时,地表、河床以及湖岸也会被运移的石屑碰撞产生侵蚀。于是我们既能在河床上看到经流水经久打磨后形成圆滑的鹅卵石,也能在山区见到被狂风带着砂石碰撞、旋磨形成的岩石洞穴。

四、风化壳

地壳表层岩石风化后部分溶解物质流失,碎屑残余物质和新生成的化学残余物质大都留在原地。这个由风化残余物质组成的地壳表层部分,或者说已经风化了的地表岩石,被称为风化壳或风化带。这是狭义上的风化壳,即残积风化壳。

广义的风化壳还包括风化产物被剥蚀、搬运后沉积下来形成的沉积物,称为堆积(沉积)型风化壳。因为这种沉积物也是岩石风化产生的,无非发生了位移。

因此,狭义的风化壳,即残积风化壳,与其底下的基岩有着亲缘关系,我们可以通过比较风化壳及其底下岩石的物质组成,分析风化过程中发生了哪些物质的损失或相对的物质富集,就能知晓该处岩石受到了何种作用力。而对于广义风化壳中的沉积物,上下层之间很可能来源于不同的地方,比较不同层次沉积物的物质组成变化是没有意义的,或者说根本没有可比性,因为说明不了它们之间的关系。

在较为平缓的山区,在既不接受剥蚀搬运来的物质,本身风化物又不被剥蚀的地形部位,随着岩石的风化程度不断加深,形成了最上部为松软的土壤,下部为中度风化物,底部是弱风化物,再下部是未风化的坚硬基岩这样一个垂直断面。这是我们研究土壤与风化物以及风化物与岩石的差别与关系的最理想的场所。在不同层次上采取样品,通过目测形态特征和实验室化验分析,来比较垂直断面上土壤、风化层,以及岩石在形态、物理、化学性质上的差别与关系,就能判断土壤的发生过程,知晓其"前世今生",为更好地开发利用与保护土地提供依据。

无论是残积型风化壳,还是堆积型风化壳,都是一种松散多孔的物质,为植物生长创造了条件,这就是风化壳与坚硬致密岩石的本质不同。在自然界,大多数沉积物是风化物与土壤的混合体,尤其是当上游被剥蚀区发生强烈剥蚀时,可以将表层的土壤与土壤下面的风化物一起搬运到沉积区。

实际上,土壤与风化物是比较难以区分的。土壤与风化物的主要区别是土壤层中的腐殖质含量较高,植物生长所需要的矿质营养元素相对富集。学术名词"土壤侵蚀",虽然从概念上说是土壤被侵蚀了,但我们测定时是通过一个河流断面的过水量及其水里的含沙量来推算流域的土壤侵蚀量,这时并不知道侵蚀的是土壤还是风化物。但我们提土壤保持,重在保护腐殖质含量高、植物营养元素富集的土壤,因为腐殖质和植物营养元素是植物生长所必需的。

第五节　地球圈层

　　地球分为地球外圈和地球内圈两大部分。地球外圈可划分为大气圈、水圈、生物圈。地球内圈可划分为3个基本圈层,为同心状圈层构造,由地心至地表依次为地核、地幔、地壳。地壳与地核之间的地幔层再分上下两层,挨着地壳层的称为上地幔,其下称下地幔。地壳和上地幔顶部由坚硬的岩石组成,称为岩石圈。岩石圈是地球内圈与地球外圈之间的一个层次,就像鸡蛋壳,它是坚硬而深厚的。但与光滑、薄脆的鸡蛋壳不同,岩石圈这个壳凹凸不平,凸起处便成了山地,凹陷处汇集雨水成了海洋、湖泊。因此岩石圈是厚薄不一样的,山地厚、海洋薄。

　　在地球表面附近,岩石圈风化又形成了一个土壤圈。《黄帝内经·素问》中说"土者,生万物而法天地",其实已经道出其中的规律。这里的"天"指的就是气候,"地"指的是地基,即岩石风化物与土壤。土壤是庄稼、林木、禾草生长的基础。但气候不同,岩石不同,孕育的土壤也不同。土壤圈与生物圈、水圈,乃至大气圈,是相互重叠、相互作用的。土壤圈与大气圈共同支撑着森林、草原等生物圈层。同时,多孔的土壤物质也影响着水分、气体的储存与交换。

第二章　花岗岩及其地貌与土壤

花岗岩是一种分布最为广泛的岩浆岩。我国云贵高原以东、秦岭—大别山以南地区广泛分布着花岗岩,尤其在广东、福建、海南、广西东南部、湖南南部、江西南部一带更为集中,海南省花岗岩分布面积更是占该省总面积的 48% 以上。花岗岩红色风化壳的面积,闽、粤两省各占该省总面积的 30%~40%,桂、湘、赣 3 省(区)各占省域总面积的 10%~20%。此外,我国许多名山都以花岗岩为主体,如安徽的黄山、陕西的华山、山东的崂山、湖南的衡山、北京的凤凰岭、天津的盘山、浙江的普陀山、福建的太姥山和鼓浪屿等。

因为花岗岩的矿物组成主要是浅色矿物、石英、长石、云母等,所以花岗岩白色、灰白色和肉红色斑杂,甚为美观。另外,花岗岩难以被化学风化作用所侵蚀,所以其外观及色彩也可以保持长时间不变,甚至能够保持百年以上。此外,花岗岩质地刚硬、强度高、十分耐磨、吸水性低。因此,花岗岩被广泛用作建筑装潢石材、石像雕刻等。但花岗岩的耐热性差,因为不同的矿物膨胀收缩系数不同容易发生物理风化。

第一节　花岗岩成分与分类

一、花岗岩的主要成分

花岗岩包含多种矿物成分,其中,最主要的是碱性长石和石英。石英的含量不均,在岩石中所占的比例在 10%~50%。一般情况下,碱性长石的比例要大于石英,具有多种类型,包括正长石、斜长石及微斜长石,长石在花岗岩中大约占总量的 2/3。很多贵金属如金(Au)、银(Ag)等,有色金属如铜(Cu)、铅(Pb)、锡(Sn)、锌(Zn)、钨(W)、铋(Bi)、钼(Mo)等,稀有金属如铌(Nb)、钽(Ta)等,放射性元素如铀(U)、钍(Th)等,它们的形成都与花岗岩有关。

一般情况下,不论是什么种类的花岗岩,都含有暗色矿物黑云母或浅色矿物白云母。当然,它们也可以同时存在,只是黑云母含量比较少。云母中含有钾元素,因此花岗岩发育的土壤中钾元素比较丰富。

不同种类的花岗岩,所包含的矿物成分不同,碱性花岗岩还有含钠元素的角闪石和辉石两种矿物。

地质学家曾经在世界各地采集了 2 000 多种花岗岩,测算出了其中不同种类化学成分的百分比,按照矿物由轻到重的顺序排列为:P_2O_5 占 0.12%,TiO_2 占 0.30%,MgO 占 0.71%,Fe_2O_3 占 1.22%,CaO 占 1.82%,Na_2O 占 3.69%,K_2O 占 4.12%,Al_2O_3 占 14.42%,SiO_2 占 72.04%。可见,花岗岩含钾、磷、硅、钙、镁等植物营养元素丰富,其岩石风化后形成的土壤中植物营养元素也丰富。

二、花岗岩分类

花岗岩种类繁多，从不同的角度可以划分为不同的类型。

根据花岗岩结构特点，可以将其分为细粒花岗岩、中粒花岗岩、粗粒花岗岩（图 2-1）、斑状花岗岩、似斑状花岗岩、片麻状花岗岩、石英斑岩等类型。它们的矿物成分相似，主要是因为岩浆冷凝过程的快慢不同造成矿物结晶的大小不同。如细粒花岗岩的矿物颗粒不如粗粒花岗岩的大，而粗粒花岗岩的矿物颗粒不如斑状花岗岩中的斑晶颗粒大。一般来说，花岗岩的结晶颗粒越大，就越容易发生物理风化，但形成的土壤质地也较粗。

图 2-1　粗粒花岗岩

根据花岗岩中包含的矿物类型，可以将其分为黑云母二长花岗岩、角闪石二长花岗岩、黑云母花岗岩、二云母花岗岩（含黑云母和白云母）、角闪石花岗岩等。这里所谓的"二长"是指正长石和斜长石。根据花岗岩所含有的副矿物情况，可以将其分为含锡石花岗岩、含铍花岗岩、含铌铁矿花岗岩、电气石花岗岩、锂云母花岗岩等。一般来说，花岗岩中含黑云母等暗色矿物越多，就越容易发生物理风化和化学风化。

第二节　花岗岩地貌

一、花岗岩地貌类型

花岗岩地貌深受其岩性和节理的影响。因花岗岩坚硬致密，抗蚀力强，常形成陡峭高峻的山地。但因其节理丰富,棱角边缘容易发生物理风化,产生球状风化体;节理密集区,重力崩塌显著,出现垂直崖壁;球状风化与剥蚀,使得坡面浑圆化。湿热气候下,沿节理进行的风化作用,可深入岩体内部,形成很厚的红色风化壳。花岗岩地貌一般可分为以下两种主要类型。

1. 峰林状

主要由具有岩株构造(呈树干状延伸规模较大的侵入岩)的花岗岩体组成。地势陡拔,岩石裸露,沿断裂有强烈的风化剥蚀及流水切割,当流水沿着岩体的裂隙不断地切割、冲刷时,便形成了沟壑,甚至奇峰深壑。有些地方沟壑逐渐加深,便形成了两壁夹峙,从底部往上看,蓝天宛若一线,也就是人们常说的"一线天"。比如,黄山花岗岩的切割深度有的几百米,高度超过1千米的山峰有几十座。

2. 球状或馒头状岩丘

风化壳被侵蚀后,出露球状或馒头状岩丘,地势浑圆。这种地形在北方花岗岩山区常见,如北京凤凰岭的球形风化花岗岩(图 2-2)。这是因为北方雨水少,主要发生热胀冷缩的物理风化。

图 2-2 北京凤凰岭花岗岩球形风化

在北方花岗岩山区,特别是植被被破坏后,花岗岩山区因为其下的花岗岩不透水,遇到大雨、暴雨,在坡度大的情况下,松散的花岗岩风化物包括土壤层被侵蚀,导致岩石裸露。但在坡麓地带则堆积着深厚的砂性坡积物(图 2-3)。

在我国南方高温多雨的气候条件下,花岗岩风化壳深厚,侵蚀沟溯源向上不断侵蚀,造成冲沟沟头崩塌而形成一种围椅状侵蚀地貌,称之为崩岗(图 2-4)。花岗岩崩岗侵蚀作为一种严重的水土流失类型,造成土地破碎化,所产生的大量泥沙掩埋农田,淤塞河道、山塘、水库,冲毁房屋、道路、通信线路等设施,危害十分严重。花岗岩崩岗在我国的南方如福建省、广东省、江西省、湖南省等地的山区分布十分普遍。在这些地区要因地制宜地采取工程措施和生物措施进行治理,如在沟口处修建谷坊拦截水土,防止侵蚀沟进一步溯源侵蚀;在沟头设置围堰和种植草木等。

图 2-3 坡麓花岗岩风化坡积物（地点：山西静乐县）

图 2-4 花岗岩崩岗侵蚀地貌（地点：广东五华县；华中农业大学张天巍教授供图）

二、中国著名的花岗岩地貌

（1）三清山 褶皱和断裂发育，岩浆活动频繁，经过燕山运动、喜马拉雅期的造山运动，山岳进一步大幅度抬升，位于岩体顶部的地层不断地被风化剥蚀掉，岩体逐渐暴露出地表，断层、节理及裂隙异常发育，伴随着水力侵蚀的强烈下切，使地势高低悬殊，形成了三清山所特有的花岗岩峰林景观。

（2）黄山 以大型浑圆状山峰为主，部分锥状山峰相对较少、分布稀散，其花岗岩峰林景观规模不大,且残留于岩体的中下部。

(3)华山 主要由构造切割冲刷侵蚀作用形成,以高峰陡崖绝壁山体景观为特色,以险峻著称。安徽的天柱山也是类似于华山式的花岗岩景观。

(4)泰山 泰山的主要岩石类型是花岗片麻岩,以浑圆雄厚山体与陡坡、崖壁组合景观为特色,以雄伟著称。类似于泰山式的花岗岩景观有湖南衡山等,但其不如泰山雄伟。

(5)普陀山 以浑圆状花岗岩低丘和花岗岩石蛋景观为特色。类似的花岗岩景观还有福建的鼓浪屿、万石山、平潭岛等。这类花岗岩景观以海蚀风化作用为主,化学风化作用较强,以大型球状风化丘陵、多种石蛋、柱状石林和石峰造型为多。

(6)五台山 切割深峻,五峰耸立,峰顶平坦如台,故称五台。台顶终年有冰,盛夏天气凉爽,自然植被以草地为主,由草甸、草原、灌丛构成。与五台山近似的北方花岗岩地貌有北京北部与河北省交界处的海陀山。但是,海陀山的海拔不如五台山的高,而且纬度也稍靠南,气温高,就没有五台山那样的冻融地貌。

大部分花岗岩山区有较厚的风化物,为植物提供了扎根立地条件,因此花岗岩山区植被比石灰岩山区要好,故风景秀丽。花岗岩风化作用强烈,形成由表层土壤和风化层构成的深厚的储水层,而且,由于岩石深部没有节理联通的垂直裂隙,花岗岩下部半风化层和未风化层则成为隔水层。这样,上层储水、下层隔水就容易保水。我国著名的哈尼梯田、龙胜梯田、紫鹊界梯田,能够种植水稻,就是因为土壤下面的花岗岩具有不漏水的特性。这不同于石灰岩风化的土壤,因为石灰岩垂直节理发达,降雨沿着垂直裂隙进入地下,故石灰岩山区坡地上只能旱作,只有在溶蚀洼地(小平原)才可能有水田。

第三节 花岗岩风化物与土壤特性

因为花岗岩是深成岩,岩浆冷却过程缓慢,矿物结晶良好,用肉眼就可看到矿物颗粒。越是高温条件下形成的矿物,暴露在大气中,越是容易风化。

风化作用自地表往下对岩体的破坏程度不同。在热带地区,水热条件好,化学风化强烈,花岗岩风化体很深厚。如果风化物没有受到剥蚀,最表层的土壤层的矿物中,黑云母被完全风化淋失,长石也已经全部风化转化为高岭土,石英颗粒虽然保持状态,但其硬度已大大降低。除土壤表层被腐殖质染色,呈现红棕色外,表土以下为红色。

土壤层往下,风化程度越来越低,分别出现以下几层。

(1)强风化层 母岩体已完全破坏分解,呈砂状组合体,用镐很易挖掘,矿物颜色及硬度变化显著,斜长石风化剧烈,正长石及黑云母基本完好。

(2)半风化层 风化裂隙较发育,岩体分割成块状,岩块整体颜色已基本改变,采用铁锤方可击碎,但用镐很难挖掘。沿节理面有次生矿物,故在剖面上常见岩石节理缝被泥质物充填。

(3)未风化花岗岩 又叫基岩。未风化的花岗岩体是不透水的,因此,降雨入渗到这个层次后,入渗水就以地下水(山泉)的形式出现。

花岗岩的主要矿物成分为石英、钾长石、酸性斜长石。在昼夜温差变化大的温带地区,主要发生物理风化,形成砂性土壤(图2-5)。这与花岗岩含大量难以风化的石英和矿物组成复杂有关,因为不同矿物的膨胀收缩系数不同。北方温带地区花岗岩风化发育的土壤中有相当多的粉砂级颗粒,这主要来自黄土的降尘。本来花岗岩风化物不含碳酸钙,但是北方花岗岩风化的土壤滴稀盐酸会起泡,这是因为黄土降尘中含有碳酸钙。因此,在北方,即使是花岗岩风化的土壤,大部分土壤 pH 也是微碱性的。

在湿热气候区,化学风化强烈,花岗岩中的石英难以风化仍保留为粗砂,其中的长石已经化学风化成高岭石和赤铁矿等黏土矿物。因此,花岗岩风化物形成粗砂粒和黏粒混合的土壤(图 2-6)。这与同地带的粉砂岩风化物不同,粉砂岩风化的土壤颗粒大小均一。

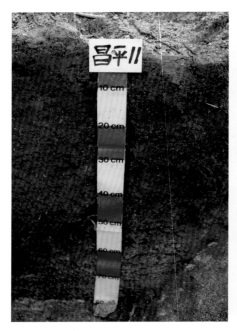

图 2-5 花岗岩风化物形成的土壤

(上层粗岩石矿物、碎屑多,60 cm 处是
半风化花岗岩,再往下是块状岩石,
地点:北京昌平)

图 2-6 花岗岩风化物形成的土壤

(地点:海南儋州)

观察不同类型的石碑,也能够看出不同岩石风化速率的不同。比如,在湿热气候下,由花岗岩制成的石碑对风化作用具有较强的抵制能力;反之,由大理岩制成的石碑就很容易受到风化作用的侵蚀。因此,在南方一般选择花岗岩做墓碑,而在北方,因为雨水少,化学风化作用不强,物理风化相对强,所以就选择大理岩或砂岩做墓碑,因为石灰岩、砂岩的矿物比较单一,抗物理风化的能力强。

花岗岩风化形成的土壤中植物矿质养分比较丰富,特别是含钾相对丰富。花岗岩风化形成的土壤矿物质颗粒有粗有细。相对于石灰岩风化形成的土壤而言,花岗岩风化形成的土壤适宜种植要求土壤通气透水条件好、需钾元素多的水果。因此,花岗岩山区往往也是优质水果产区。

同样的气候条件下,花岗岩风化形成的土壤的 pH 比石灰岩风化形成的土壤的 pH 要低。在湿润的南方,花岗岩风化形成的土壤都可种植茶树,但有些石灰岩风化形成的土壤为碱性,就不能种植茶树。在半湿润的北方,花岗岩风化形成的土壤是良好的板栗种植基地,但石灰岩风化形成的土壤,就不能种植板栗。因为板栗要求微酸性的土壤。

第三章　玄武岩及其地貌与土壤

玄武岩的主要矿物是基性长石和辉石,次要矿物有橄榄石、角闪石和黑云母。这些矿物因含有大量铁镁化合物,多呈黑色、黑褐色、暗绿色、灰绿和暗紫色等颜色。由于炽热的岩浆喷出地面后温度降低得快,矿物成分结晶不好,因此,用肉眼看玄武岩难以看到明显的矿物颗粒。

玄武岩是基性岩浆岩的一种,是大陆地壳和大洋地壳的重要物质之一。我国的玄武岩主要分布在黑龙江五大连池、山西大同火山群、内蒙古阿尔山地区、云南腾冲火山群、浙江天目山和会稽山、江苏虎丘、四川峨眉山、广东湛江等地。玄武岩分布区也多成为风景名胜区,如黑龙江五大连池、云南腾冲火山群(图3-1)、长白山天池等地,皆因一些与玄武岩相关的熔岩地貌而闻名。

图 3-1　玄武岩熔岩喷发物(左图)及其发育的土壤(右图)(地点:云南腾冲)

第一节　玄武岩成分与分类

玄武岩的化学成分与侵入岩的辉长岩相似,主要化学成分为 SiO_2、Al_2O_3、Fe_2O_3。SiO_2含量占 $45\% \sim 52\%$;相对于辉长岩,$K_2O + Na_2O$ 的含量略多,CaO、Fe_2O_3、FeO、MgO 含量略低。玄武岩的密度为 $2.8 \sim 3.3 \, g/cm^3$,脆性较强。与花岗岩一样,玄武岩因为矿物成分复杂,其风化后形成的土壤中植物营养元素丰富。

按 SiO_2 饱和程度和碱性强弱,玄武岩被分为以下 3 大类。

49

（1）亚碱性玄武岩（即拉斑玄武岩）　它是 SiO_2 过饱和或饱和的岩石，不含橄榄石和霞石这类碱性矿物，以含斜方辉石、易变辉石为特征。

（2）碱性玄武岩　SiO_2 不饱和，碱性矿物多，含橄榄石、碱性长石或钾长石、沸石，不含斜方辉石、易变辉石，仅含富钙的普通辉石。

（3）高铝玄武岩　含有较高的 Al_2O_3，SiO_2 含量略低于拉斑玄武岩，矿物成分与拉斑玄武岩相似。

在岩石利用方面，玄武岩具有硬度大的特点，且在地壳表面广泛分布，但因为有气孔，并不像花岗岩被广泛用作饰面石料。但因其颜色玄黑、有气孔结构，可彰显中国"瘦漏透皱"的赏石美学，也被广泛用于园林景观之中，主要用作假山、盆景中。气孔更多的玄武岩称浮岩，由于密度小，可以悬浮在水面，西方人烧烤时将其放在铁篦子下以吸收烤化下来的油脂。

第二节　玄武岩地貌

发育在玄武岩地区，具有独特外形特征的地貌被称为玄武岩地貌。常见的有玄武岩（熔岩）高原和玄武岩（熔岩）台地等。玄武岩（熔岩）高原是由大量黏度很小的基性玄武岩浆溢出地表形成的，覆盖面积广大，一般表面平坦，一望无际。印度的德干高原是这种类型的代表，其玄武岩的分布面积不包括海底部分就达 65 万 km^2。在距今六千万年以来的新生代，由于喜马拉雅地壳运动的影响，在中国的内蒙古地区，随着地壳的抬升，大规模的玄武岩浆沿着裂隙带喷溢，它们充填了大量低洼地带，覆盖了大片丘陵，形成熔岩台地。这以锡林郭勒盟最典型。此外，黑龙江省五大连池景区也是由多座休眠火山和玄武岩熔岩台地以及 5 个相互连通的熔岩堰塞湖组成，故谓"五大连池"。

第三节　玄武岩风化物与土壤特征

玄武岩的风化过程可以分为以下 4 个阶段。

（1）碎屑阶段　以物理风化为主，风化产物主要为岩石或矿物碎屑。在冷干气候条件下，一般处于物理风化阶段。

（2）饱和硅铝阶段　氯化物和硫酸盐全部被溶解，Cl^- 和 SO_4^{2-} 全部被带出，部分 K^+、Na^+、Ca^{2+}、Mg^{2+} 及少量的 SiO_2 转入溶液，形成的黏土矿物有蒙脱石、水云母、拜来石、绿脱石及绿泥石等。在温润气候条件下，一般处于饱和硅铝阶段。

（3）酸性硅铝阶段　碱金属（K^+、Na^+）和碱土金属（Ca^{2+}、Mg^{2+}）被大量溶滤掉，SiO_2 进一步游离出来，形成高岭石/变埃洛石等，这一阶段一般在湿热气候条件下发生。在冷凉气候条件下不会有这个阶段的风化物。

（4）铁铝土阶段　可移动的元素全部被带走了，形成铁和铝的氧化物及部分二氧化硅风化物组合的红壤，这一过程一般在非常湿热气候条件下才有。在温暖湿润气候条件下，不会有这个阶段的风化物。

玄武岩发育的土壤和母岩的性状相差甚远，由岩石到土壤的过渡层即风化层并不明显，也就是说,土壤与岩石之间是突然变化的,尤其是在北方地区。

玄武岩是细粒的岩浆岩,黑色或深灰色,吸热量大,容易风化,常常形成比较深厚的风化层。在热带地区,玄武岩风化后常形成质地细、黏,颜色猪肝红的土壤(图 3-2)。这与同样气候条件下花岗岩形成的质地粗颗粒与黏粒混杂、颜色亮红的土壤(图 2-6)不同。

图 3-2 玄武岩风化形成的土壤(地点:海南安定县)

玄武岩是基性岩,钙镁钾钠含量相对于花岗岩丰富。因此,在南方湿润气候条件下,玄武岩风化形成的土壤比花岗岩风化形成的土壤,其植物矿质养分丰富,而且 pH 也比花岗岩风化形成的土壤的 pH 高。另外,玄武岩中含磷灰石较多,风化以后生成的土壤磷素含量较高,土壤肥沃。总体而言,同样的地区,玄武岩风化形成的土壤比花岗岩风化形成的土壤更肥沃。

镜泊湖西北三十公里处,唐代渤海国上京龙泉府遗址玄武湖附近(牡丹江市渤海镇),火山岩浆流淌凝固而形成了大面积玄武岩台地。台地上的土壤厚度为 60~80 cm,俗称"石板地"。"石板地"的土壤吸热和散热快,早晚温差大;多孔的玄武岩,有一定的渗水、透气性,但却不漏水;岩石风化形成的土壤中矿物营养元素也极为丰富。如此特点,为水稻生长提供了优越的水分、空气、养分和温度等土壤环境,这独特的"石板地",便是水稻饱满、优质、高产的奥秘。这里种出的"石板米"(图 3-3)品质优良、汤似乳汁、米如油浸、饭质柔软、香味袭人,是有名的"贡米"。

图 3-3 "石板地"出产的大米（地点：黑龙江牡丹江市）

第四章　石灰岩及其地貌与土壤

碳酸盐岩和碳酸盐沉积物的分布非常广泛,占地球上沉积岩总量的 $20\%\sim25\%$。在我国,石灰岩分布同样甚广,面积约 130 万 km^2,集中分布于广西壮族自治区、云南省、贵州省、四川省、湖北省、湖南省、广东省,约占全国石灰岩总面积的一半。

第一节　石灰岩成分与分类

石灰岩的矿物组成以方解石($CaCO_3$)为主,有时含有白云石$[CaMg(HCO_3)_2]$、黏土矿物和碎屑矿物,还有少量文石、高镁方解石及低镁方解石。虽然石灰岩的矿物组成以方解石为主,但石灰岩不会有肉眼可见的方解石晶体(图 1-5)。因为,方解石晶体是泥质,非常细小。由石灰岩变质而成的大理岩,方解石重结晶,结晶程度较好,但用肉眼也看不出图 1-5 那么大的方解石晶体。

石灰岩与稀盐酸有剧烈的化学反应。由生物化学作用生成的石灰岩,常含有丰富的有机物残骸。石灰岩中一般都含有一些白云石和黏土矿物,当黏土矿物含量为 $25\%\sim50\%$ 时,称为泥质灰岩;白云石含量在 $25\%\sim50\%$ 时,称为白云质灰岩。

重晶石、石膏、岩盐及钾镁盐矿物等非碳酸盐成分很容易混杂在石灰岩中。此外,蛋白石、海绿石、微晶质石英(玉髓)、磷酸盐矿物和有机质等,有时候也会少量地混杂在石灰岩中。当陆源矿物混入其中且含量超过一半时,碳酸盐岩即可转变为碎屑岩或是黏土。

按岩石矿物成分不同,石灰岩可分为硅质石灰岩、泥质石灰岩和白云质石灰岩 3 种。其中,白云质石灰岩是白云岩与石灰岩的过渡类型。白云岩的矿物成分主要是白云石。

石灰岩因为矿物组分比较单一,较比矿物组成复杂的花岗岩和玄武岩来说,其风化形成的土壤中的植物营养元素比较贫乏,而且 pH 更高。

第二节　石灰岩地貌

石灰岩是由自然界中过饱和的重碳酸钙$[Ca(HCO_3)_2]$溶液在水中沉淀、固结形成 $CaCO_3$ 而成。但反过来,石灰岩中的 $CaCO_3$ 与水和二氧化碳会发生可逆反应。当石灰岩暴露在空气中,雨水和空气中的二氧化碳与 $CaCO_3$ 发生结合,就会形成可溶解的 $Ca(HCO_3)_2$,$CaCO_3$ 便会逐渐溶解流失,形成一些特有的岩溶地貌形态,称为岩溶地貌,也叫"喀斯特"地貌。

(1)石芽　流水沿石灰岩表面或裂隙进入溶蚀,形成许多细小的沟槽,称为溶沟。溶沟间突起的脊被称为石芽。

（2）溶蚀漏斗与落水洞　地表水沿着石灰岩中垂直的裂隙向下渗透,溶蚀成漏斗状者叫溶蚀漏斗。而落水洞是开口在地面并通往地下深处裂隙、地下河或溶洞的洞穴。

（3）溶洞与地下河　溶洞是岩溶地区广泛发育的水平洞穴。由于地壳上升或地下水位的迁移,溶洞有时成层分布。溶洞中地下水汇集成流,形成地下河。

（4）峰林　溶蚀漏斗和落水洞不断扩大,使石灰岩被切割成高度相似、分散树立的孤峰。这些孤峰平地拔起,形似丛立的树林,故称为峰林。

（5）石钟乳、石笋、石柱　在溶洞中,地下水从洞顶下滴,原来溶解于水中的碳酸钙沉积下来,形成悬挂于洞顶的倒立圆锥称为石钟乳,在洞底相应位置上能形成向上生长的圆锥称为石笋,石钟乳与石笋相连就称为石柱。

中国的石灰岩地貌以广西、贵州、云南和四川东部所占的面积最大。其中以广西桂林最著名,有"桂林山水甲天下"的美名(图4-1)。人们经常把桂林的景色用8个很形象的字来形容:山奇、水秀、洞异、石美。实际上,桂林在很早以前是一片汪洋大海,后因地质构造运动,海底抬升成为陆地。又历经多年日月风化、雨水冲刷、流水溶蚀与侵蚀作用,石灰岩陆地逐渐变化成许多奇特的、非常秀丽的峰丛、峰林和地下的河流及溶洞。云南石林风景区和贵州黄果树风景区都是典型的石灰岩地貌。石灰岩地貌遍布中国,如贵州施秉、重庆武隆、湖南湘西都有典型的石灰岩岩溶地貌。即使是半湿润的北方也有石灰岩地貌,如北京十渡风景区就是石灰岩地貌,这里不但有峰林、孤峰、平顶山等岩溶地貌景观,还有古湿润气候条件下形成的地下岩溶洞穴。

图4-1　广西桂林阳朔峰林地貌

当构造运动造成石灰岩形成褶曲时,水平岩层倾斜,有时甚至形成 90°倾角,岩层壁立,形成峡谷。这在北京市房山区、门头沟区可以看到。南方石灰岩溶蚀峰林区,陡峭的岩壁难以攀登上去;即使上去,顶部面积不大,也没有开垦价值。因此,峰林顶部都是林草,耕地只存在于峰林之间,面积也不大;连片的耕地存在于溶蚀平原,即峰林不断溶蚀降低,仅有少量石灰岩孤峰的平原。

石灰岩地貌也经常成为旅游景观,如广西阳朔漓江风景区、云南石林风景区、广东七星岩风景区。

但是,对于农业生产来说,石灰岩山区资源禀赋差,因此石灰岩山区往往也是贫困区。如太行山区、沂蒙山区和云贵高原的石灰岩山区,都曾经是集中连片的极度贫困区。这首先是因为石灰岩垂直裂隙发育,很容易漏水,与同样降水量的区域相比,石灰岩地区往往地表水资源贫乏。例如,广西桂中地区虽然处于南亚热带湿润季风气候区,年降水量为 1 200～2 000 mm,多年平均降水量为 1 584 mm,却依然存在严重的农田用水和人畜饮水困难,旱灾频繁。另外,因为矿物单一,结构致密,在干旱地区难以发生物理风化,常常基岩裸露,土层浅薄,植被稀少,形成陡峭的地形;即使在湿热气候条件下,发生化学风化,但风化后也只是留下很少的黏质残余物,土层浅薄,岩石露头很多。因此,在石灰岩山区,"石头缝里种地"是常见的事,老百姓称这样的耕地为"碗碗田""草帽田"(图 4-2)。同时,石灰岩山区土层薄,而且经常有岩石露头和像智齿一样埋藏的石灰岩,因此修建梯田比较困难。在南方石灰岩山区,梯田的比例比花岗岩山区和砂页岩山区的梯田比例少得多,更难见种植水稻的梯田。北方在有黄土覆盖的石灰岩山区,可以看到梯田。但梯田的土并非是石灰岩风化物,主要是风积黄土,而且土层的厚度和梯田的宽度都不大。

图 4-2　石灰岩山区石头缝里种地(地点:贵州安顺)

石灰岩可用来烧制石灰,是一种矿产资源,将其与炭块一层隔一层垒起,外面砌上土坯,再糊一层泥巴,点上火烧炼,烧个七天八夜,待泥巴干裂扒开,便烧得白面一般的石灰。正如明代于谦的《石灰吟》中所写:"千锤万凿出深山,烈火焚烧若等闲。粉骨碎身浑不怕,要留清白在人间。"因此,石灰岩山区过去大多是发展"一黑一白"产业,"一黑"就是煤炭,"一白"就是石灰。

第三节　石灰岩风化物与土壤特性

石灰岩在与水、大气和生物接触的过程中发生风化,变成松散的堆积物。石灰岩在湿热的条件下特别容易发生化学风化,但其风化残余下来的碎屑物质特别少,主要是黏粒。石灰岩在干冷条件下特别抗风化,因为组成矿物比较单一,不似花岗岩那样,由于矿物复杂,膨胀系数不同,容易发生物理风化。石灰岩中的碳酸钙被 SiO_2 置换形成的燧石条带状灰岩,抗风化的能力更强,即使发生化学风化,不仅风化物黏土少,而且还有大量片状的燧石(SiO_2),因此难以开垦,一般是林灌地。

根据石灰岩的风化程度和风化物的特征,并结合石灰岩矿物结构成分变化、挖掘难易程度、破碎程度等野外特征,将石灰岩风化划分为 5 级。

(1)未风化　石灰岩岩质新鲜,偶见风化痕迹,组织结构丝毫未变。

(2)微风化　石灰岩岩质新鲜,沿着节理面有些铁锰质染色的痕迹或略有变色,有少量的风化痕迹,没有疏松物质,矿物质和石灰岩的组织结构基本没有发生变化。

(3)中等风化　石灰岩构造层理清晰,但被裂隙切割成块状,裂隙里填充着少量风化残余物——黏土;结构部分被破坏,矿物质的成分基本没有发生变化,只沿着节理面出现了黏土。锤击声脆,岩体不容易击碎,用镐难以挖掘,岩芯钻方可钻进。

(4)强风化　石灰岩岩体被裂隙分割为成块的碎块状,岩体结构大部分被破坏,构造层理不清晰,矿物成分发生显著变化。锤击声哑,碎岩可用手折断,可用镐挖掘。

(5)全风化　石灰岩岩体被裂隙分割成了散体状,岩体结构基本被破坏,只有外观仍保持着原岩状态。碎石可以用手捏碎,用镐可以挖掘。

石灰岩风化最后形成石灰岩土。这时,碳酸盐都已经在水分和二氧化碳的作用下(变成可溶的重碳酸盐)流失,只留下石灰岩中的残余物质,主要成分是黏粒。

石灰岩土质地黏重。黏土矿物以伊利石、蛭石和水云母为主,有的含蒙脱石或高岭石。黏粒的硅铝率(氧化硅与氧化铝的摩尔比率)较高,可达 2.5~3.0;阳离子交换量为 20~40 cmol/kg;交换性盐基以钙镁占绝对多数。石灰岩土呈中性至微碱性,pH 为 7.0~8.5。

在南方的石灰岩山区分布着石灰岩土。与其他岩石发育的土壤相比,其 pH 高,这是因为环境中富钙地表水给土壤带来碳酸钙,使得土壤复钙(土壤中重新聚集碳酸钙的成土过程),有的滴稀盐酸还有泡沸现象。石灰岩土有机质含量较丰富,腐殖质化程度高,与钙形成腐殖酸钙使土壤具有良好的结构,且颜色较暗。但由于 pH 较高,土壤中微量元素如硼、锌、铜等有效性低,易导致缺素现象发生。

石灰岩土的土层厚度很少超过 50 cm,仅在局部洼地或泥灰岩发育的土壤可见较厚土层。而且,很多石灰岩土有大量岩石露头,楞楞坎坎,影响耕种。特别是有的石灰岩像"智齿"一样,藏而不露(图 4-3),距地表又近,当农机耕翻到此,常会损坏农机具。

图 4-3　地表下暗藏基岩的红色石灰土（地点：贵州金阳）

在北方,很少有石灰岩土分布,只有残余古石灰岩土存在于石灰岩山区。在北方石灰岩山区,因为常接受黄土降尘,土壤质地往往是壤质的;所形成土壤并未显示出上述自地表到基岩风化度逐步减弱的现象,而是突然地变化;或者说,这些石灰岩山区的表层土壤并不是下面的基岩风化形成的。

石灰岩的组成与特征、生物气候条件、成土作用强弱、时间长短等因素不同,造成石灰岩土的特征不同,据此将石灰岩土划分为黑色石灰土、棕色石灰土和红色石灰土 3 个亚类。从黑色石灰土到红色石灰土,其颜色的变化主要受腐殖质含量的影响,即腐殖质的黑色与黏粒吸附的赤铁矿的红色混合的结果。腐殖质含量高时则为黑色石灰土,腐殖质含量很低时则为红色石灰土。当然,因为腐殖质是腐殖酸钙,腐殖质含量高则 pH 也高。这就是从黑色石灰土到红色石灰土,有机质含量越来越低,pH 也越来越低的原因。

黑色石灰土有机质含量多在 100 g/kg 以上,呈中性至碱性反应,pH 为 7.2～8.5。棕色石灰土有机质含量一般为 30～50 g/kg,呈中性反应,pH 为 7.0～7.5。红色石灰土呈中性至微酸性反应,pH 为 6.5～7.5,有机质含量较低,为 20～30 g/kg,其他养分含量也低。

第五章 砂岩及其地貌与土壤

第一节 砂岩成分与分类

砂岩主要由两部分物质构成,即碎屑和填隙物(充填孔隙的物质,也称空隙填充物)。砂岩一般为淡褐色或红色,主要矿物成分为石英和长石。石英和长石为碎屑的主要成分,其比例超过 50%。此外,白云母、重矿物、岩屑等在其中也占有一定的比例。填隙物主要为胶结物和碎屑杂质。胶结物对矿物颗粒具有一定的黏结作用,比较普遍的胶结物为硅质和碳酸盐质。杂质以黏土和粉砂物质为主,如果砂粒大,碎屑杂质以粉砂为主;如果砂粒小,碎屑杂质以黏粒为主,这不难从冲积物或风积物的沉积规律来理解。

砂岩的分类方式主要有以下两种。

1. 依据砂粒的大小

依据砂粒的大小,可以将砂岩分为巨粒、粗粒、中粒、细粒等类型。巨粒砂岩的砂粒直径在 1～2 mm,粗粒砂岩的砂粒直径在 0.5～1 mm,中粒砂岩的砂粒直径在 0.25～0.5 mm,细粒砂岩的砂粒直径在 0.063～0.25 mm。

上述 4 种砂岩中,所说的巨粒、粗粒、中粒、细粒 4 个粒级,某一个粒级的含量单独超过一半,才能够被称为那个粒级的砂岩。例如,只有当巨粒砂粒的含量超过 50% 时,才可称为巨粒砂岩。

比细粒砂岩更细的砂岩,叫粉砂岩。也就是说,其颗粒主要是粉砂大小的碎屑。粉砂碎屑的粒径大小在 0.003 9～0.062 5 mm。粉砂岩的碎屑组分一般比较简单,以石英为主,长石和岩屑少见,有时含较多的白云母。空隙填充物有钙质、铁质及黏土质等。粉砂岩按粒度分为粗粉砂岩(0.031 2～0.062 5 mm)和细粉砂岩(0.003 9～0.031 2 mm);按混入物成分分为泥质粉砂岩、铁质粉砂岩、钙质粉砂岩等;按碎屑的矿物成分划分为石英粉砂岩、长石粉砂岩和它们间的过渡类型;根据胶结物成分划分为黏土质粉砂岩、铁质粉砂岩、钙质粉砂岩和白云质粉砂岩。粉砂岩的沉积物质可能是风力搬运来的,也可能是水力搬运来的。

粉砂岩常具有薄的水平层理,沉积物含水时易受液化影响产生变形层理及其他滑动构造。具有水平层理的粉砂岩当受地壳构造运动发生褶皱时会产生变形,岩石变得更加破碎,更容易风化成土(图 5-1)。

黄土也是一种疏松的或半固结的粉砂质沉积物。比粉砂更细者称为泥,其沉积形成的岩石称为泥岩。

图 5-1　构造运动造成粉砂岩破碎,更易风化(地点:江西省万年县)

2.依据砂岩中的矿物

依据所含有的矿物的不同,砂岩主要有石英砂岩和石英杂砂岩、长石砂岩和长石杂砂岩、岩屑砂岩和岩屑杂砂岩。

在石英砂岩中,石英和硅质岩屑所占比例大,相对密度也非常大;在长石砂岩中,主要的矿物是石英和长石。

各种砂岩的性质都是由其碎屑颗粒大小、矿物类型和孔隙填充物类型决定的。

碎屑颗粒大小决定了其粗细和孔隙大小,也决定其风化后的风化物或土壤的质地。孔隙大小也影响着进入其中的孔隙填充物的难易与多少,从而决定着其抗风化能力。

矿物类型决定了其抗风化能力和风化物或土壤的矿质养分的多少。长石砂岩就比石英砂岩容易风化,而且其风化物或土壤中的矿质养分较丰富。

孔隙填充物类型决定了砂岩的胶结程度及其抗风化能力。硅质砂岩比钙质砂岩抗风化,这是因为硅质砂岩的胶结物是二氧化硅,钙质砂岩的胶结物为碳酸盐,碳酸盐在水与二氧化碳的参与下,生成重碳酸钙,成为可溶物,容易发生化学风化。而胶结物为黏土的砂岩,其抗风化能力还不如胶结物为碳酸盐的砂岩。

粉砂岩因为碎屑物质细,而且碎屑杂质以黏粒为主,这就造成颗粒之间的孔隙微细,如果再被压实,水分很难进入孔隙,因此孔隙中也就没有溶解在水中的重碳酸钙脱水和二氧化碳溢出而成为碳酸钙来胶结颗粒,只是由黏粒黏结,则很容易风化。

第二节　砂岩地貌

砂岩因为有节理,流水会沿着节理缝隙切割侵蚀砂岩,形成峰林地貌。当然,新构造运动的抬升造成侵蚀基准面不断下降,形成水流高差,是砂岩峰林地貌形成的动力因素。著名的张家界峰林地貌就是石英砂岩峰林地貌。

红色砂岩还形成丹霞地貌。丹霞地貌是由陆相红色砂砾岩经流水整体侵蚀切割形成的丘陵地貌,具有顶平、陡峭、麓缓及外形多变的特点。中国著名的丹霞地貌有广东丹霞山、江西龙虎山、甘肃张掖七彩丹霞景区、贵州赤水佛光岩景区(图5-2)等。

图 5-2　贵州赤水佛光岩景区丹霞地貌(遵义师范大学陈留美博士供图)

地下水、石油和天然气通常储藏在砂层和砂岩之中。特殊环境中形成的砂层和砂岩,还可能含有钛铁、沙金、锆石、金刚石、金红石等砂矿。此外,砂和砂岩还是优质的建筑材料和制玻璃原料,与人们的生活有着密切的联系。

砂岩相对于石灰岩容易风化,因此,大部分砂岩山区没有石灰岩那样的峰林地貌。而且,砂岩不像石灰岩那样有那么多垂直节理裂缝,对于水分的保蓄能力也较强。因此,砂岩山区相对于石灰岩山区来说是富水区;植被覆盖度也较高,垦殖率也比石灰岩山区高。

第三节　砂岩风化物与土壤特性

石英砂岩的风化物质地粗、养分贫瘠,土壤一般显酸性。同样气候条件下,石英砂岩风化形成的土壤,其 pH 比花岗岩形成的土壤的 pH 还低。

正长石在湿热的环境下易分解生成次生黏土矿物,因此,长石砂岩的风化物质较细,养分较丰富。

钙质砂岩的风化物或形成的土壤,土层薄、质地较黏,富钙少磷钾,呈中性至碱性,肥力水平一般较低。

砂岩风化的难易与其颗粒粗细和胶结物性质有关。胶结物为硅质和铁质的,其抗风化力强,特别是硅质胶结物,即使在湿润气候下也难以风化成土。碳酸盐胶结的砂岩在湿热气候下容易发生化学风化。如果胶结物是黏土,则风化要容易得多。地处毛乌素沙地的内蒙古伊金霍洛旗,没有硅质和碳酸盐胶结的第三纪红色砂岩,即使是新鲜的岩石也可以用铁镐刨挖,裸露的岩石表层用铁锹也可以挖动,因此是很容易风化的(图 5-3)。毛乌素沙地的硬砂梁上的沙(没有沙丘,比较平坦的沙地下面就是埋藏不深的砂岩),很可能就是当地的砂岩风化而成的。

图 5-3　胶结不好的第三纪红色砂岩
(地点:内蒙古伊金霍洛旗)

砂岩碎屑颗粒的大小也影响着胶结。如果颗粒很细,孔隙也微细,可能连水都进不去,则溶于水的胶体也进不去,砂岩就没有胶结或胶结得不好,就容易风化。因此,粉砂岩要比砂岩容易风化(图 5-4)。

总体上说,砂岩的矿质颗粒主要是石英砂粒,抗化学风化,主要发生物理风化,形成的土壤的质地与砂岩颗粒大小关系密切。粗砂岩形成的土壤质地粗,保蓄能力差,漏水漏肥。细砂岩风化形成的土壤质地细一些,有一定的保水保肥能力。粉砂岩本身碎屑粒径是粉砂级的,形成的土壤质地适中,既有一定的保水性,也有一定的渗透性。因此,湿热气候条件下,粉砂岩山地比较容易开发,即使植被被破坏了,生态也比较容易恢复;但在温干地区,即使粉砂岩没有胶结,粉砂岩被开发利用,植被被破坏后也不容易恢复。

图 5-4　风化的粉砂岩石块用手指即可捻成土（地点：江西省万年县）

第六章　页岩及其地貌与土壤

页岩也是最为常见的沉积岩,往往与砂岩互层存在(图 6-1),因此常用"砂页岩"来描述一个地区的岩石类型。

图 6-1　砂岩、页岩互层
(图中厚度大颜色浅且突出的岩石是砂岩,色红且破碎的是页岩。地点:河南省西峡县)

第一节　页岩成分与分类

页岩成分复杂,除黏土矿物(如高岭石、蒙脱石、水云母、拜来石等)外,还含有许多石英、长石、云母以及铁、铝、锰的氧化物与氢氧化物等。

不同的页岩,化学成分是不一样的,自然界存在的页岩,不同化学成分的含量变化也是比较大的。一般情况下,页岩 SiO_2 的含量在 $45\% \sim 80\%$ 之间波动,Al_2O_3 含量在 $12\% \sim 25\%$ 之间波动,Fe_2O_3 含量在 $2\% \sim 10\%$ 之间波动,CaO 含量在 $0.2\% \sim 12\%$ 之间波动,MgO 含量在 $0.1\% \sim 5\%$ 之间波动。

常见的页岩有以下几种。

（1）黑色页岩　含较多的有机质与细分散状的硫化铁，有机质含量达 3%～10%；其黑色就来自有机质。黑色页岩的外观与碳质页岩相似，区别在于黑色页岩不染手。

（2）碳质页岩　含有大量已碳化的有机质，常见于煤系地层的顶底板，实际上是有机质浸入后的再碳化。

（3）油页岩　含＞10%的干酪根（细菌以及高等植物等随着被埋藏时间增加逐渐演化为沉积有机质，沉积有机质经历了复杂的生物及化学变化逐渐形成干酪根，干酪根是生成大量石油及天然气的前身）黑棕色、浅黄褐色等，层理发育，燃烧有沥青味。

（4）硅质页岩　含有较多的玉髓、蛋白石等，SiO_2 含量在 85% 以上。硅质页岩风化形成的土壤与石英砂岩形成的土壤一样，植物养分是很贫瘠的。

（5）铁质页岩　含少量铁的氧化物、氢氧化物等，多呈红色或灰绿色。在红层和煤系地层中较常见。

（6）钙质页岩　含 $CaCO_3$，但不超过 25%，否则过渡为泥灰岩类。

此外，混入一定砂质成分的页岩，称为砂质页岩。

第二节　页岩地貌

往往在低山、丘陵地区可以发现页岩。实际上，页岩抵抗风化的能力很弱，如果只是单纯的页岩，很可能会被风化、剥蚀、堆积成平原地形。之所以形成低山丘陵，是因为页岩往往与砂岩、石灰岩等一起存在，比页岩抗风化的砂岩、石灰岩在页岩的上面，抵抗风化，而在裂隙处被流水冲出河谷。如果页岩与砂岩、石灰岩互成水平岩层，形成低山，则河谷相对窄深。如果页岩与砂岩互层有倾角，则很容易形成滑坡，低丘宽谷地貌就形成了。

甘肃张掖彩色丘陵地貌（图6-2）景区的砂岩、页岩互层的岩层倾角大，容易垮塌，位于斜面

图 6-2　甘肃张掖彩色丘陵地貌

上的岩石风化物也容易被暴雨冲走,因而暴露出不同颜色的新鲜岩层,构成矮丘宽谷丘陵地貌。而临近的冰沟丹霞地貌景区,虽然地层(岩石层)相同,但岩层近乎平行,比较坚固的砂岩"帽子"保护着比较松软的页岩不受侵蚀,暴雨河流只能沿着垂直节理缝切割侵蚀,形成风蚀窄谷陡崖的丹霞地貌。

无论是彩色丘陵还是丹霞地貌,其岩石物质基础必须是红色的陆相碎屑岩。当然,这里的红色是相对的,红色中还可以夹杂着多种其他颜色,如褐、紫、橙、褐黄、灰紫、白、灰、绿、黄、黑等。只要宏观上仍以红色为主,人们视觉感观上就是红色。但一般丹霞地貌的坚固的红色砂岩或砂砾岩的厚度要很大(至少大于 10 m),才能显现出"赤壁陡崖"的丹霞地貌气势。而彩色丘陵的砂岩、砂砾岩的厚度往往不大,行不成"赤壁陡崖"。

有的地方也存在着石灰岩与页岩的互层(图 6-3)。因为石灰岩非常抗风化,因此,石灰岩与页岩互层的山区比砂岩与页岩互层山区,裸露岩石更多,形成黑石遍地、植被稀疏的荒凉景观。

图 6-3　石灰岩与页岩互层
(色暗风化凹进去的是页岩层,色淡突出的是石灰岩,地点:贵州省都匀市;王数教授供图)

山东省有一种地貌称为崮。崮的顶部平展开阔,峰巅周围峭壁如削,峭壁下面坡度由陡到缓,放眼望去,酷似一座座高山城堡,成群耸立,雄伟峻拔。这些戴着平顶帽子的山(图 6-4),四周陡峭,顶部较平,属于地貌形态中的"桌形山""方形山",或叫作"方山"。山东人则称之为"崮",比较有名的是"孟良崮"。其裸露的"石帽子"由坚硬的石灰岩组成,高度在 10～100 m。"石帽子"下部的岩石往往是页岩,页岩抗风化的能力不如石灰岩,当页岩风化支撑不住上面沉重的石灰岩时,石灰岩体因为有节理缝,外围的石灰岩就崩塌下来,这样就形成了大大小小的"崮","崮"越小说明这种下部页岩风化、上部石灰岩崩塌的过程进行得越多。

图 6-4 崮(地点:山东省沂水县)

以页岩为主的地区,无论是南方还是北方,其地貌大多以丘陵为主。丘陵的坡度比较和缓,而且土层相对深厚,因此耕地占土地总面积的比例大,梯田的比例也高。最典型的就是四川盆地周边的丘陵区,不但耕地占土地总面积的比例大,而且多为梯田。这是因为,四川盆地周边丘陵区的岩石主要为紫(红)色砂页岩,这些紫(红)色砂页岩固结程度不高,在湿热的气候条件下更容易风化成土。虽然该区域水土流失强烈,但因为下伏的岩石容易风化成土,因此,作物的扎根立地条件较好。没有被开垦的土地,更是林木茂盛。

第三节 页岩风化物与土壤特性

页岩致密,硬度低。在遇水浸湿后,发生膨胀(变得疏松),就更容易风化。由于页岩黏土矿物多,页岩风化物就是黏土,因此具有黏土保水保肥、干时硬结、湿时泥泞的一切特性。由于致密的页岩不透水,往往成为隔水层。如果所处的地形低洼,雨水汇集到此地,往往形成积水沼泽。

泥岩(图 6-5)的固结程度不如页岩,其更容易风化。泥岩被铁锹或铲车挖掘,立刻形成松散的土层,如果多施用有机肥,种植几年后就能重构起肥沃的耕层和深厚土体的耕地土壤。这种技术在一些土地整治工程中已经得到证实。笔者曾在三峡库区的就近移民区观察到,耕地开发整理项目都是选择在砂岩、页岩、泥岩地区,因为那里的"石头"软,比较容易开垦"造地",并未发现有在石灰岩地区安排移民垦殖耕地的。

图 6-5　页岩(a)与泥岩(b)风化形成的土壤

（地点：四川，其中图 a 由四川农业大学袁大刚教授提供）

第七章　片麻岩

第一节　片麻岩的形成与特性

片麻岩属于区域变质岩,它的组成矿物是以长石为主的粒状矿物,伴随有部分平行定向排列的片状、柱状矿物,后者在前者中呈断续的带状分布。片麻状构造的形成除与造成片理的因素有关外,还有可能受原岩成分的控制,即不同成分的岩层变质成为不同矿物条带,也可以是在变质过程中岩石的不同组分发生分异并分别聚集的结果。

具有片麻状构造的岩石,其矿物的颗粒较粗。其中长石特别粗大,好似眼球者,称为眼球状构造。

片麻岩主要由长石、石英、云母等组成,所占成分最多的矿物有长石、石英和暗色矿物等,其中长石和石英的总含量在50%以上,并且长石多于石英。矿物颜色的种类有浅色和暗色之分,组成暗色矿物的物质有很多种,如黑云母、角闪石、辉石等。

因为片麻岩的原岩类型具有复杂性和多样性的特点,所以片麻岩虽属于变质岩,但在矿物组成上与火成岩中的侵入岩相似。根据片麻岩中所含矿物成分的不同,还可以将片麻岩细分。

第二节　片麻岩风化物与土壤特性

完全风化的片麻岩,其原岩面貌全非,结构多被破坏,呈褐土色,矿物大部分被风化,网状裂隙发育,锤击即散,声沉。

强风化的片麻岩,基本保持原岩面貌,结构松散,呈褐色,矿物部分被风化,裂隙发育,锤击即散,声哑。

弱风化的片麻岩,保持原岩面貌,结构一般完好,颜色无变化,部分裂隙面褐色,少数矿物稍有风化,构造原生裂隙发育,锤击声响。

一般来说,片麻岩经过变质作用后,其抗风化的能力比原岩弱,比如,花岗片麻岩就比花岗岩容易风化,但其风化物的矿物组成与花岗岩没有多少差别。

自2015年7月,河北阜平县大道农业生态示范园项目启动实施,到2020年,整治荒山近万亩,种植各类果树3 000余亩,其中梨树2 700余亩(主要是香梨),苹果树300余亩。曾经的荒山已经变成促进当地脱贫致富的"花果山"。这里的荒山之所以可以栽植出优质水果,就是因为这里属于暖温带半湿润大陆性季风气候,有深厚的花岗片麻岩风化物(图7-1)。这种粗骨性很强的风化物,保水性较差,种植大田作物不适宜,但种植果树采用滴灌技术却很适宜,再加上花岗片麻岩风化物含钾丰富,有利于糖分积累。

在北方,因为降水少,即使化学风化条件差,但冬夏温差大,昼夜温差也大,有利于物理风化。发生物理风化的难易为:石灰岩<花岗岩<石英砂岩<花岗片麻岩。因此,在太行山区、燕山区和沂蒙山区,可以看到花岗片麻岩山区植被覆盖度高,农业发展好;而石灰岩山区光山秃岭,农业发展较差。

a   b

图 7-1 花岗片麻岩(a)及其风化物上开发的果园(b)(地点:河北省阜平县)

第八章 流水沉积物

流水沉积物来自岩石风化物，虽然其还没有硬结固化，但从地质学的角度看，也是一种松散的岩石。因为流水沉积物经过"沧海桑田"的地质作用，也会形成岩石。流水沉积物分为坡积物、洪积物和冲积物3种。

第一节 坡积物及其特性

山坡上的面状流水剥蚀着风化物，将其搬运到坡麓地带或凹平处后，因为动力丧失而堆积下来的沉积物，叫坡积物。

坡积物的碎屑物质大小混杂（图8-1），由黏土、粉砂、砂和石块组成，其中黏土、粉砂来自高度风化物，砂和石块来自半风化物。坡积物的岩性成分与上坡的基岩风化物一致。但如果被剥蚀的是泥质岩风化物，则为质地均一的黏土；如果被剥蚀的是黄土，则为质地均一的粉砂土。

图 8-1 花岗岩山区坡积物（地点：北京市昌平区）

坡积物在被剥蚀、搬运、堆积过程中受到流水和重力的分选作用,粗大的碎屑滚落到坡积物的坡下部,坡上部的物质则较细,但总体上与冲积物相比,其分选性和石块的磨圆度都差。

坡积物因为运距短,分选性差,因此不像冲积物那样有明显的层理。坡积物毕竟没有离开山区,因此其厚度一般不大,比洪积物和冲积物的厚度小得多。

第二节　洪积物及其特性

坡面径流汇集到山地沟谷中就形成洪流,冲击力变大,挟带大量由山坡上剥蚀下来的风化物,沿河谷向下游奔流。携带着泥沙和岩屑的洪流以更强大的冲击力,侵蚀河谷两侧,可造成河谷边坡崩塌,掉落下来更大的石块,大小颗粒混杂在一起奔流。洪流在出山沟口由于不再受河谷的挟制,变为散流,携带力减弱,在沟口以扇形沉积下来,形成扇状堆积体。堆积体体积小而坡度大的称洪积锥,体积大而坡度小的称洪积扇。在相对抬升的山区和相对沉降的平原交界处,洪积扇往往相连分布(图8-2)。

图 8-2　洪积扇(地点:新疆天山北麓)

洪流在山口或沟口的堆积物叫洪积物。

从平面上看,洪积扇顶部堆积的是粗大的砾石,物质从顶部向边缘逐渐变细。这是因为随着水流出山,坡度逐渐变缓,水流搬运能力逐渐降低所致。堆积过程首先是粗颗粒沉积,随着水流向洪积扇边缘扩散,其搬运能力愈来愈小,只能带动砂和小的砾石,到了洪积扇的边缘部位,坡度继续减小,水流更加分散和减弱,只能堆积黏土。因此,洪积物可以分为以下3个部分。

(1)扇顶相　为洪积扇的中央带。主要由砾石、卵石、岩屑等粗大物质组成,其间夹有细粒的沉积物,分选性很差。在地貌上形成明显突出于整个洪积扇之上的扇顶锥。此带石块粗大,透水性极好,地形坡度大,地势高,地下水埋深也大,地下径流强烈。但大块的砾石对耕种是非常不利的。

(2)扇中相　是扇顶相与扇缘相之间的过渡带。细颗粒增多,由卵石、砾石过渡为砂砾石或砂为主,也有黏土夹层出现。此带分选性较扇顶相好,保水性增强。

图 8-3　洪积物（a：内蒙古乌拉特前旗；b：北京昌平区）

（3）扇缘相　为洪积扇与前面的冲积平原的交汇地带。此带颗粒更细，大多为各种粒径的砂与黏土的互层，分选性好，但由于径流受阻，往往形成壅水，地下潜水接近地表，以泉或沼泽的形式溢于地表。因此，这一带又叫潜水溢出带。

当然，以上关于洪积扇 3 个相沉积物颗粒大小的分布状况是建立在洪积物来自石质山区的条件下的；如果山区由很深厚的均质的黄土物质组成，沉积物就都是均质的粉砂质，就不会有颗粒大小明显的 3 个相的差异。也就是说，洪积物以及不同部位的洪积物，其沉积物性质是不同的，决定于上部风化物的性质。例如，处于干旱区的内蒙古乌拉特前旗的洪积物，因为其上部山地以物理风化为主，洪水携带到山前沉积下来的洪积物多粗大砾石和砂粒，细土很少（图 8-3a）；而处于半湿润区的北京市昌平区，因为山区黄土状物质多，洪水携带到山前沉积下来的洪积物细土颗粒多，砾石含量较少（图 8-3b）。

第三节　冲积物及其特性

河流挟带的泥沙，由于条件改变，如河床坡度减小流速变慢，或到了枯水期水量减少，或河流由狭窄突变为开阔的地段，或支流汇入主流处，或河流入海入湖处，这些都会造成流水的携带能力降低，从而引起沉积作用。河水沉积作用产生的沉积物称冲积物。

冲积物具有如下特征。

（1）分选性好　这是由于流水搬运能力的变化比较有规律，在一定的水动力条件下，只能有一定大小的碎屑物质沉积下来。如上游沉积物粗，中游渐渐变细，下游最细。

（2）磨圆度较好　较粗的碎屑物质，在搬运过程中相互之间以及碎屑物与河底之间不断摩擦，变得圆滑。故河床中的卵石不似坡积物中砾石棱角分明，而是相当圆滑的。

（3）成层性较清楚　河流的沉积作用具有规律性变化，如洪水期沉积物粗而且量大，枯水期沉积物细而且量少。因此,在沉积物剖面上表现了成层现象。

在山区,河流冲积物有 3 种类型:河床相、河漫滩相和阶地相。

河床相分布在正常水位以下,部分河床相沉积物在枯水期也可露出水面。河床相沉积物一般为砂砾质,但砾石的磨圆度较好。

河漫滩相在洪水期被水淹没,但在常水位时露出。河漫滩相的物质上层是细沙和黏土,下层与河床相一样是粗砂砾石,这样就组成了河漫滩的二元结构(图 8-4)。

阶地相的物质组成与河漫滩相一样,也是二元结构,但阶地与河漫滩的不同之处是,阶地即使是洪水期也不会被水淹没。

冲积平原是在大河的中下游由河流带来大量冲积物堆积而成的。在长期构造下沉条件下,冲积平原堆积了很厚的冲积物。如华北平原自第三纪以来的沉积物厚度最大达 5 000 m,最小也有 1 500 m 左右。冲积平原的基底,也是起伏不平的,大多是由地质构造断裂形成的隆起与坳陷。

河流出山口后,携带的泥沙沉积,形成冲积平原。根据作用营力和地貌部位,把冲积平原分为山前平原、中部平原和滨海平原 3 部分。

图 8-4　河漫滩相冲积物(地点:山西省黎城县)

山前平原又叫冲洪积平原,位于山前地带,其沉积物为冲积物。因河流出山进入平原,河流纵向坡度急剧减小,加之没有山区河谷的挟制,发生大量堆积,形成冲积扇,许多冲积扇联结形成冲积倾斜平原。如太行山前就有开阔的冲积倾斜平原。如果山地与平原之间有大面积的丘陵,从山区流出的河流,流经丘陵时河谷受到约束,不能形成大规模的散流,河流带来的冲积物不能很快堆积,则冲积倾斜平原不发育。如大别山的山前地区就是如此。

中部平原又叫泛滥平原,是冲积平原的主体。泛滥平原的河流有些是地上河,也即河床高于两侧的平原,有时河水会溢出河堤,所以才称泛滥平原。中部平原坡度较缓,河流分叉,水流速度较小,带来的物质较细,分选性好,多数是壤质冲积物。洪水时期,河水溢出河道,大量悬浮物随着洪水一起溢出,在河道两侧堆积成自然堤。为了不让河水溢出自然堤,人们在自然堤的基础上再夯土筑成防洪大堤,如我国的黄河。若自然堤被洪水冲溃,则形成决口扇形地。洪水消退后,决口扇上沙粒被风吹扬,形成风成沙丘或沙地。我国豫东地区的大面积沙地和沙丘是黄河南岸多次决口带来的沙粒经风的作用形成(图 8-5)。冲积平原上的河流经常改道,在平原上留下许多古河道遗迹,并保留了一些沙堤、沙坝、牛轭湖、决口扇和洼地等地貌及其沉积物。牛轭湖的沉积物为静水沉积物,质地较黏。

图 8-5　黄河决口扇沙质冲积物（地点：河南省中牟县）

河流冲积物经常呈现不同质地的土层相间（图 8-6）。这可能是河水的急缓不同造成的；也或许是因为沉积物来源于不同的地方，红色黏质物质可能来源于石灰岩山区，粉砂质物质可能来自黄土区。

图 8-6　河流沉积物中不同质地的土层（地点：山西省稷山县）

　　滨海平原又叫三角洲平原,其成因属冲积—海积类型,如黄河三角洲、珠江三角洲。滨海平原是由于河流流水进入海洋,河口外滨海区海水浅,坡度缓,侵蚀搬运能力迅速变小,沉积物能够以浅滩形式露出水面。滨海平原的沉积物颗粒很细,而且因有周期性的海潮侵入陆地,形成海积层与冲积层相互交错的现象。在滨海平原常见到潟湖、海岸沙堤等地貌形态,湖沼面积大,是湿地主要分布区。

第九章 风积物

与流水沉积物一样,从地质学的角度看,风积物也是一种松散的岩石。

风能搬运沙尘,卷起漫天狂沙。但由于风力减弱或地面障碍,沙气流中的尘沙发生沉落和堆积的过程叫风的堆积作用。经风搬运堆积的物质叫风积物。由于风力的性质和其他外力不同,风积物有下列特点。

(1)碎屑性 风积物主要是砂粒、粉砂以及少量黏粒级的碎屑物,粒径范围在 2 mm 以下。

(2)良好的分选性 分选性比冲积物更好,这是由风力搬运的高度选择性所决定的。

(3)碎屑颗粒较高的磨圆度 即使是很细的粉砂(成分主要是石英),也有此特点。

第一节 风成沙及其特性

风成沙是指经风力搬运、堆积的砂粒。风成沙对应的土壤类型是风沙土。风成沙有下列主要特点。

(1)粒度均一、分选好 最大粒径<1 mm,但<0.06 mm 的颗粒极少。

(2)磨圆度高。

(3)矿物组成以石英为主,含少量长石与各种重矿物,很少有不稳定矿物存在。

(4)颗粒不具有黏结性,以均一单粒存在,因此,遇风砂粒跃起,随风移动。

(5)植物养分贫乏。

(6)有些具有交错层理,甚至比流水沉积物的更大,其形成是风积物整体作大规模移动的结果。

风沙移动形成的地貌主要是沙丘。连绵的沙丘构成了波涛起伏、浩瀚无垠的茫茫沙海。沙丘有流动、固定、半固定之分。流动沙丘的表面无植物覆盖,或仅在沙丘坡脚有少许植物,覆盖度在 15% 以下,风沙活动强烈,流动性大;半固定沙丘的表面,植被呈斑块状分布,覆盖度在 15%～40%,在植物生长较好的地方略有结皮现象,有局部风沙活动,流动性较小;固定沙丘有密集的植被覆盖,覆盖度超过 40%,或大部分沙丘表面有薄层黏土或盐土结皮,不易被风吹蚀,比较稳定。沙丘固定以后,有机质逐步积累,沙粒中较细的颗粒也不再被风蚀吹走,还有可能拦截留下沉积的细土,土壤就发育了。流动沙丘、固定沙丘和半固定沙丘在土壤分类上对应的是流动风沙土、固定风沙土和半固定风沙土。

第二节　风成黄土及其特性

一、黄土的成因

世界上大部分黄土都是由风搬运堆积而成的。黄土的物质来源主要有两种类型，一种来源于沙漠，另一种来源于冰川外围的冰水沉积物。

一般认为，我国黄土高原的黄土，主要是由风力搬运、堆积而成的。这种说法的证据主要是：①黄土在沙漠和戈壁的下风向，成带状排列；②其产状和物质组成与基岩地形无关；③含有陆生动植物化石；④颗粒大小近似和成分一致，不具有流水沉积物的成层交替现象；⑤由西北向东南粒度逐渐变细、厚度逐渐变薄；⑥多次埋藏土壤层的重叠等。具有上述特征的沉积物的形成，很难用其他营力作用进行解释，因而推测黄土高原是风力作用把北部及西北部的尘土搬运来形成的。不言而喻，干旱多风的气候条件对黄土的发育最为有利。沙尘暴的不时出现，也证明了黄土风积学说。

二、黄土的特性

从某种意义上说，黄土也是土壤，因为黄土不需要风化就可生长植物。

（1）黄土颗粒大小　粒度成分是黄土区别于其他第四纪沉积物的代表性特征之一。黄土颗粒组成成分十分均一，主要是粉粒（0.005～0.05 mm），其中粗粉粒（0.01～0.05 mm）的含量在 50% 以上，黏粒（<0.005 mm）含量在 10% 左右。黄土中普遍夹有砂粒，但以极细砂（0.05～0.10 mm）居多，不含或很少含粒径大于 0.25 mm 的颗粒。

（2）矿物成分　包括碎屑矿物和黏土矿物，前者占 70% 以上。在碎屑矿物中，主要是相对密度小于 2.90 的轻矿物，占 90% 以上，其中石英最多，长石其次，还有一些碳酸盐矿物（方解石、白云石等）。pH 在 8 以上。黄土中黏土矿物成分主要为水云母，因此黄土的膨胀、收缩性不大。碳酸盐的存在往往起到胶结作用，将黄土颗粒结聚在一起。

黄土的化学成分在地域分布上也呈规律性变化。我国黄河中游的黄土的化学成分变化规律是：Al_2O_3 及 Fe_2O_3 的含量自西北向东南有增长的趋势，而 SiO_2、FeO、CaO、Na_2O、K_2O 则相反，含量自西北向东南方向渐少。化学成分的变化与黄土粒度的变化以及由此带来的黄土矿物成分的变化有直接关系，也与越向东南水热条件越好，黄土沉降后的化学风化越强烈有关。如在淮河、长江流域，因气候变暖、变湿，使 Fe、Al 氧化变明显，形成黏粒含量较多的下蜀黄土。

（3）黄土的孔隙度　黄土的孔隙度较高，一般为 33%～64%，而且又有着众多的垂直孔隙，削弱了水平方向的合力，因而沿垂直方向易产生裂隙。在黄土区的边坡部位，沿垂直裂隙产生的节理面经常发生崩塌，形成峭壁。

（4）渗透性和湿陷性　由于黄土孔隙度大以及发育的垂直节理，黄土有较大的渗透性，渗透系数 $K=0.6～0.8$ m/d。湿陷性是黄土在所受压力不变的情况下，遇水湿润后，突然发生沉陷的性质。湿陷性是由于碳酸盐胶结的团聚体被破坏导致的。

黄土中经常夹有红色条带(图9-1)。这些红色条带中含有较多的腐殖质,有动植物生活的痕迹,也因为质地较细而形成棱块状土壤结构。有些黄土剖面中红色条带下还发育有碳酸钙结核层。红色条带土壤层的存在标志着黄土是在不同时期沉积的,存在沉积间断或沉积速度的减缓,同时也说明在黄土沉积的漫长时期内气候有很多次干冷与温湿的变化。干冷时期黄土沉降,温湿时期停止降尘或很少降尘,这时黄土就发生化学风化,质地变黏。

图9-1 黄土中的红色古土壤(地点:山西省介休)

三、黄土地貌

1.黄土沟谷地貌

黄土疏松多孔,抗蚀性差,又因为大陆性季风气候,降水集中,暴雨多,在暂时性流水作用下黄土受到侵蚀,自最上部向下发育成纹沟、细沟、切沟、冲沟、坳沟。

2.黄土沟间地貌

黄土沟(谷)间地貌主要是塬、梁、峁。它们是黄土高原上的平缓地面经流水切割侵蚀后的残留部分,其形成和黄土堆积前的地形起伏及黄土堆积后的流水侵蚀都有关。

(1)黄土塬 由黄土组成的范围很广的平坦高地,四周被沟谷的沟头所蚕食(图9-2)。在塬的中心部分,地势极平坦,坡度不到1°,塬的边缘地带坡度可增至5°。有些黄土塬的面积可达2 000~3 000 km²。如位于甘肃省庆阳市境内中南部的董志塬,南北总长110 km,东西最宽处50 km,塬面面积910 km²,涉及庆城县、宁县、合水县、西峰区4县区的21个乡镇。

图 9-2 黄土塬(地点:甘肃省泾川县)

(2)黄土墚 由两条平行沟谷分割的长条状的黄土高地。墚的顶面可以是宽平的、凸形的或者丘状与鞍状交替的(图 9-3)。

图 9-3 黄土墚(地点:陕西延安;陕西省土地工程建设集团罗林涛供图)

（3）黄土峁　峁是孤立的黄土丘，平面呈椭圆形或圆形，峁顶地形呈圆穹形，峁与峁之间为地势稍凹下的宽浅分水鞍部（图9-4）。若干峁连接起来形成和缓起伏的墚峁，统称黄土丘陵。

图 9-4　黄土峁（地点：陕西延安；陕西省土地工程建设集团罗林涛供图）

也有研究认为黄土地形发育过程不是由塬变墚，再由墚变峁；认为塬是黄土沉降在基岩低洼、平坦的地区形成的，而黄土沉降在基底起伏强烈的丘陵区，则形成墚、峁地形。

无论是黄土塬周边的切沟的边坡，还是墚与墚之间沟谷的边坡，或者是峁与峁之间沟谷的边坡，在坡脚与上面的峁边线或墚边线之间的坡度是非常陡的，很少有耕地，都是林草地。耕地分布在坡脚和谷底，主要是在塬或墚与峁的顶部。而且，坡脚，特别是谷底的土壤水分好于峁顶或墚顶。因为黄土深厚，也比较松软，挖掘土很容易，因此，黄土区的耕地面积占土地总面积的比例远远大于石质山区，而且多为水平梯田。

参考文献 ....

陆景冈.陆景冈土壤地质学文集.北京:中国农业科学技术出版社,2011.

桑隆康,马昌前.岩石学.2版.北京:地质出版社,2012.

王数,东野光亮.地质学与地貌学.2版.北京:中国农业大学出版社,2013.

杨景春,李有利.地貌学原理.3版.北京:北京大学出版社,2012.

张凤荣.土壤地理学.2版.北京:中国农业出版社,2016.

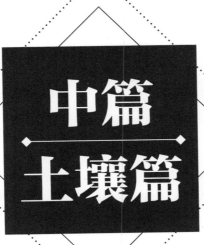

中篇
土壤篇

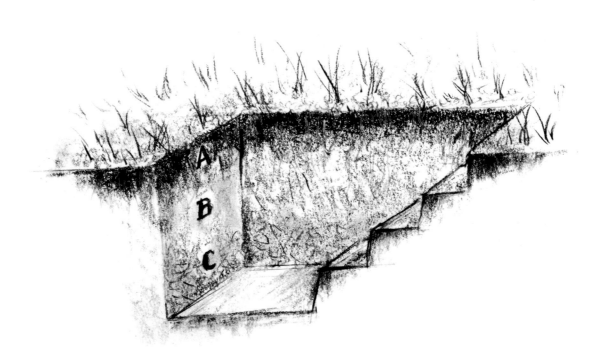

　　盘古天地开，万物土中生。我国东汉许慎在《说文解字》中将土定义为"土，地之吐生物者也"。也就是说，有土的地才能够生长庄稼、草、木等植物。《周易·离·象传》中有"百谷草木丽乎土"之言，进一步说明土壤对植物生长的重要性。民以食为天，食以土为本。利用和保护好土壤，既是保证我们的饭碗，也是保护地球生态系统。

第十章　土壤发生

第一节　岩石变土壤

土壤是地球表面一个薄薄的圈层,又称土壤圈,是地表物质能量交换最活跃的地方,也是地球上最有生命力的地方,是地球生态系统的基础。那么,土壤是怎么形成的呢? 其实,地球上所有的土壤,都是由岩石变来的。

一、风化壳与成土母质

就像岩石篇第一章所说,物理风化作用使岩石破碎,化学风化与生物风化使岩石的理化性质改变,形成结构疏松的物质层,叫风化壳。岩石的风化是由表及里的,越接近地表,风化程度越深,由地表往下风化作用的影响逐步减弱以至消失。干冷气候条件下只能形成浅薄的物理风化产物——粗碎屑物质组成的风化壳,如山西省五寨县的粗骨性土壤(图 10-1)。湿热气候条件下则形成深厚的化学风化产物——黏土和细颗粒物质组成的风化壳(图 10-2)。

图 10-1　花岗岩风化形成的浅薄的粗骨性土壤(地点:山西省五寨县)

但土壤学研究的深度一般也就是从地表向下到 2 m 深度以上的部分,如图 10-2 中尺子那个深度。但是,从断面(图 10-2)中可看到仅露出地面的花岗岩风化物厚度就有 5～6 m。

图 10-2　花岗岩风化形成的深厚的细土物质组成的风化壳(地点:安徽省宣城市)

岩石经过各种风化作用,有了一定的透水性和透气性,原来包含在岩石中以固态存在的矿质养分部分地释放出来,形成可溶性的物质,如钙、镁、钾、钠的碳酸盐、硫酸盐、硝酸盐等,还产生了一些颗粒细小的次生黏土矿物,开始有了一些保持水分和养分的能力。但是,岩石风化物还不是土壤,土壤学家称其为成土母质(也称土壤母质,土壤学中用英文大写字母 C 表示)。因为成土母质中的植物营养元素只是矿物质元素,植物最需要的氮素一点也没有。

如果风化壳保留在原地,便称为残积成土母质;如果在重力、流水、风力、冰川等作用下,风化物质被迁移形成崩积物、坡积物、洪积物、冲积物、海积物、湖积物、冰碛物和风积物等,则称为运积成土母质。成土母质是土壤形成的物质基础和植物矿质养分元素(氮除外)的最初来源,代表土壤的初始状态,它在气候与生物的作用下,经过上千年的时间,才逐渐转变成可生长植物的土壤。成土母质对土壤的物理性状和化学组成均产生重要的作用,这种作用在土壤形成的初期阶段最为显著。成土过程进行得愈久,成土母质与土壤间性质的差别也愈大。尽管如此,土壤中总会保存有成土母质的某些性状。

二、成土过程与土壤发生层

土壤发生学把成土过程看作是地质风化过程的产物,即在风化壳的基础上,通过气候、生物等因素的影响作用所发生的一系列的物质转化、迁移过程。按照土壤发生学理论,地质风化过程产生成土母质,成土过程才形成土壤。

岩石变为成土母质,仅仅是为土壤形成创造了物质基础。只有当成土母质中出现了微生物和植物时,土壤的形成才开始。最初出现的生物,是一种不需要有机质作养料,只要有了水分、空气和矿质养分便能生活的自养型细菌;随后生长出地衣、苔藓等低等植物;最后这些低等植物又被高等植物所更替。随着这个过程不断推进,生物对养分和有机物的积累作用愈来愈大,并导致以下的结果:首先,植物能够通过强大的根系,选择吸收它所需要的各种矿物质,把分散的可溶性养分集中起来,组成自己的"身体",使植物养分以有机质的形态保存在土壤中;其次,植物非常需要的但成土母质中又没有的氮素养分,通过固氮微生物固定空气中游离氮素的作用,在成土母质中逐渐积累了下来;最后,等到这些生物死亡以后,它们的残体经过微生物的分解作用,一部分成为后来植物所需的养分,一部分重新合成一种特殊的物质——腐殖质(见第十一章第二节)。腐殖质是土壤的代表性特征,因为有了腐殖质,土壤才与成土母质有了本质的不同。一方面,腐殖质能把养分保蓄起来,使得表层土壤的养分包括矿质养分比下面的成土母质中的养分含量高;另一方面,腐殖质可以改变成土母质的物理性质,使土壤有了更好的土壤结构。

图 10-3 描绘了在温暖半湿润草原植被下,在厚约 2 m(纵坐标)的含碳酸钙的黄土沉积物(成土母质)上的土壤发育过程。横坐标是时间尺度,从左至右以对数增加,大约 2 万年。在最初阶段,草生长起来,草的根和叶腐烂形成一个较薄的腐殖质层(A);水和二氧化碳将难溶的黄土沉积物中的碳酸钙转化成可以溶解的重碳酸钙,水分被蒸发后在孔隙中形成像菌丝一样的白色碳酸钙淀积物,称为钙质母质(Ck)。随着时间的延长,上部的腐殖质层(A)不断加厚,其下的黄土沉积物也因为干湿交替和冻融交替,各种沉积颗粒被挤压,形成小块状结构,这时

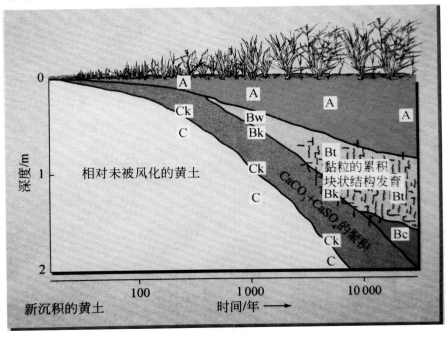

图 10-3　黄土母质上土壤发育过程示意

该层被称为雏形层（Bw）。同时,碳酸钙转化成可溶解的重碳酸钙,向下移动,并在下部积聚大量白色碳酸钙淀积物时,这个积聚了大量白色碳酸钙淀积物层次被称为钙积层（Bk,图10-4左）。有些碳酸钙淀积物像姜一样,称为砂姜（图10-4左地表下部的白色柱状物）。随着成土时间的延长,上部的腐殖质层（A）不断加厚,其下的黄土沉积物中的碳酸钙因为被淋洗掉了,黏粒也活动起来,并随着下行水以胶体的形式向下淋洗。在下部,因为下行水的停止,黏粒在那里淀积,并在土壤结构体面上形成胶膜,这个黏粒积聚的土层被称为黏化层（Bt）。这时的钙积层（Bk）进一步下移。有时,黏化层的黏粒增加也来自造岩矿物转化成黏土矿物（图10-5）。土壤学上把这种由造岩矿物转化成黏土矿物,使得A层下面的B层黏粒含量增加的过程称为次生黏化过程;而把上部的A层中的黏粒被水淋溶下移到下部的B层淀积造成的黏粒增加称为淀积黏化过程。

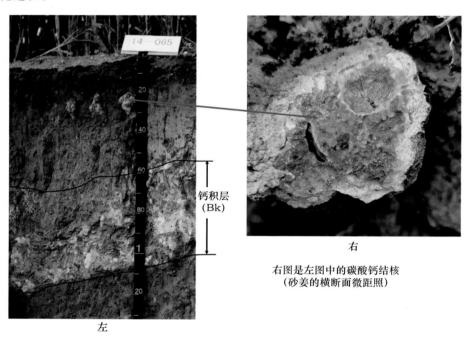

左

右

右图是左图中的碳酸钙结核
（砂姜的横断面微距照）

图10-4　钙积层（地点:山西省长治市）

土壤学中只是把风化壳的最表层称为土壤。之所以把其称为土壤,是因为表层有一个有机质含量较高的层次,称为腐殖质层（土壤学中用Ah表示,如果土壤被开垦为农田,这个腐殖质含量高的土层被称为耕层,用Ap表示）。土壤有机质的含量自地表向下越来越低。在腐殖质层Ah和成土母质C之间的土壤层,其有机质含量比腐殖质层低,但比成土母质层高;而且,由于雨水向下的淋洗作用,原来成土母质中风化出来的某些矿物质元素或细小的颗粒,由表层向下移动,淀积在这个层次中,使得这层的矿质元素或细小颗粒含量均比腐殖质层和成土母质层高,这个层次称为淀积层（土壤学上用英文大写字母B表示）。有各种各样的淀积层,如淀积的是黏粒,称为黏化层（用Bt表示）;如淀积的是碳酸钙,称为钙积层（用Bk表示）。土壤学把腐殖质层和淀积层都称为土壤发生层,认为它们是由成土母质经过土壤发生过程形成的;并且将自上而下的这么一个由腐殖质层（A）、淀积层（B）和成土母质层（C）组成的断面称为土壤剖面。

土壤学家通过分析腐殖质层、淀积层和成土母质层中的物理、化学、生物学性质以及形态特征的差异，来研究土壤（由腐殖质层和淀积层组成）在成土母质层的基础上发生了什么变化，也根据腐殖质层（A）的厚薄及其有机质含量垂直分布状况和淀积层（B）的类型，将土壤划分成不同的土壤类型。

图 10-6 描绘了岩石变土壤的全部过程。由岩石变成土壤，需要经过很长的年代和很复杂的变化。变化的第一步是岩石风化形成成土母质（C）；然后再由成土母质——即风化壳的最上部的那部分，经过成土过程形成土壤。土壤学家自地表向下挖一个垂直的断面（土壤剖面），来研究土壤的发生和分类，这个断面既包括 A，也包括 B，还包括 C。虽然概念上地质风化过程和成土过程是严格区分的，但是，目前在技术上还无法将这两个过程完全区别开。

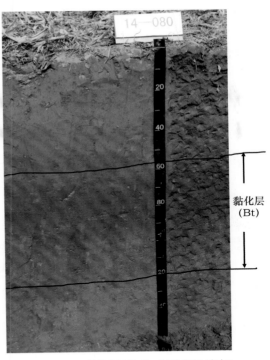

图 10-5 黏化层（地点：山西省运城市）

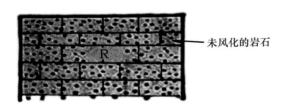

未风化的岩石

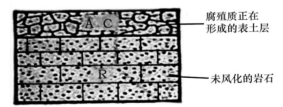

腐殖质正在形成的表土层

未风化的岩石

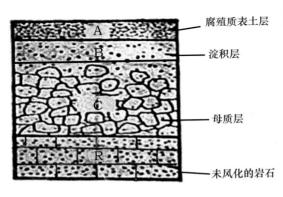

腐殖质表土层

淀积层

母质层

未风化的岩石

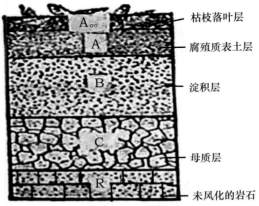

枯枝落叶层

腐殖质表土层

淀积层

母质层

未风化的岩石

图 10-6 由岩石到成土母质再到土壤的形成过程示意图

农学意义的土壤剖面不同于上述土壤发生学意义的土壤剖面。农学意义的土壤剖面土层划分不分 ABC，而是按表土层（也称耕层）、心土层、底土层划分。表土层一般是从地表向下

20～30 cm 的土层,心土层大概是距地表 20～60 cm 的土层,大约距地表 60 cm 以下的土层称为底土层。不同质地的土层在表土、心土和底土的组合形成各种各样的"剖面构型",影响着耕作的难易以及水分与养分的运移与保蓄。比如,质地上砂下黏的剖面构型,表层耕性良好,心土保水保肥,在华北称为"蒙金土";表土黏性,心土是含有大量粗碎屑的砂土,表土粘犁,干了开裂,灌溉水沿裂隙向下到没有保蓄能力的砂砾层会迅速渗漏。

三、地质大循环与生物小循环

地质大循环是"地球物质的地质周期性大循环"的简称。陆地表面的岩石经风化作用变成细碎颗粒,并释放出可溶性物质。其中部分细碎颗粒和可溶性物质,经降水冲刷和淋溶,随流水最终沉积在河道、平原和海底,经过地质成岩作用又形成各种沉积岩。在漫长的地质年代里,由于地壳运动和海陆变迁,海底又抬升为陆地,岩石再次遭受风化。地质大循环是地球表面物质恒定的周而复始的大循环,它是生物小循环的基础,但它形成的仅仅是成土母质。

生物小循环是指植物营养元素在生物体和土壤之间的迁移转化过程。植物根系从土壤中吸收可溶态营养元素,输送到植物躯体各部,在绿色叶部合成有机质;植物的根系或枯枝落叶进入土壤,或被动物吞食后以动物躯体形式归还土壤;土壤中的这些有机物又在微生物作用下,再转化为可溶态营养元素,被土壤胶体吸附保存,以供下一代植物吸收。这个过程与地质大循环相比,其时间和空间范围都很小,且均是在有植物根系的土层中通过生物作用来完成的。它促进植物营养元素在土壤表层的聚积,成为土壤及其肥力形成和发展的核心。

从表 10-1 可以看出,植物体中的营养元素含量与岩石中营养元素含量极不相同,原岩石中没有氮,磷也少,而绿色植物却含有较高的氮和磷,并以残体的形式积累在上层土壤中。这种植物营养元素的富集过程,主要是通过绿色植物的根系选择性吸收完成的。养分富集并提高土壤肥力是生物小循环的主要功能。

表 10-1   植物体与岩石中养料元素含量比较

养料元素	N	P	K	Ca	Mg	S	Fe
植物体中的含量/g/kg	1.459	2.03	9.21	2.27	0.179	0.167	0.083
岩石中的含量/g/kg	0	1.00	24.00	37.70	26.80	26.80	54.60

土壤的形成是一个综合性的过程,它是地质大循环与生物小循环矛盾统一的结果。地质大循环促进养分的释放,并将其淋洗出土体,而生物小循环可以促进植物养分元素的积累和循环利用。地质大循环和生物小循环的共同作用是土壤发生的基础:无地质大循环,生物小循环就不能进行;无生物小循环,仅地质大循环,土壤就难以形成。在土壤形成过程中,两种循环过程相互作用,并且不可分割地同时同地进行着,它们之间通过土壤相互连接在一起。但是,受重力作用,生物小循环脱离不了地质大循环的轨道。地质大循环和生物小循环的关系如图 10-7 所示。

土壤形成最基本的也是最本质的过程,是由生物小循环主导的有机质和植物养分在土壤上部土层的积累过程。土壤动物和微生物也是通过吃食消化这个土层的有机质和养分而存活与繁衍的。

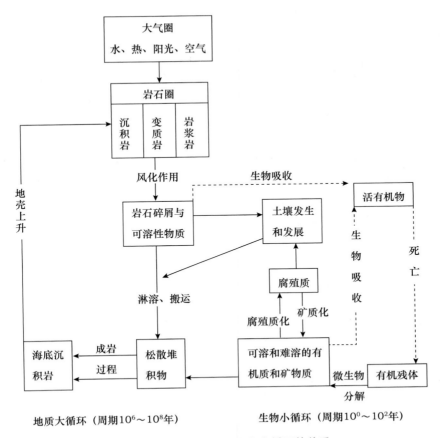

图 10-7　地质大循环与生物小循环的关系

第二节　成土过程的影响因素

　　所谓成土过程是指土壤形成的物理的、化学的和生物的过程,或者是这些过程的组合。有些因素影响着成土过程,被称为成土因素或土壤形成因素。

一、气候对土壤形成的影响

　　气候条件对土壤的发生起着积极能动的作用,土壤与大气之间一刻不停地进行着水分和热量交换,对土壤水、热状况和土壤中物理、化学过程的性质与强度产生重要影响。太阳的光和热,使得岩石、矿物发生热胀冷缩,发生物理风化;大气降水溶解矿物,释放植物矿物质养分。总的来说,土壤形成的外在推动力归根结底都来自气候因素中的热与水,因此,气候是直接和间接地影响土壤形成过程的方向和强度的基本因素。受降水和温度影响,不同的气候带有不同的植被类型。比如,我国东部湿润地区自北而南,寒温带是针叶林,温带是针叶与落叶阔叶混交林,暖温带是落叶阔叶林,北亚热带是常绿与落叶阔叶混交林,中亚热带是湿润常绿阔叶林,南亚热带是季雨林,热带是雨林与季雨林。

1.气候影响土壤有机质的含量

各气候带的水热条件不同,造成植被类型的差异,导致土壤有机质的积累分解状况不同,有机质组成成分和品质也不同,其规律性甚为明显。

降水量和其他条件保持不变时,温带地区土壤的有机质含量随着温度的升高而减少。如我国温带地区,自北而南,从寒温带到暖温带,土壤有机质含量逐渐减少;从暖温带到热带,有机质含量再增加。自北而南,土壤有机质含量的这种折线式变化,是植物光合作用产生的有机质多少与微生物分解有机质的多少之差决定的。湿热地区的植被覆盖度高,光合作用产物多。土壤中的微生物的活性也受气候影响。在寒冷的气候条件下,一年中土壤冻结达几个月,微生物分解非常缓慢,使有机质积累起来;而在常年温暖湿润的气候条件下,微生物活动旺盛,全年都能分解有机质,虽然植物生长产生的有机质多,但有机质的分解使得有机质含量并不高。

在温度保持不变,其他条件类似的情况下,随着降水量的减少,土壤有机质含量降低。如我国中温带地区自东而西,呈黑土—黑钙土—栗钙土—棕钙土—灰漠土的变化,有机质含量逐渐减少。不难想象,这是因为随着降水量的减少,草被高度和覆盖度逐渐降低,生物量减少的必然结果。

在华南,高降水量结合高温与长生长季导致植物茂盛生长,产生大量有机物质。因此,可能有人认为我国华南地区土壤的有机质含量应该高于东北地区。但实际上,东北地区土壤的有机质含量一般高于华南地区。其原因是,在华南,温暖季节长,有利于有机质的分解;而在东北地区,漫长寒冷的冬季抑制了微生物对土壤有机质的分解。土壤有机质含量取决于有机质合成过程与分解过程的动态平衡,这个平衡受控于水热条件的共同作用。

上述有关土壤有机质含量与降水、气温的关系是有一定针对性的,决不能绝对化。同时,推测一种土壤的有机质含量时,除考虑土壤所在地理区域外,还要考虑土壤所处地形部位的影响。地势低洼、土壤水分多,在夏季,植被生长茂盛,由于水分多,冬季冰冻时间长,有机质分解慢,其土壤有机质含量就高于同一地区地势高、水分差的土壤有机质含量。

2.气候影响土壤黏土矿物类型

岩石中的造岩矿物的风化演化系列,即云母脱钾形成伊利石,缓慢脱盐基形成蒙脱石,迅速脱盐基形成高岭石,直到脱硅形成三水铝石的阶段性,均与气候条件有关。一般在良好的排水条件下,风化产物能顺利通过土体淋溶而淋失,则岩石风化与黏土矿物的形成,特别是土壤剖面的上部和表层可以反映其所在地区的气候特征。在我国温带湿润地区,硅酸盐和铝硅酸盐原生矿物缓慢风化,土壤黏土矿物一般以伊利石、蒙脱石、绿泥石和蛭石等2:1型铝硅酸盐黏土矿物为主;在亚热带的湿润地区,硅酸盐和铝硅酸盐矿物风化比较迅速,土壤黏土矿物以高岭石或其他1:1型铝硅酸盐黏土矿物为主;而在高温高湿的热带地区,硅酸盐和铝硅酸盐矿物剧烈风化,土壤中的黏土矿物主要是氧化铁和氧化铝。南方土壤的红色主要是因为土壤中赤铁矿的含量高。但上述气候不同,形成的黏土矿物类型不同,均是指岩石的矿物组成为硅酸盐和铝硅酸盐;如果成土矿物是石英砂岩或石灰岩,其风化物就不会有此特性。

3.降水量影响盐基饱和度和土壤酸碱度

通常温度每高10℃,化学反应速度平均增加1~2倍;温度从0℃提高到50℃,化合物的解离度增加7倍。温度高,成土母质中的矿物中的元素解离度就大,就容易被降雨淋洗掉。因此,在湿热的地区,矿物中元素的解离度大,在较大的下行水移动过程中,土壤中游离的矿物质元素被淋洗掉了,即使是土壤胶体上的部分代换性盐基,即 Ca^{+2}、Mg^+、K^+、Na^+ 也被淋洗掉,其位置被 H^+ 或 Al^{3+} 所代换,导致盐基饱和度的降低和土壤酸度的增加,这是我国东南地区土壤的一般情况。而在年降水量少而蒸发迅速的地区,通过土壤的下行水量很少,不足以洗掉矿物风化游离出来的矿物质元素,土壤胶体上的代换性盐基更没有被淋洗,土壤呈中性或偏碱性,这是我国中部和西北地区的一般情况。

4.降水量影响土壤盐分含量

降水量的变化也影响土壤中易溶盐分的多少。在西北荒漠和荒漠草原地带,降水稀少,土壤中的易溶盐大量累积,只有极易溶解的盐分,如 $NaCl$、K_2SO_4 有轻微淋洗,出现大量 $CaSO_4$ 结晶,甚至出现石膏层,而 $CaCO_3$、$MgCO_3$ 则根本未发生淋溶。在内蒙古及华北草原、森林草原带,土壤中的钠和钾的一价盐类大部分被淋失,钙和镁的两价盐类在土壤中有明显分异,大部分土壤都有明显的碳酸钙的累积。在华东、华中、华南地区,两价碳酸盐也都被淋失掉,进而出现了硅酸盐的移动。

由西北向东南逐渐过渡,土壤中 $CaCO_3$、$MgCO_3$、$Ca(HCO_3)_2$、$CaSO_4$、Na_2SO_4、Na_2CO_3、KCl、$MgSO_4$、$NaCl$、$MgCl_2$、$CaCl_2$ 等盐类的迁移能力随着其溶解度的加大而不断加强。

5.气候影响土层厚度

湿热的气候有利于岩石风化与土壤形成,干冷的气候不利于岩石风化与土壤形成。例如,第二次全国土壤普查表明,同样是山地丘陵区,辽东胶东山地丘陵区土层厚度小于 60 cm 的耕地面积占区域总耕地面积的 38.27%,而滇中山地丘陵区土层厚度小于 60 cm 的耕地面积只占区域总耕地面积的 4.36 %。

二、成土母质对土壤形成的影响

1.成土母质矿物组成对土壤的影响

不同造岩矿物的抗风化能力差别显著,其由大到小的顺序大致为:石英→白云母→钾长石→黑云母→钠长石→角闪石→辉石→钙长石→橄榄石。因此,发育在基性岩风化所形成的成土母质上的土壤,含角闪石、辉石、黑云母等深色矿物较多,易发生化学风化,形成的土壤质地一般较细,含粉砂和黏粒较多,含砂粒较少;发育在酸性岩成土母质上的土壤,含石英、正长石和白云母等浅色矿物较多。石英、正长石和白云母抗风化,尤其是石英抗风化,因此酸性岩成土母质上土壤的质地一般较粗,即含砂粒较多而含粉砂和黏粒较少。

在同样的湿润地区,石英含量较多的花岗岩风化体中,抗风化能力很强的石英砂粒可长期保存在所发育的土壤中,使土体疏松而易渗水;同时花岗岩风化体中的铝硅酸盐矿物所含的盐基成分(Na_2O、K_2O、CaO、MgO)本来就比较少,在强淋溶条件下,极易完全淋失,使土壤呈酸性反应。反之,富含盐基成分的基性岩,如玄武岩风化物、辉绿岩风化物,则含石英砂粒少,盐基成分丰富,而且因为形成的土壤一般较为黏重,渗水性差,抗盐基离子的淋溶,土壤的盐基代换量也较高,植物的矿质养分含量丰富。

从化学组成方面看,一般基性岩成土母质发育的土壤的铁、锰、镁、钙含量高于酸性岩成土母质发育的土壤,而硅、钠、钾含量则低于酸性岩成土母质发育的土壤。石灰岩成土母质发育成的土壤,钙的含量最高,土壤显微碱性。例如,在北京怀柔区国道234的一个垭口处,垭口北侧的石灰岩成土母质发育的土壤的 pH 为 8.4,而垭口南侧的花岗岩成土母质发育的土壤的 pH 为 6.8。

不同的沉积物因其矿物组成不同,其发育而成的土壤矿物组成和质地也不一样。如冰碛物和黄土成土母质上发育的土壤,含水云母和绿泥石等黏土矿物较多,河流冲积物母质发育的土壤也富含水云母,湖积物母质发育的土壤中多含蒙脱石和水云母等黏土矿物。

2.成土母质的粗细对土壤的影响

成土母质的粗细对土壤质地有直接的影响。细质地成土母质上发育来的土壤比由粗质地成土母质上形成的土壤,一般有机质含量高。其原因可能是较细的颗粒与有机质结合往往会形成物理保护,抵抗生物降解能力增强。同时,细质地土壤保水能力强,可提供较多的水分和养分促进植物生长,从而使每年有较多的有机质追加到土壤中。细质地成土母质也因其通气不好和具有较低的土壤温度阻碍有机质的分解,从而有助于有机质的保存。

成土母质粗细影响着渗透性、淋洗速度和胶体的迁移。在湿润地区,如成土母质粗细适中并渗透性好,则降水渗入就多,淋洗强度大,盐基离子易于淋失,土壤趋于酸性;随之而来的是黏粒或胶体被迁移到土体下部,淀积形成黏化层(Bt)。如果成土母质非常粗或是砾质的,渗透迅速,保蓄不住水分,常处于干燥状态,则阻碍土壤发育,土壤剖面中难以形成淀积层(B)。细质地的成土母质趋向于阻碍淋洗和胶体的迁移。在坡地上,细质地的成土母质由于渗透性差而产生较多的地表径流,下行淋洗水分少,加上流水侵蚀作用的双重影响,产生浅薄的土壤。而粗大岩石碎屑组成的成土母质,则很少有地面径流,降雨会迅速渗漏转变为地下径流。

图 10-8　砂土下伏黏土的冲积物(地点:湖北省江陵县;华中农业大学张天巍教授供图)

3.成土母质层理对土壤的影响

冲积物成土母质不同质地的互层(称沉积层理,见图 8-6)会直接造成土壤剖面的质地分布变化,进而影响水分垂直运动,导致土壤中物质迁移速度的不同。图 10-8 中砂质冲积物覆盖在黏土质冲积物之上,降水透过上部砂层后到黏土层就会被阻滞,可能形成滞水层,造成短期的缺氧环境。如果这个剖面土层反过来,上黏下砂,当下渗水缓慢地透过黏土层时,只在砂土层与黏土层界面短暂的滞留,然后便迅速地渗漏。剖面中夹黏土层的土壤不易于积盐,但当土壤已盐化后,又不易于洗盐。

三、地形如何影响土壤形成

地形一般分为正地形与负地形,正地形是指高起的部位,负地形是指凹陷的部位。正地形是物质和能量的分散地,负地形是物质和能量的聚集地。如从大地貌上看,山区是正地形,平原是负地形。就一个山来说,山坡的顶部和中上部是正地形,山坡的下部或坡脚(坡麓)是负地形。地形对土壤的影响体现在矿物质、有机质等物质在地表移动,也使接受的光、热、水发生差异,这些差异都导致土壤性质、土壤肥力的差异。

1.地形影响了接受降水和太阳辐射的不同

降雨落到山坡或山脊上易产生径流,径流汇集在坡麓或山谷中的低平地上,从而引起降水在两者间产生再分配。山坡或山脊上因为产生径流,渗入风化物或土壤中的水少,因而土壤的水分含量不如坡麓或山谷中的低平地上的土壤;大气降水渗入到地下形成径流,也使得坡麓或山谷中的低平地上地下水丰富且地下水位高。因此,山坡或山脊上的土地多为靠天吃饭的旱地,而山谷中的低平地上就有打井灌溉开发水浇地的可能。

坡向影响接收的太阳光,造成土壤温度的差别。在北半球,南坡也即阳坡接受的辐射比北坡多,因此南坡土壤温度比北坡土壤温度高,南坡土壤的昼夜温差也比北坡的大。我们会发现,春天,阳坡植物返绿或开花早于阴坡,这是"向阳花木早逢春"的道理所在。

但是,由于阳坡接收了较多的太阳光,土壤水分的蒸发量高于阴坡,造成阳坡的土壤水分条件比阴坡的土壤水分条件差,也就容易发生干旱,这造成阴阳坡植被生长状况的不同,因此一般阴坡的植被好于阳坡。植被好,就不容易发生水土流失,这就使得阴坡地表坡度比阳坡和缓,土层也较深厚。温带地区的阴坡因为水分含量高,冬季结冰,也有助于物理风化,这就是为什么阴坡比阳坡土层深厚的原因。在华北地区,一般阴坡多见生长茂盛的树林,而南坡往往多草灌植被。但在热带低纬度地区,就没有明显的阴阳坡差异。

2.地形影响土壤的物质再分配

在山区,坡上部的表土不断被剥蚀,使得风化层总是暴露出来,延缓了土壤的发育,产生了土体薄、有机质含量低的土壤。坡麓地带或山谷低洼部位,常接受由上部侵蚀搬运来的沉积物,产生了土体深厚、整个土体有机质含量较高的土壤。与此同时,正地形上的土壤遭受淋洗,一些可溶的盐分进入地下水,随地下径流迁移到负地形,造成负地形区的地下水矿化度大。在干旱、半干旱和半湿润地区,负地形区的土壤易发生盐渍化。

在山地陡坡,侵蚀较剧烈的地方,往往土层浅薄,厚度常不及 1 m。如果在这里开垦土地修建梯田,梯田的田面宽度肯定很窄。而在坡度缓和的丘陵和山丘的坡脚,土层就比较深厚,这是由于水流和崩塌等作用,将山地上部的泥土带到下部的结果,这里就可以修建田面比较宽的梯田。在山间平原上,土层深厚,达数米甚至数十米,就可形成宽阔的农田。

四、生物对土壤形成的影响

生物包括植物、动物和微生物,它们在土壤形成过程中所起的作用是不一样的。绿色植物是土壤有机质的初始生产者,它们的作用是把分散在成土母质、水圈和大气中的营养元素选择性地吸收起来,利用太阳辐射能,进行光合作用,制造成有机质,把太阳能转变为化学能,再以有机残体的形式,聚集在成土母质或土壤中。土壤动物,如蚯蚓、啮齿类动物、昆虫等,通过其生命活动、机械扰动,参与土壤中的物质和能量的交换、转化过程,相当深刻地影响土壤的形成与发育。动物的作用表现在它们对土壤物质的机械混合,对土壤有机质的消耗、分解以及它们将代谢产物归还到土壤中去。土壤中微生物种类繁多、数量极大,对土壤的形成、肥力的演变起着重大的作用。微生物在土壤中分解有机质,合成腐殖质,然后再分解腐殖质,导致腐殖质的形成和土壤腐殖质层中营养元素的积累,构成了土壤中生物小循环的一个不可缺少的环节。

绿色植物以及存在于土壤中的各种动物、微生物,它们和土壤之间处于相互依赖、相互作用状态,构成了一个完整的土壤生态系统。它们之间相互依赖和作用,在土壤形成与肥力的发展中,起着多种多样的、不可代替的重要作用。动物、微生物是成土作用的重要参与者,其作用将在下文详细介绍,这章重点分析绿色植物,即植被对土壤性质的影响。正是由于植被的光合作用,才把大量太阳能引入了成土过程的轨道,才有可能使分散在岩石圈、水圈和大气圈的营养元素向土壤聚集,从而创造出仅为土壤所有的肥力特性。

1.森林土壤与草原土壤有机质剖面分布差别

自然植被可以被非常粗略地分为两大类型,即森林和草原。支持它们生长的土壤可分别叫作森林土壤和草原土壤。比较草原土壤与森林土壤,会发现它们的土壤有机质含量在土壤剖面中从上部到底层的分布状况是:森林土壤的有机质集中于地表,并且随深度锐减;而草原土壤的有机质含量则随深度增加逐渐减少。图10-9表明了这种差别。这是由于植物生长方式和植物残体结合进土壤中去的方式不同。草本植物的根系是短命的,每年死亡的根系都要给土壤追加大量的有机质;草本植物的有机产物的90%以上是在地下部分,而且根系数量随着深度增加而逐渐减少。与草本植物相反,树木的根系是长命的,而且根系占整个树木有机产物总量的比例较低,因此,土壤有机质的来源主要是掉落在地表的枯枝落叶。这些枯枝落叶被土壤动物搬运混合到距地表不深的层次,造成有机质含量随深度增加锐减。

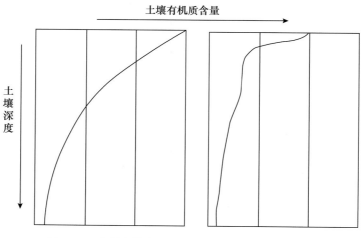

图 10-9　草原土壤剖面(左)与森林土壤剖面(右)的
有机质含量分布示意

2.植被类型影响土壤养分和土壤酸碱度

草本植物进入土壤的有机残体的灰分和氮素含量大大超过木本植物,其C/N值要比木本植物的C/N值低。

有机残体分解释放盐基到土壤中时,由于归还盐基离子的种类和数量不同,从而对土壤酸化的进程以及与酸化相伴发生的其他过程起到不同的影响。一般来说,草原植被的残体与森林植被的残体相比,前者含碱金属和碱土金属比后者高,因此,草原土壤的盐基饱和度高于森林土壤的盐基饱和度,前者的pH也较后者高。阔叶林与针叶林比较,前者灰分中的Ca、K含量较后者高,后者灰分中Si占优势(表10-2,表10-3)。因此,针叶林下的土壤酸度比阔叶林下的土壤酸度高。当然,这个比较是在其他条件相同的前提下进行的。

表 10-2　木本植物的灰分组成

类别	纯灰分/%	灰分中氧化物含量顺序/%
针叶	3~7	$SiO_2 >$ $CaO>$ $P_2O_5 >$ $MgO \approx K_2O$ 30~45　15~25　≈8　≈5　≈5
阔叶	9~10	$CaO > K_2O \approx SiO_2 > MgO \approx P_2O_5 > Al_2O_3 \approx Na_2O$ 20~50　≈20　≈20　8~17　15≈20　≈1　≈1
针叶树干	1~2	CaO $> K_2O > P_2O_5 > MgO > SiO_2$ 40~60　≈20　≈10　≈5　2~3
阔叶树干	1~2	$CaO > K_2O > P_2O_5 > Al_2O_3 > SiO_2$ 50~75　15~25　5~15　≈5　2~3

表 10-3　草本植物(地上部分)矿质成分的一般特点

类别	纯灰分/%	灰分中氧化物含量顺序
草甸	2~4	$CaO>K_2O>SO_3>P_2O_5>MgO>SiO_2>R_2O_3$
草甸草原	2~12	$SiO_2>K_2O \geqslant CaO>SO_3>P_2O_5>MgO \geqslant Al_2O_3>R_2O_3$
干草原	12~20	$Na_2O \approx Cl \approx K_2O \approx CaO \approx SO_3>SiO_2>P_2O_5>MgO$
干旱半荒漠的猪毛菜属	20~30	$Na_2O>Cl>SO_3>P_2O_5>MgO$
半荒漠与荒漠的肉质猪毛菜属	40~55	$Na_2O>Cl>SO_3>SiO_2>P_2O_5>MgO$

3.植被类型影响土壤淋溶与淋洗速度

相同的气候条件下,如果相邻生长的森林和草原具有类似的地面坡度和成土母质,森林土壤则显示了较大的淋溶与淋洗强度,造成这样的差别有两个原因:①森林土壤每年归还到土壤表面的碱金属(Na 和 K)与碱土金属(Ga 和 Mg)盐基离子较少;②森林的水分消耗主要是蒸腾,降水进入土壤中的比例较大,水的淋洗效率较高。

由于第一条的原因,加上枯枝落叶层中产生的有机酸较多,使森林植被下土壤中的下行水是较酸的,溶液中的 H^+ 代换并进一步淋洗掉较多的代换性盐基,伴之而来的是胶体分散、黏粒下移。酸性溶液甚至加速土壤原生矿物的分解,产生更大强度的淋溶或淋洗。

五、人为活动如何影响土壤形成

1.人为活动对土壤的影响快速而深刻

人为活动对于土壤形成的影响是很显著的,并随着人类社会生产力和技术水平的提高,其影响的速度、强度都在加快。在自然条件下需要几十年、几百年、甚至几千年才能完成的过程,在人的干扰下,通常在短时间内就可实现。比如吉林白城一带的盐碱地,改造前是盐碱荒滩,改造为水田后,当年种稻每亩可收 500~600 kg 稻谷,盐碱滩迅速变成了良田。

但是,人为影响是在各自然因素仍在发生作用的基础上进行的,各自然因素对土壤发生的持续影响程度主要取决于人为影响的措施类型。如灌溉、排水、种植水稻等措施,就比旱耕熟化的影响要剧烈。但自然因素的"烙印"还是很深的。如北方水稻土与南方水稻土相比,在土壤温度状况方面和供给矿质养分水平方面,均存在很大的差别。如果不是人为干扰程度太大,以致产生不可逆的质的变化(如城镇垃圾堆垫),那么,当人类退出对土壤的干扰后,人类活动留下的痕迹会逐渐消失,土壤又会恢复到与自然成土条件相吻合的状态。这是我们的生态恢复观点的基础。

2.人为活动的目的性很强

人类活动作为一个成土因素,对土壤的影响与其他自然因素有着本质上的不同,这个不同就在于人类活动是有意识有目的的。人类为了开垦利用土壤,就有意识地采用各种措施改造土壤、培育土壤,把生土变成熟土,熟土变成肥土。这样,自然界里的土壤,就不断发生变化,发展为耕作土壤。

开垦土壤首先是通过农田工程建设,如围海造田、建造梯田、筑堤建闸、开沟挖河等,以稳定水土和消除土壤的低产因素。继而在生产过程中通过灌溉、施肥、耕作、轮作等措施进一步提高土壤的肥力,逐步创造高度熟化的土壤。

3.人为活动影响的两面性

人为活动对土壤造成的影响有时是有益的,有时是有害的。如对沼泽地进行人工排水,改善了土壤的水、气、热条件,促进土壤熟化,成为高产土壤;在盐化土壤区,通过深沟排水,降低地下水位,用淡水洗盐,改良了盐化土壤;施肥、耕作等措施改善了耕层土壤的肥力和物理性状。这些活动都促使土壤向高肥力水平和高生产力方向发展,是有益的。

但是,人为活动给土壤带来的不利影响也很多。如我国20世纪50年代引黄灌溉,造成大面积土壤次生盐渍化。次生盐渍化即原本土壤不含盐分,而后因为利用不当使土壤积累了盐分。大量施用农药和灌溉污水,造成土壤中有毒物质的残留。只向土壤要粮,不给土壤施肥的掠夺性经营,造成土壤肥力水平降低。充分认识人类活动对土壤发生发展的影响,其重要意义在于尽可能避开人类活动对土壤影响的不利方面,充分发挥人类活动的积极因素,促使土壤向着高肥力水平的方向发展。

六、成土时间和古土壤

时间是一切事物运动变化的必要条件。土壤的形成和发展与其他事物运动变化形式一样,是在时间中进行的。也就是说,土壤是在上述成土母质、气候、生物和地形等成土因素综合作用影响下,随着时间的进展而不断运动和变化的产物。时间愈长,土壤性质和肥力的变化愈大。

理论上说,自4.5亿年前陆生植物出现时起,就产生了最早的土壤。但是地质史上历次的地壳运动和沧桑之变,已使这种古土壤侵蚀殆尽,或重新沉积后又通过成岩作用变成了岩石。现在北半球所存在的土壤多是在第四纪冰川退却后开始发育的。高纬度地区冰碛物上土壤的绝对年龄一般不超过一万年;中纬度地区未遭受第四纪冰川侵袭,土壤年龄较长;低纬度未受冰川作用地区的土壤年龄可能达到数十万年,乃至数百万年,其起源可追溯到第三纪。

古土壤是在与当地现代景观条件不相同的古景观条件下所形成的土壤,它的性质与现代当地土壤有某些差异。古土壤往往与气候条件变迁有关系。按古土壤分布及其保留的现状,大致分为以下3类。

(1)埋藏古土壤 指在原地形成并被埋藏于一定深度的古土壤。它一般保存有较完整的剖面和一定的发生学土层构型,如淀积层(B层)、成土母质层(C层),甚至有的还保留有腐殖质层(A层)。黄土高原地区深厚的黄土剖面内埋藏的红褐色古土壤条带,即属埋藏古土壤(见岩石篇图 9-1）。

（2）残存古土壤　系原地形成但又遭受侵蚀后残存于地表的古土壤。残存古土壤原有腐殖质层或土体上半部分已被剥蚀掉，裸露地表的仅为淋溶层或淀积层以下部分。在新的成土条件下，此残缺剖面又可继续发育，或在其上覆盖沉积物，形成分界面明显的埋藏型残积古土壤。北京低山丘陵区零星分布在各类岩石上的红色土，即属残存古土壤。

（3）古土壤残余物　系古土壤经外营力搬运而重新堆积后形成，与其他物质混杂在一起。北京周口店洞穴堆积物中就有古土壤残余物。

地球陆地表面现代土壤中存在着的与目前成土条件不相符合的一些性状称为古环境遗留特征。如现代河流高阶地上的土壤中发现有铁锰结核或锈纹锈斑，这是以前该河流阶地土壤未脱离地下水作用，在氧化还原交替作用下产生的；而目前由于阶地的抬升，已不具备氧化还原交替过程的条件，这些铁锰结核或锈纹锈斑就成为现代土壤中的遗留特征。

古土壤和古环境遗留特征都是表明成土条件发生了变化的证据，研究它们对了解土壤发展历史和成土条件的变化具有实际意义。如黄土丘陵区，有时可以在切沟断面或工程挖掘断面看到多层红色古土壤，每一层都代表着湿热气候与温干气候的轮回转变。

第三节　土壤侵蚀

土壤侵蚀是指土壤在水力、风力、冻融或重力等外营力作用下，被破坏、剥蚀、搬运和沉积的过程。

轻度的土壤侵蚀造成植物生长形成的肥沃的表土层即腐殖质层（A）的流失，土壤养分越来越贫瘠。强烈的土壤侵蚀可能导致土层越来越薄，根系生长空间受限，土壤的蓄水能力下降，甚至造成整个植物可扎根立地并从中获取水分与养分的土层被剥蚀掉，只留下坚硬的岩石，被称为"石漠化"。

土壤侵蚀过程，实际上是一种逆土壤发生的地质过程。土壤形成过程形成了位于土壤剖面最上部的腐殖质层（A层）和腐殖质之下各种各样的淀积层（B层）。厚度和有机质含量不同的腐殖质层与各种各样的淀积层以及各类母质层（C）的组合不同，就是各种土壤发生分类类型。但是，土壤侵蚀会把这些土壤发生过程形成的腐殖质层和淀积层剥蚀掉，只留下母质层，甚至只剩下底部的岩石层。

水向低处流是自然规律。山地土壤侵蚀是自然现象，坡度越大越容易产生水土流失。山地开垦后自然植被被破坏，耕作土壤失去植被保护，则会加剧水土流失和土壤侵蚀。地质构造运动抬升地壳引起侵蚀基准面提高，也会加剧土壤侵蚀过程。土壤侵蚀与沉积的发生，实际是一个过程的两个方面，山区的土壤遭受侵蚀和侵蚀下来的土壤物质在平原区不断堆积，都会阻断或延缓整个土壤的系统发育，甚至把已经形成的土壤发生层侵蚀掉或掩埋掉。中国山地多，山地占全国土地总面积的 1/3（如果把山地、丘陵和起伏较大的高原统称为山区，则山区面积占土地总面积的 2/3），地质构造运动频繁发生，大陆性季风气候显著，降水集中且多暴雨，再加上垦殖率高，这些原因造成具有明显腐殖质层和淀积层的土壤类型分布少，而只有腐殖质层与母质层组合的新成土或腐殖层与只形成土壤结构但没有物质淀积的 B 层（Bw）组合的雏形土分布广泛（图 10-10）。

a　　　　　　　　　　　　　　b　　　　　　　　　　　　　　c

图 10-10　土壤侵蚀造成黑土耕地的土壤腐殖质层变薄

（a.开垦晚、耕种时间短、水土流失少的深厚腐殖质层的黑土耕地；b.大雨后黑土耕地的水土流失；c.开垦种植时间长、水土流失严重的薄腐殖质层的黑土耕地。地点：黑龙江；中国科学院东北地理与农业生态研究所隋跃宇研究员和黑龙江农业大学辛刚教授供图）

　　当然，从另一个角度看，山区的土壤侵蚀的反面，是平原洼地土壤物质沉积的来源。但是，平原的土壤已经足够厚，土壤侵蚀带来新的冲积物掩埋损毁现有土地，甚至造成河流淤塞，洪水泛滥；土壤侵蚀甚至把本来经过几千年、几万年，乃至几十万年才由岩石风化形成的土壤被剥蚀掉了，损毁了植物赖以生存的基础。这种土层被整个剥蚀掉，岩石裸露的情况被称为石漠化。相对而言，石灰岩山区最容易发生石漠化，因为石灰岩难以风化成土，而且风化后残留物少，土层薄，尤其开垦后失去植被的保护，水土流失极易造成石漠化（图 10-11）。

图 10-11　石漠化（地点：贵州省威宁县；遵义师范大学陈留美博士供图）

　　因此，必须保护土壤，防治土壤侵蚀。无论是修梯田，还是植树种草增加植被盖度，或者是留茬免耕、秸秆覆盖等保护性耕作，都是防治土壤侵蚀的措施。

第十一章　土壤物质组成

土壤是由固体、液体及气体 3 种物质所组成的。固体部分包括粗细不同的矿物质颗粒以及有机质。矿物质与有机质是紧密结合的,它们好比是人的骨肉。固体颗粒之间的孔隙,充满着水分和空气,孔隙中的水可以上下左右运行,好比是人的血液。孔隙中的空气经常与大气交换,好比是人的呼吸。除此之外,土壤中还有很多我们眼睛看不见的微生物。由此可见,组成土壤的物质是复杂的,无论是固体、液体和气体之间,有机物质和无机物质之间,生命物质和非生命物质之间,都不是简单地、机械地混在一起,而是构成一个相互联系、相互制约的统一体,成为土壤肥力的物质基础。

第一节　土壤矿物质

一、土壤矿物质的概念

土壤中含量最高的成分就是土壤矿物质。现在很多人都知道土壤有机质非常重要。其实,土壤有机质仅占土壤固体部分质量的 5% 左右,其余 95% 左右的土壤固体部分是土壤矿物质。按二者比例来看,大多数土壤都是矿质土壤(一般把有机质含量小于 200 g/kg 的土壤称为矿质土壤),即以矿物质为主,而有机土壤(也称泥炭土)很少。全球不到 200 万 km² 的有机土壤主要分布在美国阿拉斯加、加拿大、芬兰、俄罗斯、冰岛等湿寒地区,我国有机土即泥炭土分布极少。

土壤矿物质来源于风化的岩石和矿物。因此,与风化形成土壤的岩石类似,土壤矿物质的主要元素也是氧、硅、铝、铁、钙、镁、钾、钠、钛、磷、硫,以及一些微量元素锰、锌、硼、钼、铜等。以上元素含量中,以氧、硅、铝、铁 4 种元素占的比例最大。它们大多数均以氧化物的形式存在,而二氧化硅(SiO_2)、氧化铝(Al_2O_3)和氧化铁(Fe_2O_3)三者之和一般占土壤矿物质部分的 75% 以上,是土壤矿物质的主要成分。其中又以 SiO_2 的比例最大,其次是 Al_2O_3 和 Fe_2O_3。可见,土壤的化学组成与地壳固体部分的岩石矿物的化学组成大体相似。这就是为什么说,土壤是由岩石风化形成的。

二、土壤矿物质颗粒的大小

岩石风化后形成了大小不等的矿物质颗粒。有的细小,在水中悬浮着不沉淀而使水变得混浊的叫黏粒,也有大到在水中迅速沉淀的砂粒,甚至也有明显可见的岩石碎片。土壤颗粒大小不同,表现出来的性质也不同。土壤也因为其中各种大小颗粒的含量组成不同,其疏松程度和保水保肥能力等性质也不同。

通常根据矿物质粒径的大小,把矿物质颗粒分为若干组,每组就是一个土壤粒级。目前矿物质颗粒分级标准各国并不统一。我国将矿物质颗粒分成4级:直径大于2 mm的称为石砾,小于2 mm、大于等于0.05 mm的称为砂粒,小于0.05 mm而大于等于0.002 mm的称为粉粒,小于0.002 mm的称为黏粒。

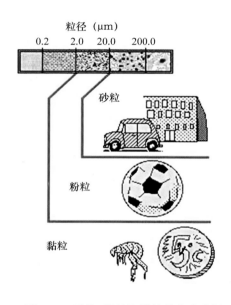

图 11-1　砂粒、粉粒和黏粒的大小比例示意

实际上,土壤矿物质颗粒并非都像球体,土壤学上所说的矿物质粒径,是把土粒大致看成是球体的。测定方法是将挖掘采取的土壤风干后用擀面杖破碎,过2 mm的筛子。过不了筛子的就是石砾,也称粗颗粒;过了筛子的部分,称细土颗粒。过了2 mm筛子的土壤用分散剂分散后,放在量筒中,在一定深度处用移液管每隔一定时间,抽取一定体积的悬浊液,将水分烘干后称重。因为颗粒越大沉降越快,这样就可将通过2 mm筛子的那部分颗粒继续按照粒径大小分成砂粒、粉粒和黏粒3类,其大小对比从图11-1中能够很直观地看出。

野外或田间,土壤调查员常常用手感法估计土壤矿物质的粗细(即粒径大小):有粗糙感觉的叫砂粒(更大的称石砾);把土弄湿润后,感到润滑黏手,当用力磨动,可磨成一光滑面的叫作黏粒;用手指摸,感到细腻像面粉,不黏手也不能磨出光滑面的叫粉(砂)粒。

土壤矿物质颗粒大小是将风干土壤用水分散后测定的。黏粒虽然很细,但它们一般团聚在一起,因此在野外肉眼并看不出黏粒,看到的是黏粒的聚合体。因此,黏粒含量多的黏土往往呈棱块状结构。这种棱块状结构是黏土湿涨干缩过程挤压造成的。黏土的导水孔隙主要靠这种结构体之间的缝隙,而结构体内是致密的,导水性很差。砂粒虽然比黏粒大得多,但砂土看起来比黏土还细,因为砂土的砂粒是单粒状的。

1. 石砾(>2 mm)

石砾是土壤中的粗骨部分,其直径大于2 mm。严格地讲,它们只是土壤中的岩石碎屑,还不能算是土粒。石砾的比表面积小。比表面积是指单位质量多孔固体物质所具有的表面积。石砾无黏结性、黏着性,也没有可塑性,所以基本没有吸水保肥能力。由石砾组成的土壤,大孔隙多,降水落到石砾组成的土壤上,迅速渗漏,很容易干旱。石砾的矿物组成与形成其的岩石成分一致。

山区岩石风化形成的土壤往往石砾含量多,特别是化学风化不强烈、物理风化为主的石英矿物含量多的酸性岩浆岩、片麻岩形成的土壤。坡积物、洪积物中的石砾含量高。

2. 砂粒(0.05~2 mm)

砂粒的粒径比石砾小,也基本没有黏结性,吸附水的能力也很差。由砂粒组成的土壤是松散的,水分渗透快,保水和保肥能力差,但比石砾组成的土壤的保水能力强。不过,砂粒因为不能相互黏结成团粒,而以单粒形式存在,其抗风蚀、水蚀的能力很差。我国西北地区的风沙土,基本都是砂粒组成,在没有植被覆盖的情况下,就会被风刮起来。而石砾因为颗粒大、重量大,风刮不动,最后就形成了大面积的戈壁滩。我们看到的戈壁,地面上都是石砾,其粒径多数都大于 5 mm。沙漠的物质组成主要也是砂粒。砂粒的主要成分是石英以及云母等原生矿物。

山区岩石风化形成的土壤往往石砾含量多,特别是化学风化不强烈而以物理风化为主的石英矿物含量多的酸性岩浆岩、中性岩浆岩、片麻岩和砂岩形成的土壤。在河漫滩、决口扇形地、沙漠和沙地,土壤含大量砂粒。

3. 黏粒(<0.002 mm)

颗粒细小,也称胶体,其矿物成分主要为伊利石、绿泥石、蛭石、蒙脱石等次生矿物,是岩石中的原生矿物经化学风化形成的。黏粒的比表面大,其黏结性、黏着性、可塑性和胀缩性均比较强。虽然其吸水保肥能力强,但因粒间孔隙小,造成通气和透水孔隙少,渗透性差,常常造成土壤积水和内涝。

石灰岩风化形成的土壤黏粒含量高。但是燧石条带灰岩形成的土壤除了黏粒外,还有大量燧石碎屑(石砾)。化学风化强烈的超基性岩浆岩、基性岩浆岩、中性岩浆岩、酸性岩浆岩、片麻岩形成的土壤中也会有大量黏粒。至于泥质岩类,本身就是黏粒含量高的沉积物成岩的,其风化形成的土壤黏粒含量自然就高。从地貌上说,湖相沉积物中的黏粒含量高。

4. 粉粒(0.002~0.05 mm)

颗粒大小介于黏粒和砂粒之间。矿物成分主要是原生矿物,也有次生矿物,粉粒很多性质介于砂粒和黏粒之间。粉粒有时也称为粉砂粒,其主要原生矿物成分是石英。粉粒具有一定的塑性、黏结性、黏着性和吸附性,其渗透性和保水保肥能力介于黏粒与砂粒质之间。风成黄土的颗粒大多数是粉粒。

粉粒含量最高的是黄土以及黄土状沉积物。我国黄土高原的土壤普遍含有大量粉粒,是全国各地土壤中粉粒含量最高的土壤。沉积物主要来自黄土覆盖区的华北平原土壤也含有大量粉粒。受黄土降尘影响的北方石质山区,也含有大量粉粒。

三、比表面积特别大的微细土壤矿物质颗粒

我们熟悉的PM2.5就是空气动力学当量直径小于等于 $2.5\ \mu m$ 的颗粒物,这种微细颗粒在没有风的情况下也能悬浮在空气中,也就是所谓的"气溶胶"。与之相比,"沙尘暴"中的颗粒则只有在大风时才会被吹扬在空中,风力减弱以后就会降落下来。

粒径小于 $2\ \mu m$ 的微细土壤颗粒即黏粒,就类似于"气溶胶",称为土壤胶体。土壤胶体粒径很小,肉眼分辨不出。因为土壤胶体颗粒很小,所以它的比表面积很大,因此其吸附性能强。土壤胶体可以在水中悬浮很久不沉淀。土壤胶体基本分为两种:一是矿物质胶体,即土壤矿物质中的黏粒;另一种是有机胶体,即腐殖质。无机胶体与有机胶体可以相互作用生成有机无机复合胶体。

不同矿物质胶体的比表面积也是不同的(表 11-1)。

表 11-1　各种胶体的比表面积

胶体类型	比表面积/(m²/g)
蒙脱石	600～800
伊利石	50～200
高岭石	1～40
蛭石	600～800
水铝英石	70～300

矿物质的比表面积愈大,产生的物理吸附作用就愈强。因此,一般土壤质地愈黏,其物理吸附作用愈强,其保肥性能越好。矿物质胶体还带电荷,一般带负电荷较多,可吸附带正电荷的金属元素,如 Ca^{2+}、K^+、Fe^{3+},也包括氮肥的铵离子,因此,具有保肥能力(图 11-2)。所以,一般黏粒含量高的土壤保肥能力较强。

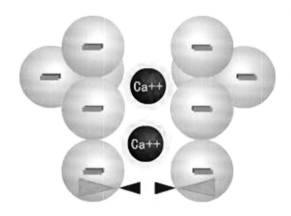

图 11-2　土壤胶体负电荷与土壤金属矿质元素
阳离子的吸附交换示意

随着表面积和表面能的增加,土壤胶体的性质如胀缩性、可塑性、黏性等明显增强。

四、土壤矿物质的作用

大大小小的土壤矿物质堆积在一起,形成土壤这个多孔物质体。土壤矿物质是植物生长的物质基础。首先,土壤矿物质为植物提供立足之地:植物根系扎根于多孔的土壤中,土壤矿物质可以把根系固定住,不让植株倒伏。植物根系从土壤中吸收水分和养分,也吸收土壤孔隙中的氧气。其次,土壤矿物质也为植物提供各种营养元素。除氮素以外的各种植物生长所需的养分,如磷、钾、钙、镁、铁、锌、硒等元素,都来自土壤矿物质。而植物生长所需最多的氮素,则不是起源于矿物质,而是土壤有机质,在微生物作用下缓慢矿化成速效氮素,供植物根系吸收。

由于各种岩石矿物的化学成分不同,提供的养分种类和含量也有所差异。土壤中的云母是含钾丰富的矿物,磷灰石、橄榄石等是磷、硫、镁等的来源。岩石中含有这些矿物较多时,则土壤中的养分也较多。如正长岩风化形成的土壤所含钾量就比花岗岩风化形成的土壤所含钾量要多,而砂岩所形成的土壤养分则很少(因为砂岩风化形成的土壤矿物是砂粒,其主要成分是二氧化硅,虽然硅也是植物营养元素,但不是植物生长需要的大量元素)。

由于土壤矿物所含的植物营养元素可溶性很小,并且释放缓慢,因此农业生产需要施用含各种植物营养元素的肥料,以满足植物生长对速效养分的需求。

第二节　土壤有机质

一、有机物、有机质、腐殖质的区别

土壤有机质是除了土壤矿物质之外又一重要组成部分。要想了解土壤有机质,首先需要区别几个相似概念——有机物、有机质和腐殖质。

有机物,从化学概念上讲是指所有含有碳元素的物质,除了二氧化碳、碳酸盐类、一氧化碳、氰类物质、单质碳本身等之外的物质都属于有机物,包括自然生成的有机物和人工合成的有机物(尤其是高分子聚合类有机物)。

有机质的概念,在生物学上,尤其是农业领域,是指所有可以被生物(包括微生物和植物酶)分解的有机物。

腐殖质是土壤学上的名词,指已死的生物体在土壤中经微生物分解而形成的一类结构复杂、性质稳定的特殊高分子有机物质。

二、土壤有机质和土壤腐殖质的区别

顾名思义,土壤有机质就是土壤中的有机物质,包括动植物死亡以后遗留在土壤里的根、茎、叶及动物残体等,施入的有机肥料,以及经过微生物作用所形成的腐殖质。当然,土壤有机质的最初来源是植物残体,因为动物、微生物也是通过消耗植物残体生活的。土壤有机质尽管来源不同,形态多样,但它们的基本成分都是纤维素、木质素、淀粉、糖类、油脂、蛋白质等。在这些成分里,包含有大量的碳、氢、氧,还有氮、硫、磷和少量的铁、镁等矿物质元素。我国大多数土壤的有机质(土壤有机质含量测定的实际是有机碳)含量在 $10\sim20g/kg$,高的可达 $50\sim100g/kg$ 甚至以上。和矿物质比较起来,土壤中有机质含量虽然不多,但对土壤肥力的影响却很大。

土壤腐殖质的主要成分是腐殖酸,腐殖酸具有很活泼的化学性质,也是土壤有机胶体,对土壤肥力影响很大。土壤腐殖质,是黑色胶体物质已经完全没有生物残体的迹象。腐殖质一般占有机质的 $70\%\sim90\%$。

测定土壤有机质含量准备测定土样时,过 $0.25\ mm$ 的筛子,土壤中的根茎叶残体基本都被筛除了,可以认为是以腐殖质为主。因此,土壤有机质含量与土壤腐殖质含量经常混用。

三、动植物残体如何变成腐殖质

动植物残体,在微生物的作用下,就会慢慢地腐烂。这些物质的腐烂分解是一个很复杂的变化过程,所形成的黑褐色物质,称为腐殖质,这个过程叫作有机质的腐殖质化过程。有些有机肥中的植物残体并没有腐解得很好,施入土壤后,也还会发生腐殖质过程。因此,一般把动植物残体,包括有机肥,在土壤微生物的作用下发生腐解产生腐殖质的过程称为腐殖质化过程(图 11-3)。

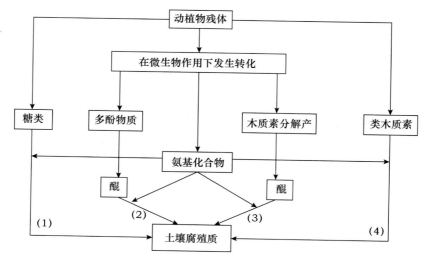

图 11-3 土壤腐殖质形成过程

四、有机质如何分解成植物可吸收的养分

有机质,包括腐殖质,在土壤微生物的作用下,慢慢地腐解,把复杂的有机质分解成为能够溶解于水的无机盐类,并放出二氧化碳,这种从复杂的有机物分解为简单的无机物的过程,叫作有机质的矿化过程。矿化过程释放了养分,可供作物吸收利用(图 11-4)。

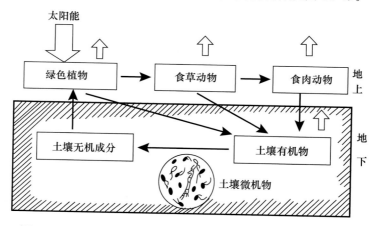

图 11-4 土壤有机质的来源与土壤微生物对有机质的分解示意图

实际上,腐殖质化过程中,既有复杂的有机质分解成为能够溶解于水的无机盐的过程,也有动植物残体腐解生成腐殖质的过程。有时腐解成的无机盐类和小分子有机化合物,又被微生物再重新合成新的有机物。

因此,有机质的矿化过程和腐殖质化过程既是相互矛盾的,又是交叉重叠的。某一个过程强烈,另一个过程必定微弱。当土壤温度高,水分适当,通气良好时,则好气性微生物活动旺盛,就以矿化过程为主;相反,当土壤积水,温度低,通气不良时,则嫌气性微生物活动旺盛,就以腐殖质化过程为主。但是,缺少水分的植物残体,特别是半干旱半湿润山区森林下的枯枝落叶一般干燥缺水,就腐烂得慢,也腐解得不好,堆积在地表可以看到枯枝落叶的形态特征。

五、土壤有机质有什么作用

有机质的作用可以概括为以下几个方面。

(1)土壤养分的重要来源　有机质分解时,释放出氮、磷、钾等植物营养,供作物生长发育需要,分解时产生的二氧化碳,可以供作物光合作用需要。

(2)改善土壤物理性质　腐殖质可以把土壤矿物质颗粒团聚成团粒聚合体,增加土壤中的大颗粒,改善黏质土壤的通气透水性。如果土壤是砂质的,因为腐殖质把单个的砂粒团聚成团粒聚合体,增加了重量,也可以抵御风蚀。土壤腐殖质含量多的土壤,则结构性好,各种孔隙比例合适,使得土壤水分与空气协调,利于植物生长(图11-5)。腐殖质含量高的土壤中,土壤动物就多,因为有机质是动物的"食物"。动物的粪便是较大的颗粒,有空洞,导水性也强。腐殖质含量多的土壤,土壤不僵不板,易于耕作。

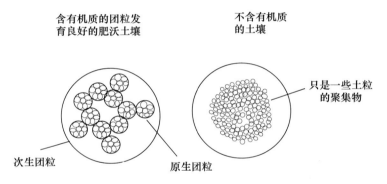

图 11-5　土壤有机质将土壤矿物质颗粒团聚成土壤团粒示意图

(3)提高土壤保水保肥能力　土壤腐殖质也是一种胶体,其比表面积比蒙脱石(比表面积最大的黏土矿物)还要大,达到 $800\sim900$ m^2/g。土壤腐殖质带负电荷,可以吸附钙镁钾钠等阳离子。因此,一般土壤腐殖质含量越高,其吸附作用愈强,保水能力也强,能吸住可溶性养分,避免养分流失,但可以释放出来供作物吸收。

(4)有机质是微生物的食物　只有土壤有机质丰富及其他条件也适宜时,才能促进有益微生物的旺盛活动;微生物分解有机质释放养分。

(5)有机质还是土壤碳库　有机质含有碳元素,因此,提高土壤有机质含量,等于固定了碳,也起到碳中和作用。

六、耕地土壤有机质含量变化与提高

耕地是通过开垦林地、草地、湿地等而来的。在开垦之初,人们利用原生植被积累的土壤肥力进行种植作物。耕翻促进了土壤有机质的分解,也释放了有机质中的养分,供给作物生长。但长期不施用肥料,会使耕地土壤有机质含量逐步下降。在没有化肥的年代,即使施用一些有机肥,但"入不敷出",土壤有机质含量还是在下降。大概20年前,土壤和农业专家都在谈耕地土壤有机质和养分含量下降,说的就是这种情况。最近热议的黑土地的土壤有机质含量下降,变瘦、变板,也是说的这种情况。

耕地土壤有机质含量取决于作物从土壤中获取和人们归还到土壤中的有机质的平衡。耕地土壤有机质含量并非是一定下降的。如果耕地开垦后在种植过程中向土壤中以各种形式施用的有机质量超过土壤有机质的分解量,土壤有机质含量就不会下降,而且还有可能提高。以各种形式施用到土壤中的有机质,既包括有机肥,也包括直接归还到土壤中的作物根茎叶等。随着我国改革开放后的经济发展,耕地施用化肥量不断增加。化肥施用量的增加不但提高了粮食产量,而且也产生了大量根茎叶等作物生产副产品。无论是作物的根茎叶以有机肥的形式,还是直接还田,都会提高土壤有机质含量。与 1984 年的第二次土壤普查数据对比,2002年测试的潮土区(黄淮海平原)的耕地土壤有机质含量提高了;而同时期的黑土区耕地土壤有机质含量呈现降低的趋势。这是因为在 20 世纪 80 年代,农业历史悠久的潮土区的耕地土壤有机质含量已经降低到历史低点,此后,归还到土壤中的有机质量大于土壤有机质的分解量;而黑土区(东北平原)在 20 世纪 80 年代开垦历史不过 200 年,土壤有机质含量还处于高位。

如上所述,土壤有机质既是土壤养分的重要来源,又可改善土壤物理性质和提高土壤的保蓄能力。因此,一定要保护和提高土壤有机质含量。显然,施用有机肥是保护和提高土壤有机质含量最好的耕作方式。但是,有机肥的堆沤和运输都要花费大量人力物力。在农业机会成本不断上升的情形下,采取秸秆直接还田的方式可能是最简便和经济的保护和提高土壤有机质含量的耕作方式。秸秆直接还田积累土壤有机质就像"一岁一枯荣"的原始草原积累土壤有机质,可以说是保持和提高土壤有机质的"基于自然的解决方案"。

第三节　土壤中的植物养分

土壤养分也可称为植物营养元素。植物的生长发育需要很多元素,其中必需的大量元素有碳(C)、氢(H)、氧(O)、氮(N)、磷(P)、硫(S)、钾(K)、镁(Mg)、钙(Ca)、硅(Si);必需的微量元素有铁(Fe)、锰(Mn)、锌(Zn)、铜(Cu)、硼(B)、钼(Mo)、氯(Cl)、钠(Na)、镍(Ni)。在这些营养元素中,氮、磷、钾是最主要的,被称为植物营养三要素,其中尤以对氮的需求最多。

土壤中的养分有 3 种形态:第一种是能溶于土壤水中的养分;第二种是被吸附在土壤颗粒表面上的养分;第三种是存在于矿物质及有机质中的养分。前两种称为速效养分,后一种称为迟效养分。迟效与速效不是绝对的,它们在一定条件下可以互相转化,迟效转化成速效时,就容易地被作物吸收利用。但土壤中速效养分也容易被降雨或灌溉水淋失掉,这不但造成养分损失,而且进入江河湖泊水体,还会导致水的富营养化。

一、土壤中的氮素

土壤中氮的形态分为有机态氮与无机态氮两大类,其中以有机态为主,而无机态(铵态氮及硝态氮)只占总氮量的 1‰～3‰。有机态氮存在于土壤腐殖质和动植物残体中,而可溶性有机氮化合物的含量是极少的。复杂的有机态氮,经过微生物的矿化作用也即分解作用之后,形成无机态的(铵态氮及硝态氮),是作物能直接吸收利用的,合称速效性氮。现代农业广泛施用的氮素化肥就是无机态氮。

土壤全氮量与有机质含量之间,有一定的相关性,全氮量占有机质的 5%～7%。土壤肥力高的,有机质和全氮量较高。但不等于说,有机质和全氮量高了,肥力条件就一定好。在土壤中,如果有机质的碳和氮的比例(简称碳氮比)过高,这些有机质分解时还跟作物争夺氮素,并不利于作物生长。比如禾谷类秸秆的碳氮比大于 25：1,在施入土壤后的短期内,有机氮的矿质化抵不上无机氮的生物固定,作物就会感到氮素的缺乏。如果施用的是碳氮比更高的木质泥炭,在腐殖质分解过程中,对无机氮的需求更多,如果不同时施用含无机氮的肥料,不但不能促进作物生长,还会影响作物生长。而豆科绿肥、饼肥、粪肥和堆、沤肥等,其中的含氮量高,碳/氮<25：1,施入土中,分解迅速,立即可为植物提供可吸收的氮素。

土壤中氮素的形态可以转化。土壤有机质中的有机态氮经过微生物的矿化作用,分解成简单的氨或铵盐。铵态氮可被土壤胶体吸附,保蓄在土壤中供植物根系吸收。无论土壤中通气性好坏,氨化作用都能进行。土壤通气性好,土温高,氨化作用更强。土壤有机氮及施入的有机肥料,夏季比冬季氨化快,砂土比黏土氨化快。铵态氮施入土壤后,经硝化作用将或多或少地转变成硝态氮。硝化作用只有在通气条件下才能进行。温度 20～30℃,中性至微碱性反应下,硝化作用最适宜。温度小于 5℃或大于 40℃,硝化作用减弱。pH 小于 5,硝化作用缓慢,甚至不能发生。旱地土壤硝化作用比水田强,种稻期间晒田、耘耥,可以增强硝化作用。硝态氮可被植物吸收,但也容易随水分流失进入水体,造成水体的富营养化而污染水体。

在淹水缺氧条件下,硝态氮在反硝化细菌作用下还原成游离氮(N_2)或一氧化二氮(N_2O,称亚硝态氮)的过程,叫作反硝化作用。反硝化作用是还原过程,它出现在通气性差的土壤中。当土壤水分为田间持水量的 70% 时就可发生,在 80% 以上时骤增,淹水土壤中反硝化更强。亚硝态氮不但造成水体的富营养化而污染水体,而且如果人饮用了含亚硝态氮的水,还会对人体健康造成危害。有研究表明,亚硝态氮是致癌物。而游离氮容易散发在大气中,造成养分的损失。

温暖环境和有机物质增多,能促进反硝化细菌的活动。如果没有有机质,即使处在不通气的条件下,反硝化作用也不能进行。因此,在冬季或是缺乏有机质的土壤中,反硝化作用都很微弱。

土壤中氨的挥发是氮素损失的一条途径。氨的挥发受土壤性质和环境条件的影响。碱性愈强,温度愈高,氨挥发愈多愈快。黏性土壤比砂性土壤氨挥发小。灌溉可以减少氨挥发。非挥发性铵态氮肥在酸性和非石灰性土壤中,不会发生氨挥发现象,而挥发性铵态氮肥,即使在酸性土壤中也会有氨挥发损失。氮肥深施盖土,以及加水稀释等措施,能有效地减少甚至避免氨挥发损失。

二、土壤中的磷素

土壤中的磷也可分为有机态磷和无机态磷两大类。耕层中无机磷占全磷量的 50%～75%,有机磷占 25%～50%。

土壤中的有机磷储存在土壤有机质里面,主要有植素、核蛋白、核酸、磷脂等。土壤有机磷的含量,约占有机质含量的 1%。有机质多的土壤,有机磷含量较高,除了极少数有机磷可能被作物吸收外,大部分有机磷都必须经过微生物的分解矿化,有机磷转变成有效态磷,即无机磷,才能被作物吸收。

除了施磷肥外,作物主要是从土壤原有的无机磷化合物中获得磷素营养的。但土壤原有的无机磷化合物中的磷素不足以支持作物高产,因此,现代农业都是通过施用化学磷肥,以满足作物对营养的需求。

按照溶解性能，土壤中的无机磷化合物可分为 3 类。

(1)水溶性磷化合物 主要是与钾、钠、铵相结合的各种磷酸盐类和磷酸一钙等。这类磷化合物中的磷，容易被作物吸收，但在土壤中含量极少，且很不稳定，易向溶解度低的磷化合物转化。

(2)弱酸溶性磷化合物 如磷酸二钙、磷酸二镁等，在水中的溶解度很低，但易溶于弱酸性的溶液中(如 2％柠檬酸)，作物也易吸收。这类磷化合物在中性和微酸性土壤中比较多一些。

(3)难溶性磷化合物 土壤中磷的绝大部分，是以难溶性磷的形态存在的，它们的种类也很多。在石灰性土壤中，主要是难溶性的磷酸钙类，如磷酸三钙、氢氧磷灰石等。在酸性土壤中，主要是磷酸铁、铝类等。这些难溶性磷化合物的溶解度，也有差异，有的对当季作物不一定完全无效。但是，比起前两类无机磷来说，它们是很难溶解的，必须经过长期风化，或者改变土壤酸碱度时，才能慢慢分解。

各类无机磷化合物之间，都能互相转化。由水溶性磷转化成弱酸溶性，乃至难溶性磷的过程，叫磷的化学固定。不同土壤中，磷的化学固定作用也不相同。石灰性土壤中，水溶性磷以及弱酸溶性磷主要是与钙质结合，固定成难溶性的磷酸钙类。在酸性土壤中，水溶性或弱酸性磷主要与铁、铝等作用，固定成磷酸铁或磷酸铝类。各种土壤都有较强的固磷作用，只是在中性(pH 6.5～7.5)土壤里，磷的固定作用相对比较弱一些。

磷的化学固定，使土壤和肥料中磷的有效性都大为降低，即使施用水溶性磷肥(如过磷酸钙)，当季作物的利用率一般也只有 10％～25％。但磷的化学固定也减少了磷随水流失的可能，在一般土壤中，磷流失的数量是微不足道的。

有机磷是不被化学固定的，因此，增加土壤有机质含量，是将磷储存起来不被化学固定的有效途径。当植物需要时，通过矿化作用再将有机磷转化为无机磷。

三、土壤中的钾素

土壤中的钾主要是以无机态存在，其中速效的含量很少，只占全钾量的 1％以下，而绝大部分是以含钾矿物(如长石、云母等)形态存在。土壤含钾量与成土母质、气候条件等有关。成土母质中含钾矿物(如云母、长石等)多的，含钾丰富，黏土含钾比沙土高。高温多雨，淋溶作用强，因此，南方各省的土壤含钾量普遍较北方低。

土壤中钾素的形态，根据作物吸收的难易程度，可分为 3 类。

(1)难溶性钾 又叫矿物态钾，占土壤全钾的 95％左右，存在于含钾的矿物中。只有经过长期的风化和分解，才能转变为作物可吸收的形态。在 3 类钾素的形态中，难溶性钾占绝大多数，分解释放(即有效化)的速度很慢。所以，土壤全钾含量只能说明土壤钾素的潜在肥力，而不能反映土壤钾的供应能力。因此，即使土壤的全钾含量高，但速效性钾低的话，如果要作物生长迅速和高产，也得施用含速效性钾的钾肥。

(2)速效性钾 约占土壤全钾量的 0.2％～1.5％，包括水溶性钾和交换性钾两种。前者是存在于土壤溶液中的钾离子，数量少，约占速效性钾的 1％，后者是土壤胶体表面吸附的钾离子。这两部分钾都容易被作物吸收，也可以互相转化，处于动态平衡。

(3)缓效性钾 又叫非交换性钾。指土壤中矿物结晶格的孔穴中所固定的钾离子。它不是矿物的组成部分，只是在干湿交替的作用下，随水进入晶格的孔穴，被暂时固定起来，它占全钾的 2％～6％，比矿物态钾容易释放出来。当交换性钾被作物吸收减少之后，缓效性钾可以释放补充,转化成交换性钾。当交换性钾由于水溶性钾增加而增多时,经过干湿交替,交换性钾也会转化成缓效性钾。所以缓效性钾虽然也不为作物吸收,但它是速效性钾的贮备来源。

四、土壤中的微量元素

土壤中的微量元素有 4 种存在形态。①矿物态的微量元素,含于土壤原生矿物和次生矿物的晶格中,作物不能吸收,只有经过很长时间的风化过程,才可能转化为可吸收的状态;②有机态的微量元素,在有机质矿质化过程中可以分解释放出来,但分解之前作物不能吸收;③以离子状态吸附在土壤胶体表面的交换性微量元素,能与土壤溶液中的离子进行交换,作物可以吸收利用;④水溶性的微量元素,存在于土壤溶液中,最易被吸收利用。

土壤缺乏某些微量元素,通常并不是因为土壤中这些微量元素的总量不足,而是因为它们的有效性低。不同形态微量元素的有效性相差很大,但它们之间也是可以相互转化的。影响这种转化的主要因素是土壤的酸碱度,其次是土壤的通气性和有机质含量等。

当 pH 较高时,水溶性和交换性的硼、锰、锌、铁都会不同程度地转化,固定成难溶的各种次生矿物,降低有效性。在石灰性土壤中,可能容易缺乏这些微量元素。在微酸性至中性的土壤中,这些微量元素的有效性比较高。但如果土壤 pH 过低,铁、锰化合物的溶解度增大,可溶性铁、锰过多,也可能对作物产生毒害。

在酸性土壤中,钼易与铁、铝、锰等的氧化物作用,固定成难溶的含钼矿物,作物可能缺钼。在酸性土中施石灰能提高钼的有效性。

铜的有效性,因土壤 pH 增加而降低。但主要的缺铜土壤,是泥炭土和沼泽土。因为铜能与腐殖质结合,形成稳定的化合物,失去有效性。

此外,土壤的氧化还原状况,对锰的有效性也有明显影响。当土壤的氧化性能增强时,尤其在 pH 较高的情况下,水溶性和交换性锰,就被氧化成难溶的矿物态锰(如 MnO_2 和 Mn_2O_3)。

五、土壤养分循环

1.土壤养分的积累

(1)施肥是增加土壤养分的重要措施　施入的有机肥料经微生物分解后,养分即转化为速效态的,而化肥中的养分又多是速效态的。同土壤养分总量比较,即使施肥时所施入的养分较少,也能显著提高产量。

(2)土壤微生物的固氮作用增加了土壤氮素　豆科植物上的根瘤菌、非共生固氮菌以及和绿萍共生的蓝藻等,都能固定空气中的氮气,增加土壤氮素来源。

(3)土壤矿物质和土壤未分解的有机质中贮藏了很多养分　这些养分是迟效态的,以后可陆续转化为速效态养分,供作物利用。

(4)作物能把下层的养分集中到表层　深根作物能吸收那些分散在下层的、易于流失的养分。作物收获后,残根和枯枝落叶腐烂后的养分留在上层,使上层的养分(如磷和钙等)增多。

(5)降雨也能带入少量养分　当耀眼的闪电划过长空时,能把氮气变成氨和氮的化合物,再随雨水降落到地面。

2.土壤养分的消耗

(1)养分被作物吸收,也随着收获物被带走　土壤养分的耗损中,作物的吸收是应有的消耗。这方面的消耗主要决定于作物产量和复种情况。例如,一次收获水稻 500 kg 时,从土壤中取走的氮、磷、钾分别相当于硫酸铵 45～55 kg、过磷酸钙 22.5～25 kg、氯化钾 30～37.5 kg。

(2)因受雨水冲刷和渗漏而损失养分 暴雨后地表冲刷或田间排水,速效态养分容易随水流失。砂质土及易于形成裂缝的黏质土,容易漏肥。移动性大的养分,容易流失,一般养分在土壤中移动性从大到小的顺序是:硝酸盐＞铵盐＞钾盐＞磷酸盐。土壤中速效态氮常由于这些原因而大量流失,使得氮素利用率不高。

(3)由于微生物的活动或其他原因,造成养分挥发损失 土壤通气不良时,由于反硝化微生物的作用,造成氮素挥发。当然,挥发性大的碳酸氢铵、氨水等氮素化肥,在温度高并且施用不当时,容易分解挥发而损失。

土壤养分的积累与耗损是互为矛盾的,当积累大于耗损时,土壤肥力提高;反之,土壤肥力降低。因此,在农业生产中,要注意土壤的养分管理,通过施肥等措施,补充土壤养分耗损,保持和提高土壤肥力,以保持作物的稳产高产。

六、土壤营养元素组成与含量对植物的影响

生态化学计量研究发现,同一种植物,即使环境或土壤养分供应发生变化,但其养分元素组成相对稳定,植物的这种性能称为内稳性。但是,不同种或不同基因型的植物,元素组成有很大的差异,尤其是在老叶、凋落物等失去活性的组织器官中,不同植物种之间元素含量及其元素组成比例的差异更大。生态学家们认为这种植物元素组成的内稳性是在长期的进化过程中,植物自身适应环境的结果。大量测定数据的统计分析表明,植物根和叶中 N 和 P 的比值随着纬度的升高而下降,这是由于低纬度地区土壤中有效磷的含量较低,从而使低纬度地区土壤起源的植物,其 N 和 P 的比值大于高纬度地区土壤起源的植物 N 和 P 的比值。当土壤中必需营养元素有效态含量不能满足植物生长需要时,植物演化出了从土壤中获取必需营养元素的各种适应机制,以提高从土壤中获取营养元素的效率。

当然,土壤中元素并不都以植物有效态存在,土壤全量元素化学计量关系并不能直接反映对植物中元素有效部分的化学计量关系。这部分掩盖了土壤对起源植物的元素影响的基础性作用。

因各种极端的成土条件,地球表面发育了一些不适宜大多数植物生长的土壤,称为逆境土壤。例如,湿热和湿冷气候条件下发育的强酸性土壤,干旱、半干旱区发育的强碱性土壤、含盐量高的土壤等,以重金属矿物为主要成土母质发育而成的含大量重金属元素的土壤等。但是,起源于这类土壤上的植物却能够生长,它们发育出了相应的适应机制,并将这些机制保留在遗传物质中,遗传给下一代。

第四节　土壤水分与空气

一、土壤水分的类型

土壤之所以能生长植物,主要因为土壤中含有植物生长需要的养分、水分和氧气。土壤水分的主要来源是降雨、降雪与灌溉水。在地下水位接近于地面(2～3 m)的情况下,地下水也是

上层土壤水分的重要来源。此外,空气中的水蒸气也会遇冷凝结而变为土壤水。

　　土壤水分有固态、气态和液态3种。固态水只是在土壤水分结冰时才存在,气态水经常存在于土壤孔隙中,可与液态水互相转化。一般说的土壤水是指液态水,植物根系从土壤中吸收水分就是吸收的液态水,因此液态水的多少对于农业生产意义最大。液态水可以分成以下3种。

　　(1)束缚水　因土粒的吸力作用,紧紧地被束缚在土粒外围的水,称束缚水。土粒吸水能力决定于它的粗细程度,土粒愈细,吸住的水分愈多,所以黏土束缚水多,砂土束缚水少。

　　(2)毛管水　没有被土粒的吸力束缚住,在毛管力的作用下保持与运动着的水,称毛管水。只有土粒间的细小孔隙(称毛管孔隙),才对水分有毛管引力作用,能把水保持住,这与毛巾吸水、灯芯吸油是一样的。而土粒间的大孔隙(非毛管孔隙),则是水分向下渗漏的通道,也是空气停留的地方。

　　(3)重力水　水在土壤中受到的重力作用,超过了土粒的吸力和毛管引力的作用,因而向下移动的水,称重力水。重力水沿着大孔隙或根孔、裂缝向下渗漏,当遇到不透水层(如紧实的黏土层、岩石等),则聚积起来成为地下水。假如遇到紧实的犁底层,则会造成田间临时积水。

　　以上几种水可以同时存在,也可以相互转化,比如,当毛管水过多,超过了土壤可能吸住的能力时,就要变为重力水往地下渗漏。

　　土壤水分影响着土壤中的许多物理和化学的作用。矿物的风化,有机质的分解,土壤中一切物质的转化作用,都必须在有水分存在的情况下才能进行。土壤的膨胀、黏结以及与耕作性能有关的一些物理特性,都受土壤水分含量的影响。

　　土壤中的水分并不纯净,当水分进入土壤后,即和土壤中组成物质发生作用,土壤中的一些可溶性物质(如盐类和气体)都溶解在水里,这种溶解有盐类、气体的土壤水分,称为土壤溶液。土壤溶液中含有钙、镁、钾、钠、铵等,植物从土壤溶液中吸收这些养分。盐碱土中的氯化钠等可溶性盐类和渍水土壤中的亚铁等对作物是有害的。

二、对植物有效的土壤水分和无效的土壤水分

　　地下水在适宜的情况下(距地表1～2 m),可以借毛管作用上行补充土壤水分。毛管水是土壤中可利用的主要水分,但是当地下水埋藏较深时,毛管水则不能到达表层。每逢降雨或灌溉以后,重力水向下渗漏了,此时能被土壤吸住而悬着在土壤中的最大含水量,叫作田间持水量。田间持水量在农业生产上具有重要意义,一般以它作为土壤有效水分的最高限度,当灌溉超过田间持水量时,多余的水就会变为重力水而流失。

　　当土壤水分减少到只剩下移动性不强的束缚水时,植物会因缺水而出现凋萎,这时的土壤含水量叫作凋萎系数,一般以凋萎系数作为土壤有效水分的最低限度,当土壤的含水量接近凋萎系数时,就应立即进行灌溉。

　　土壤有效含水量就是田间持水量减去凋萎系数。土壤过砂则有效含水量低,壤土有效含水量高,黏土吸住的水分虽很多,但有效含水量也不高,因为黏土的凋萎系数大。因此过砂过黏的土壤要加以改良才能提高土壤有效含水量。

　　如果进入土壤的水超过田间持水量,则多余的水便在重力作用下,沿大孔隙即通气孔向下流动。当向下渗漏的重力水到下面遇到一个渗水缓慢的黏土层,可能造成其上部土壤的全部孔隙都充满水,这时的土壤含水量称为全持水量或饱和持水量。当然重力水是作物完全可以

利用的,特别是在水田。但如果种植的是旱作作物,比如玉米、大豆,重力水长时间存留,造成水分过多,土壤空气不足,有害于作物生长。这种情况称为内涝。

三、土壤墒情和保水性

水分进入土壤以后,土粒表面的吸力和微细孔隙的毛管力可把水保存住。但不同土壤保持水分的能力不同。砂质土,土质很疏松,孔隙大,保存不住水;黏质土壤,土质细小紧密,孔隙小,保水力强。土壤中的水分状况时刻都在变化着,或为植物吸收,或运行到地表蒸发掉,或向下渗漏。北方群众把田间土壤水分的情况称为土壤的墒情。一般根据土壤水分状况,土壤墒情可以分为灰墒、黄墒、黑墒、汪水等级别。土壤含水量是灰墒>黄墒>黑墒>汪水。

毛管作用能把土壤水大量提升到地表蒸发掉,所以锄松表土的作用就是把土壤中的毛管切断,以减少蒸发。当土层中的毛管水消耗完了,只剩下束缚水时,束缚水以液态向上移动是很缓慢的,但由于这时的土壤孔隙为空气占据,束缚水也可化成水汽通过孔隙向空中扩散,设法堵住土壤的大孔隙,就可以保持水分,北方镇压田面来保水保墒就是利用这个原理。可见应根据土壤水分存在的状态,采用不同的保水方法。

四、土壤中的空气

土壤空气基本上是从大气中来的,有一部分是土壤中进行着的生物化学过程所产生的。土壤里氧气的含量比大气少,而二氧化碳比大气多,这是因为植物根系和微生物的呼吸,以及有机质的分解都消耗氧,而产生大量的二氧化碳。在通气不良的潮湿土壤和有机质含量高的土壤中,可以大量积聚二氧化碳,而氧气含量减至很低,以致对作物造成危害。通气不好的稻田,还可产生硫化氢、沼气等,这些气体对植物有毒害。在通气良好的土壤中,所产生的二氧化碳可以排出去,而氧气则不断地从大气进入土壤。

土壤空气如同土壤水分和养分一样,也是影响土壤肥力的重要因素之一。土壤空气能供给作物根部呼吸作用以及好气性微生物活动所需要的氧气,还能增加作物地上部分光合作用所需要的二氧化碳。当土壤通气不良时,作物的根扎不深,根系吸水吸肥能力弱,生长不良。不过,不同作物对氧气的数量要求是有差别的,如棉花、甘薯对缺氧的条件反应比较敏感,而水稻就不太敏感。当土壤通气不良时,有机质以嫌气分解为主,养分释放缓慢。通气不良的低洼稻田,土色蓝灰(亚铁造成的颜色),土粒分散,还产生硫化氢、亚铁等有毒物质,因而水稻黑根增多。

为了保证作物正常生长发育,就要改善土壤通气状况,加速土壤空气与大气的交换,使土壤中二氧化碳不致过多聚积,氧气不致太少。

旱地和水田土壤空气交换的方式有所不同。旱地主要靠气体的扩散,气体总是从浓度大的一面向浓度小的一面移动扩散。由于土壤中的氧总是低于大气,而二氧化碳高于大气,因而大气中的氧不断流入土壤,而土壤中的二氧化碳不断流入大气。土壤中的空气也常因温度、气压和土壤水分的变化引起土壤空气流动,与大气进行交换。无论哪一种交换,都需要有让空气进出的孔隙,因此土壤的孔隙状况与土壤通气性的关系十分密切。孔隙大而多的土壤通气性好,砂性土壤的通气性比黏重的土壤好,同样的土壤则耙松的又比紧实的好。当土壤有良好的结构时,土壤中有一定的孔隙,通气状况就良好。

水田土壤空气交换方式与旱田是不一样的。水田土壤中的大小孔隙大都被水所占据,土壤里空气少。但水稻有它的特殊性,它本身对氧的要求较低,且茎叶有通气组织,可将大气中的氧输送至根部。同时氧气可以从水中扩散和随渗漏水进入土壤,尤其后者所起的作用更大。所以对一般略有渗漏的土壤,水稻根系可以进行正常呼吸。如南京地区的血丝马肝土和苏南太湖地区的鳝血黄泥土,当地称为"爽水田",种植水稻,在土壤剖面中可以看到"血丝""鳝血"现象,就是土壤通气性好的表现。当土壤过砂,虽通气性好,但漏水漏肥,并非好田。排水不良的稻田,氧气不足的矛盾比较突出,当土壤有机质含量高时,更会加剧缺氧状况。

五、土壤水和气的协调

水和空气都处在由土壤固体部分结构成的总孔隙中,因此,土壤是由固、液、气三相物质组成的。土壤孔隙是土壤空气与大气交换的通道。水分的变化直接影响了空气的增减和交换。水多了则空气减少,堵塞通道,造成土壤闭气缺氧;水少了,空气增加,土壤通气性好。因此,水分和空气在土壤中是两个互相矛盾的因素,水分是矛盾的主要方面,它决定着空气的存在,直接制约着土壤的通气和闭气。因此,在旱作种植时,若地表积水过久,或地下水位过高,作物往往长得又黄又瘦,所谓"尺麦怕寸水"就是一例。水稻虽然耐缺氧,但生长过程中有的阶段也需要通过排水来改善土壤通气状况。但土壤并非愈通气愈好,土壤强烈通气的另一面就是干燥,对作物生长也是不利的。只有同时贮有适量的水分和空气,才能满足作物的需要。正所谓:土壤有粗细,孔隙有大小;气在大孔隙,水存毛管中。图 11-6 说明不同土壤三相之间的比例关系。

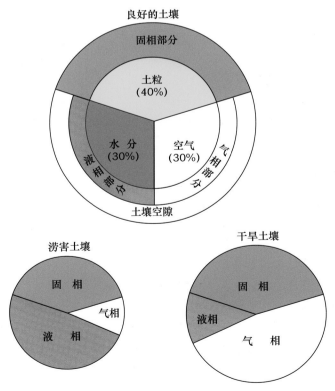

图 11-6　土壤固体、水分和空气的三相比例关系

第五节　土壤生物

当我们谈到生态系统,映入眼帘的肯定是森林生态系统、草原生态系统、湿地生态系统等。人们很少想到土壤中也有一个平时我们看不到的生态系统。土壤不仅是由岩石风化的产物(矿物质)和动植物死亡残骸组成的,土壤中还有生命;即土壤微生物和土壤动物。

一、土壤微生物

许多土壤微生物是非常微小的生物,我们的肉眼看不见,需要用显微镜才能看得见。土壤微生物包括细菌、古菌、真菌、病毒、原生动物和显微藻类。很多个体微小,一般以微米或毫微米来计量,通常 1 克土壤中有几亿到几百亿个,其种类和数量随成土环境及其土层深度的不同而变化。真菌肉眼可见。

植物根茎叶残体腐烂,是因为微生物分解利用它们而引起的。土壤微生物最显著的成效就是分解有机质,作物的残根败叶和施入土壤中的有机肥料等,只有经过土壤微生物的作用,才能腐烂分解,释放出营养元素,供作物利用,并形成腐殖质。土壤微生物还可以分解矿物质,这是因为土壤微生物的代谢产物主要是生物酸,能促进土壤中难溶性物质的溶解。例如,磷细菌能分解出磷灰石、橄榄石中的磷,钾细菌能分解出钾长石中的钾,以利作物吸收利用。另外,尿素在土壤中的分解和利用也离不开土壤微生物分泌的脲酶。在夏季,尿素施入土壤很快被脲酶转化为铵态氮,铵态氮很容易被植物吸收利用。这些土壤微生物就好比土壤中的肥料加工厂,将土壤中的矿质肥料加工成作物可以吸收利用的形态。

在植物根系周围生活的土壤微生物还可以调节植物生长。植物共生的微生物如根瘤菌、菌根和真菌等能为植物直接提供氮素、磷素和其他矿质营养元素以及有机酸、氨基酸、维生素、生长素等各种有机营养,促进植物的生长。土壤微生物与植物根部营养有密切关系。

微生物还可以降解土壤中残留的有机农药、城市污物和工厂废弃物等,把它们分解成低害甚至无害的物质。当然,这些所有的功能都是由不同种群的微生物完成的,每一个功能的实现也需要有大量的微生物共同工作才行。

土壤中各种微生物之间有互惠互利的,也有相互敌对的。例如,土壤中存在一些抗生性微生物,他们能够分泌抗生素,抑制病原微生物的繁殖,这样就可以防治和减少土壤中的病原微生物对作物的为害。土壤中的微生物其实也有不利的一面,比如病原微生物。

土壤具备了各种微生物生长发育所需要的营养、水分、空气、酸碱度、渗透压和温度等条件,给微生物提供了良好的生活环境。可以说,土壤是微生物的"天然培养基",也是它们的"大本营",对人类来说,则是最丰富的菌种资源库。土壤有机质含量越多,或者说土壤越肥,土中的微生物越多。虽然这么多的微生物要消耗一部分土壤有机质,但它们死亡以后,大部分仍以有机质形态留在土中。

土壤微生物的繁殖速度快,最快的每二十分钟就能繁殖一代。微生物对空气的喜爱不同。有的要在空气流通的环境下才能生活,称之为好气性微生物,真菌、放线菌及大部分细菌属于这类;有的微生物不喜欢或不能在空气流通的条件下生活,称之为嫌气性微生物;还有一些对空气要求并不严格,有无空气均能生活,称之为兼气性微生物。

土壤中的微生物一般以细菌数量最多。有益的细菌有下面几种。

（1）腐生细菌　这种细菌靠分解有机质而生存。由于这种细菌的作用,枯枝落叶和施入土壤里的有机肥料才能腐烂分解,增加土壤养分。土壤中绝大部分细菌属于这一类,它们在有机质的转化过程中起了很大的作用。

（2）固氮菌　空气里的各种气体,氮占了五分之四,可是这些取之不尽的氮气,植物却不能直接利用,而固氮菌却能把空气中的氮气作为原料,形成自身的蛋白质,当这些细菌死亡和分解后,这些氮素就能为植物吸收利用了。固氮菌又分为两类,一类是生长在豆科植物根瘤上的,叫根瘤菌（又叫共生固氮菌）,根瘤红润而粗大的较好,里面根瘤菌多。根瘤菌能固定空气中的游离氮气,供给豆科植物,而豆科植物则把自己所制造的食物（碳水化合物和其他养分）供给根瘤菌。豆科植物之所以肥田,就是因为根瘤菌就像一个氮肥工厂,可以把土壤空气中的氮气固定下来,固氮作用增加了土壤中的氮素。另一类固氮菌不需要和其他植物共生,单独生活就能固定氮气,叫作自生固氮菌,它们也能把土壤空气中的氮气变成植物可利用的养分。由于有了固氮菌,土壤里才聚积了很多氮素。当然,光靠这些固氮菌,还是不能满足作物对氮素的需要,所以还要施用有机肥料和化学氮肥。

（3）硝化细菌　这类细菌虽不能固定空气里的氮气,但它却有另一种本领。有机肥料分解时产生的氨容易跑掉,可是硝化细菌能把氨变成对作物有效的硝酸盐类。

除上面讲的一些有益细菌以外,还有一些细菌有"啃石头"的本领。磷细菌能分解磷矿石和骨粉中的磷,钾细菌能分解钾矿石中的钾。经过这些细菌的分解,就把作物不能利用的磷、钾养分转化成有效养分。土壤中还有一些微生物对农作物的生长和防治病虫害也有良好的作用。

土壤中除了有很多有益的微生物外,也有很多有害的微生物。例如反硝化细菌,它能把硝酸盐还原成氮气,跑到空气里去,降低氮肥的利用率。此外,还有一些微生物能使作物感染病害。

为了提高土壤肥力,就应设法增加土壤中有益的微生物。因为微生物的生活需要一定的条件,如食物、空气、温度、湿度、酸碱度等,因此满足有益微生物活动所需要的条件,就可促进有益微生物的繁殖。植物残体和有机肥料是它们的食物。一般来说,有机肥比植物根茎叶残体更适合微生物,因为有机肥实际上已经有了一定程度的腐解,含有了一些速效养分,可以使微生物更快地繁殖,也更快地将有机质（含腐殖质）矿质化形成无机盐,供植物吸收利用。而若是新鲜的根茎叶,则腐烂释放养分的过程就长。所以,过去农民都是先将植物根茎叶先堆腐成有机肥再施用到田间。

好气性细菌需要通气条件,应通过耕作排水等措施来创造良好的环境;有的细菌只能在中性或弱酸、弱碱性土壤中才能正常生长,因此过酸的土壤要施用石灰来降低酸性;等等。人们掌握了有益微生物的活动规律,有意识地人工大量培养有益细菌,制成细菌肥料,在农业生产上推广应用,这已成为农业增产的重要途径之一。目前细菌肥料种类很多,有根瘤菌、固氮菌、磷细菌、钾细菌、抗生菌和混合细菌肥料等。

二、土壤动物

土壤实际上是一个隐蔽的地下生物王国,其中不仅有大量的微生物,也生活着各种各样的土壤动物。土壤动物是土壤中和枯枝落叶下生存着的各种动物的总称。土壤动物作为生态系统物质循环中的重要消费者,在生态系统中起着重要的作用,它们一方面积极消化各种有用物质以建造其自身,另一方面又将其排泄产物归还到环境中而不断改造环境。

　　常见的土壤动物有蚯蚓、蚂蚁、变形虫、轮虫、线虫、壁虱、蜘蛛、潮虫、千足虫等，也有体型较大的如鼹鼠、田鼠等。有些土壤动物直接吃食堆积在地表的枯枝落叶和倒地的树木；有的将这些枯枝落叶拖入土壤中吃食。一方面，动物食用了这些有机残体，排出粪便更利于微生物对其进一步分解；另一方面，微生物对枯枝落叶腐解，也有利于某些土壤动物的吃食。一部分土壤动物是植物残体的处理者，另一部分土壤动物则是以土壤腐殖质为食物。这样，它们构成土壤中的食物链和食物网（图 11-7）。

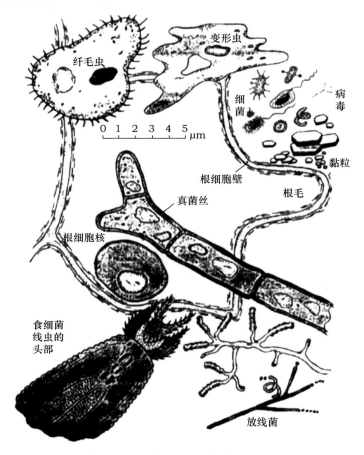

图 11-7　土壤中主要生物类群示意图

　　蚯蚓又称为地龙，是最重要也是最常见的土壤动物之一。即使在城市，当雨后也经常会在硬化地面上发现从周边土壤中爬出来的蚯蚓。蚯蚓能大量吞食土壤，消化分解土壤中的植物残体，但不会伤害植物根系。蚯蚓消化分解有机质，可大大活化土壤养分，提高土壤肥力，所以，一般蚯蚓多的土壤都比较肥沃。蚯蚓粪便有很好的团粒结构，且其粒级大，因此蚯蚓活动可以促进土壤团粒结构的形成，使得土壤孔隙度增加。此外，蚯蚓在行走过程中留下大的孔洞可以导水，使土壤变得疏松多孔，改善了土壤通透性，因此有人称其为"生物犁"。其实，任何土壤动物都有改善土壤通透性的作用。但是，也有一些土壤动物为害作物，如蝼蛄和蛴螬会吃食作物幼苗，造成农田作物的"缺苗断垄"。还有一些土壤动物危害农田，如鼹鼠打洞在田埂上，可能造成田埂的溃决。

第十二章 土壤性状

第一节 土壤质地

一、土壤质地分类

通俗地说,土壤质地也就是大小不同的土壤颗粒配比。我们日常鉴别土壤,质地细或者质地粗,很直观的判断方法就是将土壤湿润了用手摸,质地细的土壤摸起来细腻,质地粗的土壤摸起来粗糙。

在自然界中,很少有单由某一粒级矿物质组成的土壤,绝大多数含有大小不同的土粒,只不过有的土壤含砂粒多一些,有的含黏粒多一些,有的含粉粒多一些。根据土壤中各种不同粒级土粒所占百分数的多少进行的分类,称为土壤质地,它是土壤最基本的物理性质之一,对土壤的各种性质和功能具有深刻影响。

我国根据不同粒级的矿物质土粒组成比例将土壤分为砂土、壤土及黏土 3 大类,并进一步把每类再细分,如壤土还可分为轻壤土、中壤土及重壤土(表 12-1)。

表 12-1 我国土壤质地分类标准

| 质地组 | 质地名称 | 不同粒径的颗粒组成/% | | |
		砂粒 1～0.05 mm	粉粒 0.05～0.01 mm	黏粒 <0.001 mm
砂 土	粗砂土	>70		
	细砂土	60～70	—	—
	面砂土	50～60		
	砂粉土	>20	>40	<30
壤 土	粉 土	<20	>40	
	粉壤土	>20	>30	
	黏壤土	<20	<40	>30
黏 土	砂黏土	>50	—	>30
	粉黏土	—	—	30～35
	壤黏土	—	—	35～40
	黏 土	—	—	>40

砂土，不能搓成条

砂壤土，搓条时，只成短条

轻壤土，搓成条时，容易断裂

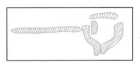
中壤土，能搓成完整的细条，但弯曲时易断裂

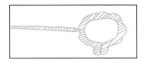
重壤土，能搓成完整的细条，弯曲成圆圈时有裂缝

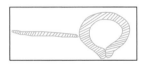
黏土，能搓成完整的细条，并能弯曲成圆圈

图 12-1　手摸湿测法判断土壤砂黏性示意图

如第十一章关于土壤矿物质颗粒大小所述，土壤质地的测定是把野外采来的土样过筛分散后测定不同粒级的颗粒含量计算出来的。土壤质地也可以在野外或田间用简便的手测法鉴别，其识别的方法如下：取小块土样，加水湿润，然后放在左手掌心，用右手指来回揉搓，能搓成细条，并可弯卷成乒乓球那么大的土环，这种土的质地就是黏土；如果能搓成条，但有很多裂纹则为壤土；砂土是不能搓成条的（图 12-1）。

土壤质地不同，土粒密度也不同。土粒密度是单位容积（不包括土粒间孔隙容积）的土粒质量。因此土粒数值的大小主要决定于各种矿物的比重。砂质土壤的密度接近于石英的密度，黏质土壤含铁、镁矿物较多，密度一般较大。有机质的含量对密度也有一定影响，特别是耕层，含有机质多者，密度较小。绝大多数土壤的密度在 $2.6 \sim 2.7 \mathrm{g/cm^3}$，故土壤密度一般取平均值为 $2.65 \mathrm{g/cm^3}$。

常用的土壤参数是土壤容重。土壤容重指单位容积（包括孔隙在内）的原状土壤的干重，单位为 $\mathrm{g/cm^3}$。其含义是干土粒的质量与总容积之比。总容积包括固体土粒和孔隙的容积，应大于固体土粒，因而土壤容重必然小于土壤密度。若土壤孔隙占总孔隙的一半，则土壤容重一般在 $1.35 \mathrm{g/cm^3}$ 左右。土壤容重的大小除受土壤质地影响外，还受土粒排列、结构、松紧、有机质的影响。疏松的土壤，有团粒结构或刚翻耕耙碎的表土，土壤容重可降低至 $1.0 \sim 1.1 \mathrm{g/cm^3}$。因此，耕层以下土层的容重一般比耕层大。泥炭土的土壤容重很低。

二、土壤质地与土壤孔隙

土壤颗粒之间、土壤颗粒的团聚体之间、土壤颗粒与土壤颗粒的团聚体之间有粗细不同和形状各异的间隙，称为土壤孔隙。土壤孔隙有 3 种类型：非活性孔隙、毛管孔隙和通气孔隙。单位土壤总容积中的孔隙容积，称为孔隙度，一般以百分数表示。

非活性孔隙又叫无效孔、束缚水孔或微孔。这种孔是土壤中最细的孔隙，其孔径小于 $1 \mu\mathrm{m}$。这种孔隙连根毛也难以扎进去（根毛的直径大约为 $1 \mu\mathrm{m}$），甚至连微生物也不能进入。这种孔隙里的水受到土粒表面的吸附力极大，水分不能移动或移动极其缓慢，所以称这种孔隙为非活性孔隙。在无结构的黏质土壤中，比如碱性的黏土，非活性孔隙较多，土壤质地越黏重，土粒分散度越高，则非活性孔隙越多。非活性孔隙多的土壤虽然能保持大量的水分，但这种孔隙中的水分不能为作物所利用，所以称为无效水。

毛管孔隙的孔径要比非活性孔隙粗,为 $1\sim10~\mu m$。如果我们取一个干土块,将土块下面与水接触,就会观察到干土块从下往上逐渐湿润,这是因为水能沿着土粒之间的细小孔隙上升,这种现象叫作毛管作用。毛管作用是人们常见的自然现象。将一支毛管插入水中,可以见到在露出水面的那段毛管中有一上升水柱,在水柱顶端固、气、水交界处出现一个凹向空气的弯月面,这就是毛管作用,或称毛细作用。毛管作用是由毛管力所引起的。所谓毛管力,实质上是毛管内固、气、水界面上产生的负压力,也叫弯月面力。实际上,在医院血常规检查时用细塑料管采集耳血或指血,也是靠的毛管力。

毛管力的大小与毛管孔径成反比,见式 2-1。

$$H=\frac{3}{d} \qquad\qquad 2\text{-}1$$

式中, H 为毛管力,hPa; d 为毛管孔径,mm。

一般来说,在孔径小于 8 mm 的玻璃管中就开始表现出毛管现象,但十分微弱;当孔径 $<60~\mu m$ 时,其毛管作用已相当明显;当孔径为 $1\sim10~\mu m$ 时,毛管水分活动强烈。土壤供水时(降水、灌水或地下水),借毛管引力(弯月面力)保持在毛管孔隙中的水分,称为毛管水。地下水也可借助于毛管的弯月面力由地下上升进入上层土壤,如图 12-2 所示。单位土壤总容积中的毛管孔隙容积,称为毛管孔隙度,一般以百分数表示。毛管孔隙度是反映土壤保水能力的一个参数。

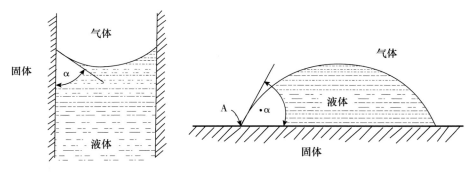

图 12-2　土壤毛管中的弯月面力导致毛管水上升示意图

通气孔隙是指大于毛细管孔径的孔隙。当量孔径 $>10~\mu m$ 时,相应的土壤水吸力 <150 mPa。这种孔隙不具有毛管引力,水分不能在其中保持,在重力作用下会迅速排出或下渗到地下水中,成为有空气的通道,故称为通气孔隙。通气孔隙发达的土壤,即使接纳大量的降水或灌溉水,也很少造成地表径流或上层滞水。砂质土壤中多为粗大的通气孔隙,缺少细孔,通气透水性好,但保水性很差,容易漏水漏肥;而黏质土壤则正好相反。通常来讲,一般旱地土壤通气孔隙应保持在 10% 以上较为合适,有利于作物生长。

总体上讲,黏土的非活性孔隙多,砂土和粗骨土的通气孔隙多,而壤土的毛细管孔隙多。不同质地土壤的土粒密度、容重和孔隙状况见表 12-2。

表 12-2　不同质地土壤的土粒密度、容重和孔隙状况

质地	土粒密度/(g/cm³)	容重/(g/cm³)	总孔度/%	无效孔度/%	毛管孔度/%	通气孔度/%
紧砂土	2.69~2.73	1.45~1.60	38~46	—	—	2~8
砂壤土	2.69~2.72	1.37~1.54	46~50	4~7	33~42	2~8

续表 12-2

质地	土粒密度/(g/cm³)	容重/(g/cm³)	总孔度/%	无效孔度/%	毛管孔度/%	通气孔度/%
轻壤土	2.70~2.74	1.40~1.52	43~49	5~10	30~41	2~6
中壤土	2.70~2.74	1.40~1.55	43~49	6~12	28~40	3~7
重壤土	2.70~2.74	1.38~1.54	43~49	7~15	25~39	2~5
轻黏土	2.73~2.78	1.35~1.44	48~52	15	30~37	1~4
中黏土	2.73~2.78	1.30~1.45	48~52	14—19	26~36	2~6
重黏土	2.73~2.78	1.32~1.40	48~52	—	—	0~4

三、土壤质地与毛管水上升高度

与地球上的其他物质一样,土壤水也受重力作用,从土壤表面向下运移。但从上一节我们了解到地下水也可借助于毛管的弯月面力由地下上升进入上层土壤(图 12-2),那么毛管水究竟能升多高呢?这就与土壤孔隙的粗细密切相关了。

从地下水面到毛管上升水所能到达的绝对高度叫毛管水上升高度。毛管水上升的高度和速度与土壤孔隙的粗细有关。在一定的孔径范围内,孔径越粗,上升的速度越快,但上升高度低;反之,孔径越细,上升速度越慢,上升高度则越高。不过孔径也不是越细越好,孔径过细的土壤,毛管水不但上升速度极慢,上升的高度也有限。从不同质地的土壤比较来看,砂土的孔径粗,毛管上升水上升快,高度低;无结构的黏土,孔径细,非活性孔多,上升速度慢,高度也有限;而壤土的上升速度较快,高度最高(表 12-3)。因此毛管水上升高度的一般趋势是:砂土最低,壤土最高,黏土居中。一般壤土的毛管水上升高度为 2~3 m,砂壤土约为 1 m,砂土仅为30~60 cm。

表 12-3　不同质地土壤的毛管水上升高度和强烈上升高度范围

项目	砂土	砂壤土	轻壤土	中壤土	重壤土	黏土
毛管水升高度/m	0.5~1.0	2.0~2.5	2.2~3.0	1.8~2.2	<3.0	<0.8~1.0
毛管水强烈上升高度/m	0.4~0.8	1.4~1.8	1.3~1.7	1.2~1.5	1.2~1.5	

图 12-3 示意了不同内径的试管(图 12-3a)和不同孔隙土壤(图 12-3b)的毛管水上升高度和上升速度。图 12-3c 表示,土壤质地细,毛管水上升高度高,但由于细毛管孔隙产生较大摩擦力,细质地土壤的毛管水上升速度慢于砂土。

毛管水上升高度特别是强烈上升高度,对农业生产有重要意义。如果它能到达根系活动层,就为作物源源不断地利用地下水提供了有利条件。在生活中,我们有时会发现,白天土壤颜色淡了,那是因为土壤水分被太阳晒蒸发了,但是第二天早上再来看,土壤颜色又深了,那就是因为地下水借助毛管上升补充了表层土壤的水分。

毛管水带来的也不全都是好处,如果地下水的矿化度较高,水中所含盐分会随着毛管水上升到根层或地表,则很容易引起土壤的盐渍化,危害作物。盐碱土地区就是由于毛管作用把含盐地下水引到表层,水分蒸发了,而盐分积聚在表层所形成的。因此,开垦改良盐碱土的主要措施就是开沟排水,把地下水位控制在临界深度以下。所谓临界深度是指含盐地下水能够上

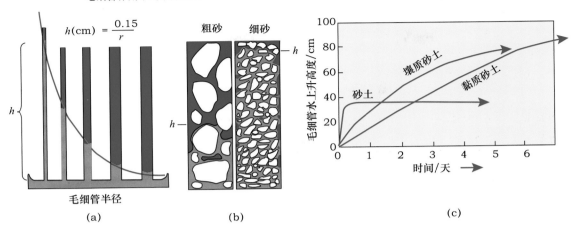

图 12-3　不同内径的试管和不同孔隙土壤的毛管水上升高度和上升速度示意图

升到达根系活动层并开始危害作物时的埋藏深度,即由地下水面至地表的垂直距离。在盐碱土改良的水利工程上,计算临界深度,往往采用毛管水强烈上升高度(或毛管水上升高度)加上超高(即安全系数 30～50 cm)得到,见式 2-2

$$临界深度(m)＝毛管水强烈上升高度＋安全系数 \qquad 2-2$$

一般土壤的临界深度为 1.5～2.5 m,砂土最小,壤土最大,黏土居中。

总而言之,在盐土地区,地下水位最好降低至毛管水不能升到地表的深度;而非盐土地区,则要充分利用地下水,地下水位可控制在 1～2 m 的深度内。

四、土壤质地与土壤的保水性能

通过降雨或灌溉等途径进入土壤的水分,之所以能保持在土壤中,是因为它受到了土壤中各种力的作用。保持土壤水的力主要包括两种,一种是土粒和水界面上的吸附力,另一种是土壤毛管孔隙的毛管力。

吸附力主要是指土粒表面分子和水分子之间的分子引力,又称为范德华力。另外,土壤胶体表面电荷对水的极性引力,也能在一定程度上保持土壤水分,是吸附力的一部分。在很短距离内范德华力很强,可达几十万甚至上百万千帕,受其吸附的那部分水分子被吸附得很紧,一般不能流动,因此带有固态水的性质。同时,由于范德华力是分子吸力,其作用距离很短,只有几个至十几个水分子层厚(一个水分子的直径为 0.4 纳米),所以由它保持的土壤水数量极为有限。相较而言,极性引力比范德华力弱,约为几百到几千千帕,所以吸附的水分具有更多的液态水的性质,可以流动,但具有很高的黏滞度。

土壤中土粒间的孔隙大小不一,相互交错相连,构成土壤中极其复杂的孔隙网络,保持在这些毛管孔隙里的水称之为毛管水。毛管水受毛管力的作用可以对抗地球引力作用而保蓄在土壤中。但毛管水可以在孔隙中自由流动,是土壤水中最活跃的部分,对作物生长最有价值,是最宝贵的水分。

砂质土的保蓄性差,保水、持水、保肥性能弱,雨后容易造成水肥流失,水分蒸发快,失墒多易引起土壤干旱。

黏质土类，土粒细小，胶体物质含量多，土壤固相比表面积巨大，表面能高，吸附能力强，保蓄性强，吸水、持水、保水、保肥性能好，但肥效缓慢。但过于黏重的土壤，由于大孔隙数量少，容易造成还原性环境，尤其在雨季的低洼地，容易积水，从而导致一些有毒的还原性物质的积累，如 H_2S、H_3P、CH_4 等，会危害作物的根系。

壤质土砂黏适中，大小孔隙比例分配较合理，土壤中水肥气热以及扎根条件协调，发小苗也发老苗，适应性较广。

图 12-4 示意了不同质地的土壤的水分保持力：左图说明装砂质土壤的塑料瓶注水后，水迅速渗漏，而且留在土里的水很少；中图说明装黏质土壤的塑料瓶注水后，经较长的时间水才渗漏出来，下面接水的杯子里的水最少，间接说明留在土里的水最多；右图说明装壤质土壤的塑料瓶注水后，水的渗漏速度和留在土里的水量均居中。

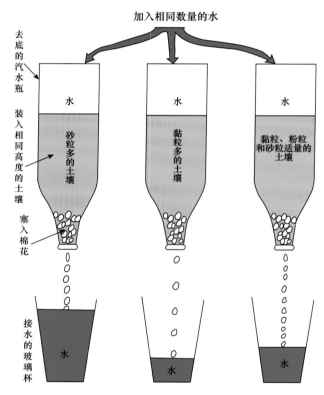

图 12-4 砂质、黏质土壤和黏粒与腐殖质适量土壤的保水性示意图

五、土壤质地与土壤的保肥性能

当各种固体、液体和气体物质进入土壤以后，土壤能把它们保持住，通称土壤吸收性能。有了这种特性，施入的肥料才会减少损失。所谓土壤保肥性能是指土壤对于植物营养元素的保持能力。根据土壤吸持植物营养元素的原因差异，可以把土壤保肥性能分成以下 5 种。

（1）机械吸收性　有机肥料、河泥和石灰石粉等肥料施入土壤后，为什么不会随水下渗而流失呢？这是因为土壤是一个多孔体，有大小不同的孔隙，当水分向下渗漏时，比土壤孔隙大的粒子就会受阻而留在土壤中。这就好像用筛子筛米,比筛孔大的米粒会留在筛子上。这种保肥作用只能保住不溶性物质,不能保住可溶性养分。土壤颗粒越小,排列越紧密,则土壤孔隙越细,阻留不溶性物质的能力就越大。新垦的水田,一般会漏水漏肥,但耕种久了以后,土壤保肥性和蓄水性都会得到改善,这是因为水田耕层下形成了一个致密的犁底层的缘故。

(2)物理吸收性　它能保住分子态的肥料。厩肥很臭,但施入田里与土壤相混之后,就闻不到臭味了,这主要是由于土粒吸附了带有臭味的氨分子的缘故,这样可以防止氨的迅速散失。有一些肥料成分是以分子态而存在的,由于土粒将它们吸住了,因而不容易被雨水迅速冲洗掉。其实,冰箱中放置黏土可以去除异味,就是利用黏土的物理吸收性能。

(3)物理化学吸收性　它能保住离子态的肥料。例如硝酸铵遇水会溶于水中,并解离成铵离子和硝酸根离子。铵离子与原来吸附在土粒表面的另外一种离子互换了位置,也就是说,铵离子从土壤溶液中跑到土粒表面,被土粒吸住了,这时就不会随水流失了,但以后又会被其他离子代换,再回到土壤溶液中,供作物吸收,这个过程叫阳离子交换吸附过程,是土壤保肥供肥的主要机制。但由于硝酸根带负电荷,不能被带负电荷的土壤胶体颗粒吸附,故容易随水流失。故硝态氮肥一般不宜在水田施用,在旱田也不宜在雨季施用或随水灌溉施用。由于离子态的养分大都是对作物有效的,因此这种物理化学吸收性对土壤养分的保蓄和供应有很大的意义。

(4)化学吸收性　指肥料在土里起了化学变化因而保存下来。在酸性土壤中,磷肥与土壤里的铁、铝生成了溶解度较小的磷酸铁、磷酸铝;在石灰性土壤中,磷肥则和石灰起作用,生成磷酸钙。施入的肥料和土壤里其他成分起了化学变化,使肥料变成了难以溶解的物质,就可以保留下来。这种化学吸收作用,一方面可以保蓄养分,免遭淋失,但另一方面却降低了养分的利用率。

(5)生物吸收性　这不是土壤本身的吸收性,而是植物根据自身的需要把分散在下层的养分集中起来。有一些绿肥还能利用难溶性养分,将这些养分同化为有机质,以后经过腐解再释放出来。土壤中的微生物也会吸收土壤中的养分形成微生物体,而暂时把养分固定在微生物体内。因此,生物本身有选择、集中、积累、保蓄养分的能力,尤其是植物对养分选择吸附和富集能力,这在提高土壤肥力方面有很大的意义。

总体来说,各种土壤的保肥能力不同,是因为黏粒和腐殖质含量多少不一样。黏质土和含腐殖质多的土壤,胶体多,保肥力强;而砂质土由于砂粒较多,胶体少,保肥能力弱,同时由于土粒间孔隙大,养分也容易流失。此外,土壤保肥能力的大小也与胶体密切相关。由于胶体有很大的表面能,因而能吸住大量分子态(如氨)养分;胶体还带电荷,因而还能吸住离子态(如铵离子)养分。但胶体一般不能吸附硝酸态氮,所以硝态氮肥容易随水流失。

第二节　土壤交换容量和酸碱度

一、土壤胶体与交换容量

土壤中直径小于 $2\mu m$ 的土粒称胶体,包括矿质胶体(无机胶体),主要是次生的黏粒矿物;

也包括有机胶体,即土壤有机胶体,主要是多糖、蛋白质和腐殖质。土壤中的胶体主要是矿质胶体,即黏粒。当然,当土壤矿物质主要是砂粒粒级时,有机胶体的存在对于土壤的保蓄能力就非常重要了。

(1)无机胶体　无机胶体在数量上远比有机胶体要多,主要是土壤黏粒,它包括 Fe、Al、Si 等含水的氧化物类黏土矿物以及层状硅酸盐类黏土矿物,如蒙脱石、绿泥石、蛭石、高岭石等。

(2)含水氧化硅　$SiO_2 \cdot H_2O$,也可写成偏硅酸 H_2SiO_3,$SiO_2 \cdot H_2O$ 发生电离时能解离出 H^+ 而使胶体带负电荷。含水氧化铁、氧化铝,即 $Fe_2O_3 \cdot nH_2O$ 和 $Al_2O_3 \cdot nH_2O$,也可用 $Fe(OH)_3$、$Al(OH)_3$ 的形式来表示,它是硅酸盐矿物彻底风化的产物,在风化程度高的土壤上这类矿物较多。这类矿物属两性胶体,它的带电情况主要取决于土壤的酸碱反应,酸性条件(pH<5)带正电荷,碱性条件下带负电荷。

(3)层状硅酸盐类矿物　从外部形态上看,层状硅酸盐类矿物是极细微的结晶颗粒;从内部构造上看,都是由两种基本结构单位,即硅氧四面体和铝氧八面体所构成,并且都含有结晶水,只是化学成分和水化程度不同而已。层状硅酸盐矿物可分为以下几类。

①蒙脱石类矿物。2:1 型膨胀性矿物,比如蒙脱石、蛭石等。这类黏土矿物的胀缩性大、带电荷数量大,因此其胶体特性突出,即总表面积大、可塑性、黏结性、黏着性、吸湿性都很强,具有显著的保水保肥能力;但黏性大对耕作不利。

②高岭石类矿物。也称 1:1 型矿物,主要包括高岭石、珍珠陶土、迪恺石及埃洛石等。这类黏土矿物的特点是非膨胀性和带电荷数量少。因此,相对于 2:1 型的黏土矿物,其胶体特性弱,即可塑性、黏结性、黏着性、吸湿性小,土壤的保肥性能差。

③水云母类。2:1 型非膨胀性矿物,比如水云母、伊利石。具非膨胀性,带电荷数量介于高岭石类和蒙脱石类之间。其可塑性、黏结性、黏着性、吸湿性也介于高岭石和蒙脱石之间。

(4)有机胶体　有机胶体主要指的是土壤中的腐殖质。腐殖质颗粒很细小,具有巨大的比表面积,而且腐殖质组成中有很多的功能团,比如 R—COOH、R—CH₂—OH 等。这些功能团解离后能带有大量的负电荷,腐殖质所带负电荷的数量比黏土矿物要大得多,所以保存阳离子的能力也比黏土矿物大得多。另外,腐殖质功能团中 R-NH₂ 的质子化,还能使腐殖质带正电荷。

(5)有机-无机复合胶体　在土壤中有机胶体一般很少单独存在,绝大部分与无机胶体紧密结合在一起形成有机—无机复合胶体。有机胶体与无机胶体的连接方式是多种多样的,但主要是通过二价、三价等多价阳离子(Ca^{2+}、Mg^{2+}、Fe^{3+}、Al^{3+} 等)作为桥梁,把腐殖质与黏土矿物连在一起,或者通过腐殖质表面的功能团(如—COOH,—OH)以氢键的方式与黏土矿物连在一起。

土壤胶体既可能发生凝集作用,也可发生分散作用。当土壤胶体微粒均匀地分散在水中时,呈高度分散的溶胶态;而当胶体微粒彼此凝集在一起时,则呈絮状的凝胶。土壤胶体受某些因素的影响,使胶体微粒下沉,由溶胶变成凝胶的过程称为土壤胶体的凝集作用;反之,由凝胶分散成溶胶的过程称为胶体的分散作用。土壤中胶体处在凝胶状态时,有利于水稳性团粒的形成。团粒形成则改善土壤结构。向土壤中施用含有钙离子的石灰能促进胶体凝集,有利于水稳性团粒的形成,对改良土壤结构有良好作用。当土壤胶体处在溶胶状态时,会使土壤黏结性、黏着性、可塑性增加,降低土壤的渗透性,容易发生内涝,如碱土在灌溉后。

一般地,带负电荷的土壤胶体数量远比带正电荷的土壤胶体多。土壤胶体表面的负电荷能吸附土壤溶液中的阳离子以中和电性,被吸附的阳离子在一定的条件下也能被土壤溶液中其他的阳离子交换下来,这就是土壤的阳离子交换作用。土壤溶液中的阳离子转移到土壤胶体上或者土壤胶体上吸附的阳离子转移到土壤溶液中,这种交换作用在植物营养上很重要,它使被吸附的离子并不会失去对植物的有效性。植物对养分的吸收主要是吸收土壤溶液的养分,土壤胶体表面的养分绝大部分需要转移到土壤溶液中才能被吸收。由于阳离子交换反应是可逆反应,这使得被吸附的阳离子完全可以被其他的阳离子交换下来,重新进入土壤溶液供植物吸收利用。

土壤所能吸附的可交换性阳离子的总量称为土壤阳离子交换量,反映了土壤的保肥能力。影响土壤阳离子交换量的因素有以下几个。

(1)胶体的类型　不同的土壤胶体所带负电荷的数量不同,阳离子交换量也不同,带负电荷数量大小为:腐殖质＞蛭石＞蒙脱石＞伊利石＞高岭石。因此,阳离子交换量大小为:腐殖质＞蛭石＞蒙脱石＞伊利石＞高岭石。

(2)土壤质地　质地越黏重,黏粒越多,土壤阳离子交换量就越大。另外,腐殖质含量高的土壤,阳离子交换量也比较大。

总体上说,土壤质地越黏重,其交换能力越强;在同样质地的情况下,黏土矿物以2∶1型为主的比以1∶1型黏土矿物为主的强。

土壤的阳离子交换量,基本上代表了土壤能够吸附阳离子的数量,也就是土壤的保肥能力。

二、土壤酸碱度

土壤酸碱度就是指土壤的酸性或碱性程度,它是土壤的一个重要性质,是影响土壤肥力的一个重要因素。

土壤的酸碱度一般用pH表示,pH等于7代表中性,大于7是碱性,小于7是酸性。土壤的酸碱度一般可分以下几级:pH＜4.5,为极强酸性;pH在4.5～5.5,为强酸性;pH在5.5～6.5,为酸性;pH在6.5～7.5,为中性;pH在7.5～8.5,为碱性;pH在8.5～9.5,为强碱性。

我国土壤的pH一般在4～9。西北地区和北方的石灰性土壤(含碳酸钙),pH较高,但不会超过8.5;而含有碳酸钠和碳酸氢钠的碱土,土壤的pH可到9以上。华南的红黄壤,pH一般低于5.5,但在这一地区长期施用有机肥料和石灰等碱性肥料的农田,pH已逐渐接近中性或微碱性。长江中下游的稻田,pH一般在6.5～7.5。

土壤的pH为什么不一样?这是因为土壤溶液里溶解了各种物质,其中有的能释放氢离子(H^+),有的能释放氢氧根离子(OH^-)。当氢离子多于氢氧根离子时,则土壤呈酸性;当氢氧根离子不断增加以至超过氢离子时,则土壤呈碱性。

土壤的盐基饱和度也是反映土壤酸碱度的一个指标。土壤盐基饱和的程度,一般用盐基饱和度来表示,它指的是交换性盐基离子占阳离子交换量的百分率。当土壤胶体上吸附的阳离子全部是盐基离子时,土壤呈现盐基饱和状态,这种土壤称为盐基饱和土壤;当土壤胶体上吸附的阳离子,一部分是盐基离子,另一部分是致酸离子(土壤胶体上吸附的可交换性氢离子和铝离子)时,土壤呈现盐基不饱和状态,这种土壤称为盐基不饱和土壤。盐基饱和度的高低实际上也反映出致酸离子含量的高低,所以也能反映出土壤的酸碱性。一般来说,北方土壤,盐基饱和度大,土壤pH较高;南方土壤,盐基饱和度低,土壤pH低。南方土壤酸性主要是氢离子和铝离子造成的。

土壤酸碱度对土壤肥力及植物生长的影响表现在以下几方面。

（1）各种植物对土壤酸碱度适应能力不同 有的植物喜酸，有的喜碱；有的耐酸，有的耐碱。如茶叶喜欢酸性土壤，而棉花、苜蓿等则抗碱能力较强。但一般作物要在弱酸至弱碱的土壤里才能生长良好，过酸过碱对作物生长都是不利的。

（2）土壤酸碱度影响养分的有效性 土壤过酸时磷素易被固定而成迟效态，在中性土壤中磷的有效性最大。在碱性土壤中，微量元素（铜、锰、锌、铁）的有效性大大降低，如在华北石灰性土壤上，果树、花生等叶子的失绿现象常是缺铁所引起。过酸过碱对一般有益微生物的活动也不利，从而影响氮素的转化和供应。土壤中的可溶盐过多，土壤溶液浓度过大，作物吸水受到阻碍，会发生萎缩现象；含碳酸钠的碱化土壤对植物更有毒害作用。

（3）合理施用化学肥料也应了解土壤酸碱度 化肥有酸性、碱性和中性之分，如石灰氮、钙镁磷肥就是碱性肥料，所以施用在酸性土壤上效果比较好，而盐碱土就不宜施用碱性肥料。硫酸铵和过磷酸钙是酸性肥料，施用在碱性土壤上效果比较好，如在酸性土壤中长期施用酸性肥料，会使土壤变得更酸，但多施有机肥料结合施用石灰，可以避免土壤过酸。

三、酸雨和土壤酸化

酸雨正式的名称为酸性沉降。它可分为"湿沉降"与"干沉降"两大类，前者指的是所有气状污染物或粒状污染物，随着雨、雪、雾或雹等降水形态而落到地面；后者是指在不降雨的日子，从空中降下来的灰尘所带的一些酸性物质。

酸雨主要是人为地向大气中排放大量酸性物质造成的。我国的酸雨主要是因大量燃烧含硫量高的煤而形成的，多数为硫酸雨，少数为硝酸雨。此外，各种机动车排放的尾气也是形成酸雨的重要原因。

北方土壤往往含有大量碳酸盐，土壤的 pH 大于 7，呈微碱性。因此，即使酸雨多发，酸雨也被碳酸盐中和，pH 降低也不会降到小于 7。因此，北方酸雨并未引起人们的密切关注。但是，我国南方土壤本来多呈酸性，再经酸雨淋洗，加速了酸化过程。在酸雨的作用下，土壤中的营养元素如钾、钠、钙、镁会释放出来，并随着雨水被淋溶掉。所以长期的酸雨会使土壤中大量的营养元素被淋失，造成土壤中营养元素的严重不足，从而使土壤变得贫瘠。南方土壤中还含有大量铝的氢氧化物，土壤酸化后，可加速土壤中含铝的原生和次生矿物风化而释放大量铝离子，形成植物可吸收的形态铝化合物。植物长期和过量的吸收铝会中毒，甚至死亡。

酸雨可加速土壤矿物质营养元素的流失，改变土壤结构，导致土壤贫瘠化，影响植物正常发育。酸雨还能诱发植物病虫害，使农作物大幅度减产，特别是小麦，在酸雨影响下，可减产 13％～34％。在南方，酸雨污染的范围和程度已经引起人们的密切关注。

防治酸雨的措施包括：①开发新能源，少用煤，多用如氢能、太阳能、水能、潮汐能、地热能，以及天然气等较清洁能源；②使用燃煤脱硫技术，减少二氧化硫排放；③使用净化装置，减少燃烧煤、石油等燃料时的污染物排放。

第三节　土层厚度与土壤保蓄能力

这里所说的土层厚度并非只是土壤学上的腐殖质层（A）与淀积层（B）之和，也包括其下的成土母质层；也即这里的土层厚度是指可以为植物提供扎根立地条件的所有疏松的风化壳。

从土壤发生学的角度，土层厚度受气候、地形、植被、成土年龄和母质等各种因素的影响，其中地形和成土母质的影响较为显著。石质山地丘陵区，土层较薄；而黄土丘陵区，成土母质是深厚的黄土或黄土状沉积物，土层深厚。土层最厚的是冲积平原，因为沉积了深厚的沉积物，有的厚达数百米，像华北平原、长江中下游平原。我国土层厚度空间变异的总体特征是：东部地区普遍比西部地区高，而北部地区相对高于南部地区。土层深厚的平原区大都已经开垦为耕地，平原区的耕地一般相对于土层薄的山区耕地来说，质量与产能也较高。所以，耕地保护的重点应该尽可能保护平原区的耕地。

一、土层厚度影响植物扎根条件和水分保蓄能力

土层厚度关系到植物的扎根条件，深厚的土层不但为植物扎根提供了良好的立地条件，而且对养分和水分的保蓄能力强，相反，薄层土壤对深根性植物的生长就有限制。比如，谷子是须根作物，只要有 20～30 cm 厚的土壤就可生长，而大豆是直根根系的作物，需要较厚的土壤才可立地生长。

土层厚度还影响土壤的水分保蓄能力，也就是储水耐旱能力。土层越厚，其储水耐旱能力越强。比如，当土壤风干后，30 cm 厚的黏土，57 mm 的降雨全部渗透到土壤中就足以让土壤水分饱和，可是 100 cm 厚的黏土，则可含蓄 190 mm 的降雨。我国属于季风气候，土层厚薄对于保墒抗旱非常重要。一般来说，湿润地区降水量大，雨季较长，经常下雨，土层即使薄些也不至于出现旱灾。但半干旱半湿润地区降水量少，且降水集中，雨季短，只有土层达到一定厚度时才能够蓄积降水，才能抗旱。此外，土层厚，其蓄水抗涝的能力也强。

二、土层厚度影响山区梯田的宽度

土层厚度还影响着梯田（图 12-5）的修建。修梯田都有一个取（挖）土区和填（充）土区，如果土层薄，那就不能修成很宽的梯田。因为，如果土层薄，在取土区很容易挖到下面的石头。因此，岩石山区的梯田田面（图 12-6）比黄土山区的梯田田面（图 12-7）就窄多了。因为，黄土深厚，少的有十几米厚，多的可达一、二百米厚。

在山区修梯田，如果原先的坡地土层薄，取土区如果挖土过深，造成取土区留下的土层薄，其保蓄水分的容量低，就容易发生干旱。从图 12-8 可以明显看出，取土区（照片左侧）的玉米叶子已经枯黄，而填土区（照片右侧和照片最左侧上一节梯田）玉米叶子要绿得多。原因就是取土区的土层薄，保蓄水分能力差，20 来天没有下雨，土层水分已经很少，玉米根系吸收水分困难；而填土区因为土层厚，保蓄水分能力强，虽然同样 20 来天没有下雨，但因为上次雨水还在下部土层有蓄积，可供根系吸收。

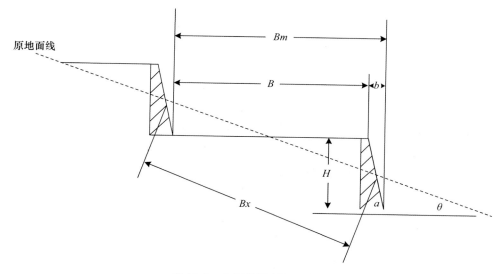

图 12-5 水平梯田断面示意图

注：θ 是原地面坡度(°)，α 为梯田田坎侧坡坡度(°)，H 是梯田田坎高度(m)，Bx 为原来的斜坡面(m)，
Bm 为梯田的田面毛宽(m)，B 是梯田的田面净宽(m)，b 为梯田田坎占地宽(m)

图 12-6 石灰岩地区梯田土层薄、田面窄、田坎高(地点：重庆巫山)

图 12-7 黄土区梯田土层厚、田面宽、田坎低（地点：甘肃庄浪县）

图 12-8 梯田里外侧的玉米叶子黄绿不一表明土层厚薄有差异

（地点：河南林州市）

第四节　土壤剖面构型

所谓土壤剖面构型是指不同质地的土层在剖面中相互叠置形式。有通体砂质、通体壤质、通体黏质、砂质盖黏质、黏质盖砂质、上下砂质中间夹黏质、上下黏质中间夹砂质等土壤剖面构型。因为不同质地的土壤其保蓄持水能力的不同,降雨或灌溉水的入渗过程和形式是不一样的;不同质地的土壤其紧实度不一样,也影响着植物根系的下扎。

一、土壤剖面构型与水分移动

降雨或灌溉水进入表土后,在重力的作用下向下移动。如果剖面是通体砂质,水分会迅速下渗,很快剖面孔隙充满空气;如果是通体壤质,水分缓慢均匀地入渗,经过一段时间,土壤中的毛管孔隙中含有水分,大孔隙中则充满空气;如果是通体黏质,水分先是快速充满裂隙,然后非常缓慢地渗入孔隙,短期内土壤孔隙是水分饱和的,只有在微细孔中被封闭了一点空气。砂质盖黏质的土壤剖面构型,降水迅速透过上部砂质土层,遇到下部质地黏重的心土层和底土层,入渗缓慢起来,这时下渗水在砂土层和黏土层之间的界面上积聚,形成滞水水面,靠近黏土层的砂土层逐渐地由下向上被水饱和。相反,黏质盖砂质的剖面构型,如果上部的黏土层有干裂的大裂隙,水会通过裂隙到达砂土层然后接着快速下渗;如果上部的黏土层没有干裂的大裂隙,水会缓慢地浸湿黏土层,等黏土层被水分饱和了,再通过砂土层迅速渗漏。

二、土壤剖面构型与植物根型

土壤剖面厚度、土体构型及其水分和有效养分的空间分布对植物根型的形成发挥关键性作用。主根发达的乔木不可能起源于土层浅薄或在剖面亚表层即有坚硬土层出现的土壤中,而只能出现于土层深厚的土壤中或主根可以向下伸展的土壤中。无主根的植物则更有可能起源于土层浅薄的土壤环境。在干燥土壤环境起源的植物,为了获取满足生长需要的水分,在地上部分发育出可减少水分蒸发结构的同时,在地下发育出相对庞大的根系,以尽可能地多吸收水分,因而根冠比通常大于在水分充足的土壤环境中起源的植物。

通体砂质的土壤剖面,水分会迅速下渗,整个剖面经常是干燥的,由于缺少水分,植物根系不得不下扎,去深层土壤获取水分。砂质盖黏质的土壤剖面构型,往往在砂土层和黏土层之间形成滞水水面,根系下扎到这里,只能生长横向走的根状茎,其通气组织发达,以忍耐缺氧土壤环境。

第十三章　土壤与农业生产

第一节　土壤耕作

耕作是指在作物种植以前或在作物生长期内,为了改善植物生长条件而对土壤进行的机械加工,主要包括耕地、耙地和中耕等。耕作可以疏松土壤、加深耕层、翻埋肥料和秸秆、清除残茬和消灭杂草,为作物的生长发育创造良好的土壤环境。耕地和耙地是在播种之前为种子准备一个好苗床。通常耕地在前,耙地在后,中耕则是在作物生长期间。

一、深耕

早在 20 世纪 50 年代,我国就提倡深耕翻土。而进入 21 世纪,广受议论的一个话题是土壤耕作层变浅,因此深耕又被提出。那么,深耕有什么好处呢? 归纳起来,主要有以下 3 个方面。

(1)深耕打破了犁底层　一般未经深耕的土壤,由于长期耕作的压实,形成了紧实的犁底层,造成作物根系常密集于浅薄的耕土层中(一般小于 15 cm),这层根系的重量占了总重的90%左右。深耕使紧实的犁底层变得松碎,孔隙度增大,根系的分布起了变化,耕层以下的土层中的根系显著增多。而且加厚的耕作层,也提高了土壤的蓄水保肥能力。

(2)深耕可以改良土壤质地　土层上砂下黏或上黏下砂的,深翻可以使砂黏掺和,从而改善土壤质地。

(3)深耕可结合增施大量有机肥料　可以使作物生长所需的大量养分均匀散布于全耕层中,便于作物吸收,因而前期不至于疯长,后期也不至于生长乏力。

既然深耕对土壤物理、化学和生物性质都有良好的影响,那是不是耕地深度越深越好? 这也并不一定。合适的耕翻深度,要考虑以下几个方面。

(1)深耕要因土制宜　对于肥沃的耕地,上层养分含量比较丰富,可以耕得深些。瘦土的养分少,应逐渐加深,因为土壤深翻了,却没有相应的肥料跟上,仅仅翻动了土层,生土还是得不到熟化,这样的深耕效果并不明显,有时还会因生土翻到地表而造成减产。多雨地区的滨海盐土,由于长期雨水淋洗盐分,表土的含盐量一般比底土少,所以不宜耕得太深,否则会将含盐量较高的底土翻到表层,反而不利于作物的生长。耕层下有粗大的砂姜、砾石等,要逐步加深耕层,并将砂姜、砾石拣去,以免漏水漏肥。

(2)深耕要因作物制宜　不同作物根系在土里扎得有深有浅,而且都有自己密集分布的范围,超过一定的深度范围,根系就很少了。作物的根系并不是随耕翻深度而无限制地向下伸展的。一般认为,种植旱作要耕得深些,种植水稻可以浅些。

(3)深耕还应在土壤含水量适宜的时候进行 因为这时进行耕作阻力最小,土块易碎,耕作质量好。最适宜耕作时的土壤含水量通常叫"适耕性",一般相当于田间持水量的 40%～60%。根据群众的经验,通过观察和接触,一般就可以知道土壤是否适宜耕作。其观察的方法是:当见到地面发白,干湿斑状相间,脚踢地面土块易碎,用手捏能成土团,1 m 高处随手落地土团可自然散开,即是适宜耕作的时机。

二、耙地

耙地是播种前的表土耕作。耙地除了可以松碎表土、平整地面外,还可堵塞表层大孔隙,并使肥料与土壤相混合。如果耕后不耙地就种上作物,由于地面高低不平,土块大,孔隙多,土壤水、肥、气、热仍然配合不好,深耕的作用就难以达到。此外,播种后如遇雨天,地面容易板结时,种子难以出苗,也可采取耙地,以破除地面结壳,为种子发芽出土创造条件。

三、中耕

中耕是在作物生长过程中进行的表土耕作,能松土保墒,调节土壤水气,提高土壤温度,加速有机质分解,促进作物生长。中耕的主要作用是去除杂草和追肥。

不同质地的土壤影响着耕作。砂质土又称"轻质土",耕性好,宜耕期长,耕后土壤松散、平整,无坷垃或土垡,耕作阻力小,耕后质量好。黏质土,由于比表面积大,土壤的黏结性、黏着性、可塑性、湿涨性强,耕作阻力大,耕作质量差,易起土坷垃或土垡,宜耕期也短。壤质土砂黏适中,大小孔隙比例分配较合理,保水保肥,养分含量充足,有机质转化也快,耕性好,土壤中水、肥、气、热以及扎根条件协调,发小苗又发老苗,适应性较广。

现代农业,由于播种机械的改良,可以不用耕翻土壤为播种提供苗床,免耕依然可以播种。有了除草剂,也是不再用耕翻土壤来灭草的一个原因,所以更少见农民中耕灭草了。因此,传统的耕、耙、中耕等田间管理环节都简化了。少了这些环节,却收到了防止水土流失的良好效果。秸秆覆盖减少了水土流失,而且还可以减少土壤水分蒸发,起到了保水的效果。

第二节　土壤水分管理

农田水分的多少,对作物生长的影响很大。当农田水分不足时,作物受旱;水分过多时,又要受涝。因此必须根据农田水分情况与土壤性质进行灌排,以保证作物正常生长。

一、看庄稼灌水排水

农田水分有地面水、土壤水和地下水 3 种。对于旱作种植,一般不允许有地面水,如果地面积水,地下水位抬高,会引起土壤水多、气少的渍水现象,造成作物受淹涝危害,这种情况应立即排水。地下水位一般不应上升到根系吸水层,如果地下水上升到根系吸水层,土壤水分接近饱和,部分根系受浸泡,不能很好地吸水吸肥,这种情况下必须降低河沟水位或在田间开沟排水,以消除土壤渍水危害。当地下水位稍低于根系吸水层时,地下水可以通过毛细管作用转为土壤水,供给作物吸收利用,所以在非盐碱土地区应采用提高地下水位的方法来补充土壤水分,也可以防止干旱。地下水埋藏过深,田间持水量低于 60%～70% 时,土壤气多、水少,显得干旱,要通过灌溉来增加土壤含水量。所以对旱作来说,需排除地面水和控制地下水,以调节土壤水分状况。

但是,水稻对农田水分的要求与旱作不同,因为水稻是喜湿作物,田面应保持一定的水层,才能满足水稻生长发育的需要。不过,稻田的水层过深(灌溉水过多或降雨太大),对水稻生长也不利。群众经验证明,在深耕、密植、多肥的条件下,采取“前浅、中晒、后干湿”的原则,也就是“浅水插秧,深水活棵,浅水分蘖,分蘖末期晒田,孕穗期干湿交替,灌浆期薄水,黄熟期落干”,这是夺取水稻高产的重要措施之一。

二、看土灌水排水

土壤性质不同,排灌措施也有差别。砂质土保水能力弱,渗水能力强,容易缺水受旱,要勤灌,但每次灌溉量不宜太多。黏质土保水力强,渗水力弱,但本身保持的不能为植物利用的无效水也较多,因此灌水次数不宜多,而一次的灌水量可适当加大。根系吸水层为砂壤土,而底层为黏质土的“蒙金地”,土壤蓄水能力强,只要做好保墒工作,可以减少灌溉次数。上黏下砂的“漏砂地”,保水困难,易受干旱,需增加灌溉次数。深耕过的土壤,松土层加厚,能容纳较多的水分,灌溉水量应适当加大。有机质多,结构良好的土壤,保水能力强,灌水量应多些,但次数宜少。结构不良的土壤,切忌大水漫灌,应在适量灌溉的同时,增施有机肥,加强耕作保墒措施。

三、充分利用水资源

我国水资源短缺,特别是北方地区。因此,灌溉要充分利用各种水资源。

(1)利用“废水”　生活污水和工业废水中含有多种养分,可是,过去把它当作“废水”,一排了之,不仅污染水源,而且影响环境卫生。因此研究“废水”利用,变“废水”为肥水,进行农田灌溉,是兴利除害、发展灌溉的新途径。而且生活污水中富含氮、磷、钾等养分,用其灌溉可以直接增加土壤养分,提高作物产量。但污染超标的污水,尤其是工业废水应严禁直接灌溉农田,防止土壤污染发生。因此,用“废水”灌溉,要事先监测水质,含有污染物的“废水”是不能直接灌溉的,必须经过处理和净化才能够用来灌溉。一般生活污水的有毒物质较少,而工业废水中往往有酚、砷、氰化钾、酸、碱等成分,这些有毒物质会影响作物生长,并使土质变坏,因此在引用工业废水灌溉时,必须先行处理。

(2)利用咸水　北方水源不足的地区,为了充分利用水源和发挥灌溉水的潜力,可以利用咸水。但这种咸水的含盐量最好小于 0.15%,才可以灌溉。如果含盐量高,灌溉后会使土壤盐碱化加重,因此引水灌溉时要特别注意其含盐量。作物在不同生育期内的耐盐程度是不同的,所以对灌溉水的要求也不一样。例如,华北平原春玉米的生育前期的耐盐性较弱,而且没有雨水淋洗,就要求灌溉水的盐分浓度低,苗长大了,雨季也到了,可以灌溉含盐量较高的咸水。

第三节　土壤养分管理

一、土壤肥料

1.有机肥

广义上的有机肥品种很多,包括堆肥、沤肥、厩肥、沼肥、绿肥、饼肥以及各种动物粪便等(表 13-1)。

表 13-1　有机肥种类

种类	原料与制作方法
堆肥	以各类秸秆、落叶、青草、动植物残体、人畜粪便为原料,按比例相互混合或与少量泥土混合进行好氧发酵腐熟而成
沤肥	所用原料与堆肥基本相同,只是在淹水条件下进行发酵而成
厩肥	从猪、牛、马、羊、鸡、鸭等畜禽圈舍里挖铲出来的粪尿与秸秆、土等混合而成
沼气肥	沼气池中有机物腐解产生沼气后的副产物,包括沼气液和残渣
绿肥	将栽培或野生的绿色植物体翻压在土壤中作为肥料。绿色植物体包括豆科的绿豆、蚕豆、草木樨、田菁、苜蓿、苕子等,非豆科的黑麦草、肥田萝卜、小葵子、满江红、水葫芦、水花生等
饼肥	将菜籽饼、棉籽饼、豆饼、芝麻饼、蓖麻饼、茶籽饼等作为肥料
泥肥	将没有污染的含有大量养分的河泥、塘泥、沟泥、港泥、湖泥等挖掘出来施用到农田里作为肥料

过去,化肥缺少,人们利用上述各种能够提供养分的有机肥进行肥田,有些所谓的有机肥就是生产过程中的自然形成物,并没有任何加工,如绿肥、饼肥、泥肥、厩肥等。只有堆肥、沤肥、沼肥才有加工过程。没有加工的有机肥或加工不好的有机肥往往含有一些有害的虫卵、病菌等,会对作物生长以及农产品安全造成不利影响。现代有机肥都是堆肥。因此,狭义的有机肥是专指以各种动物废弃物(包括动物粪便、动物加工废弃物)和植物残体(饼肥类、作物秸秆、落叶、枯枝、草炭等),采用物理、化学、生物或三者兼有的处理技术,经过一定的加工工艺(包括但不限于堆制、高温、厌氧等),消除其中的有害物质(病原菌、病虫卵害、杂草种子等)达到无害化标准而形成的。

根据现有的科学实验结果,任何有机肥料施入土壤中被植物吸收都要经历有机质的矿化过程。矿化过程就是指在微生物作用下,复杂的有机物质,如植物的根茎叶,被分解(腐解)为简单化合物,然后转化成二氧化碳、水、氨(氮)和其他养分(磷、硫、钾、钙、镁等离子或简单化合物),才能够被植物根系吸收。事实上,从有机肥生产过程为什么必须堆腐就可理解这个原理。有机肥堆腐过程,就是利用微生物将作物根系不能吸收的根茎叶等有机物分解,变为可以随水分进入作物根系被吸收的矿质养分。为了促进有机质的腐解,人们一般还向堆肥中加入人畜粪便。这一是因为人畜粪便中有分解有机物的微生物(可比喻为发面要加酵母);二是因为微生物分解有机物的同时,自己也因大量繁殖而需要速效的氮磷等速效养分,加速微生物的繁殖和有机物分解。而人畜粪便中含有较多的速效氮磷,可为微生物提供其分解有机物而大量繁殖时需要的氮磷等速效养分。如果不经过堆腐,大量作物有机残体直接放在土壤中,有机残体分解过程中会消耗土壤中的速效养分,可能与作物"争肥"而发生"烧苗"(造成作物营养不良)。因此,人们采取堆腐的方法,在施用农田之前将有机质先行矿化分解。

对于作物生长所需大量元素如氮磷钾来说,无论是施用有机肥还是化学肥料,在本质上没有区别。只是有机肥的来源物质即有机质分解后产生的矿质养分比一般的化肥,如氮肥、磷肥、钾肥,提供的养分种类丰富。现在,为了一次性给作物提供多种养分,更主要是为了降低施肥的劳动成本,许多化肥厂家生产出了多种复合肥,即含有两种及两种以上养分的化肥,如农业生产中用量最大的磷酸二铵。也有些复合肥是含有氮磷钾3种养分,有的复合功效专用肥甚至还加了一些微量元素,如硒、硼、锌等。事实上,作物需求最多的是氮磷钾这3种元素,其中,氮素是各种作物需求量最大的养分,尤其是蔬菜。其实,除了某些区域缺乏某种营养元素外,其他矿质养分,其在土壤中含量(由岩石矿物风化而来和通过生物小循环聚集)基本能够满足作物生产需要,不需要单独施用。

秸秆直接还田,其实也是一种施用有机肥的形式,结果也会被土壤微生物分解释放养分,只是这个过程慢些,是在田间进行的。秸秆直接还田,省工省力,而且还具有防止水土流失和风蚀沙化的作用。因此,越来越受到推崇,我国秸秆还田的面积越来越大。不过,秸秆还田最好是在播种下一季作物前,有一段休闲时间,以便秸秆腐解。

2.化肥

化肥是化学肥料的简称,是用化学和(或)物理方法制成的含有一种或几种农作物生长需要的营养元素的肥料,包括氮肥、磷肥、钾肥、微肥、复合肥料等。因为是化学合成的肥料,为区别于有机肥,所以化肥也称无机肥。相对于有机肥,化肥具有成分单纯、养分含量高的特点。化肥提供的都是无机速效养分,不需要经过微生物转化分解,施入土壤后可直接被作物根系吸收,比有机肥肥效快,肥劲猛。

化肥是工业革命的产物,是现代科学技术带给我们的作物生长所需的高效营养物质。化肥的施用,打开了作物从土壤圈、生物圈之外获取养分的又一个通道,彻底突破了传统农业依赖于地力自然恢复或仅仅依靠有机肥对作物产量提高的瓶颈,作物营养问题得到解决,作物产量迅速提高,解决了人口快速增长后的温饱问题。化肥的施用,对近200年的人类文明发展做出了重大贡献。而且化肥让农田土壤养分亏损迅速得到补充,不但使作物连续高产得以实现,而且避免了土壤肥力的衰竭或下降。

1800年英国率先从工业炼焦中回收硫酸铵作为肥料。硫酸铵主要提供众所周知的作物营养的"三要素"(即氮、磷、钾)中需求量最大的氮素。1842年英国用硫酸分解磷矿石生产出过磷酸钙肥料,1860年德国从钾盐矿中提炼出钾肥。从欧洲1800年生产硫酸铵开始,经过200多年的发展,化肥已经完全可以为粮食、蔬菜、水果等各种农产品提供氮、磷、钾、钙、镁、硫、铁、锰、铜、锌、硼、钼、氯等必需的高效营养元素。

1840年,德国著名化学家、国际公认的植物营养科学奠基人李比希(J. V. Libig)通过大量试验,发现作物中的碳来自空气中的二氧化碳,而不是土壤中的碳酸钙,提出了植物矿质养分学说,确定了植物生长必需的17种元素,探索出这些养分的来源以及植物吸收利用的数量、主要形态和途径,告诉世人,植物从土壤中吸收矿质养分和水分,与空气和水分中的碳、氢、氧通过光合作用合成碳水化合物。

1918 年度诺贝尔化学奖获得者化学家 Fritz Haber 在 1908 年发明了合成氨技术,1931 年工程师 Carl Bosch 发明了将合成氨技术化,实现了氮肥的充足供应。化肥的施用让欧洲生活水平迅速提高,自此,欧洲告别了饥荒。合成氨技术其实就是人工固氮,将大气中的氮气通过高温高压和催化剂的作用制成氨。此外,磷、钾肥是从矿物中提取出来的,磷肥原料主要是磷矿石,钾肥原料主要是钾矿。

氮素化学肥料有尿素、氨水、碳酸氢铵、硫酸铵、氯化铵、硝酸铵、硝酸铵钙、硫硝酸铵等。现在,氨水、碳酸氢铵、硫酸铵、氯化铵、硝酸铵、硝酸铵钙、硫硝酸铵等因为挥发性大,或容易淋失或造成土壤板结,在我国已经基本不生产和施用了,施用的氮肥基本都是尿素和含有尿素的复合肥。

磷素化肥常见的有过磷酸钙、重过磷酸钙、钙镁磷肥、磷矿粉等。现在常用的复合磷肥有磷酸二铵。

钾素化肥品种有氯化钾、硫酸钾、磷酸二氢钾、钾石盐、钾镁盐、光卤石、硝酸钾、窑灰钾肥,大都能溶于水,肥效较快。

过去,化肥只有氮磷钾"三大要素"品种,没有其他的元素和微量元素肥料,农业生产只是通过施用有机肥,甚至依靠土壤中含有的这些元素。但是,随着人们对一些"功能食品"的需求,也出现了施用化学微肥(微量元素肥料)的现象,如施用硒肥、锌肥,生产富硒产品、富锌产品等。

实际上,大多数人并不缺乏某种微量元素,缺乏的只是某些特殊缺素地区的居民,他们自给自足,没有吃外地的农产品,而导致缺少某种元素。而对于城市人群来说,他们食用的农产品来自各地,就不会缺乏什么元素。

3. 化肥对提高土壤肥力的贡献

在没有化肥的时代,人们把作物生产的有机废弃物(秸秆)和人畜生活排泄物堆沤成有机肥施用于农田,在土壤微生物的作用下,有机物中含有的氮磷钾等养分被分解释放出来,供作物根系吸收,可以维持一定的土壤肥力和产量。但仅仅施用有机肥,难以大幅提高产量,作物产量一直维持在低水平,解决不了人类的温饱需求。而且,因为草原或森林开垦为耕地后,作物从土壤中取走的养分多,而归还的少,草原和森林积累的土壤肥力在不断耗竭,土壤肥力在不断下降。过去土壤肥料学家常说的土壤肥力下降,就是将开垦后的耕地土壤的肥力与开垦之前的草原或森林土壤的肥力相比的(目前比较热门的观点"黑土腐殖质层变薄,有机质含量下降"就是这种情况)。

施用化肥,就是从农业生态系统之外调入补充作物生产需要的养分之不足,才使得作物产量得到大幅度的提高。施用化肥提高了作物产量,也产生了更多的根茎叶有机废弃物,可以堆腐生产更多的有机肥,归还到土壤中,提高了土壤肥力。人民公社时期,每年在生产队搞"积肥"(有机肥),那时化肥短缺,仅仅施用一点氮含量很低的碳酸氢铵,玉米产量(亩产)就能达到 $200 \sim 250$ kg。那时的所谓"有机肥",实际上是"黄土搬家",即从地里铲来土,加上一点牲畜吃剩的草渣和牲畜粪便,堆沤以后,再运到地里去。这样的"有机肥"有机物料少,为作物提供的养分少,产量只能维持在低水平,土壤肥力也就维持在低水平。而当时还有很多不施肥的"卫生田",土壤肥力当然会持续下降。

综上所述,化肥对农业发展和粮食产量的提高起到了根本性的作用,同时也维持了长期生产的耕地地力水平。

二、土壤氮素

作物体内有许多含氮有机物,如蛋白质、叶绿素、各种酶、核酸等。作物生长过程中合成这些含氮有机化合物,都必须有氮的参与。

蛋白质是细胞原生质的主要结构物质,也是生命活动的基础。蛋白质分子中,一般含氮 16%～18%,没有氮就不能形成蛋白质,也就不能产生生物体和进行生命活动。叶绿素是光合作用的必须物质,它制造的糖,又可转化成淀粉、脂肪、纤维素、木质素等。酶是一类生物催化剂,也是由蛋白质构成的,它们能促进作物体内各种物质的相互转化,加速新陈代谢作用。此外,核酸、维生素等含氮有机物,在作物生理上各有特定的功能。

丰富的氮营养,能促进作物体内含氮有机化合物的形成,使根、茎、叶等营养器官的生长加强,分蘖或分枝早而多,叶片大,叶色绿,也增强了光合作用和碳水化合物的形成。总之,氮素能促进作物的营养生长,为花、果实和种子等繁殖器官的生长奠定基础,从而提高农作物的产量。当氮素供应不足时,作物生长缓慢,植株瘦小,分蘖或分枝少且小,叶色黄绿,产量不高。严重缺氮时,植株上的叶片自下而上枯死。当然,氮素过多,也会降低产品品质,甚至引起作物减产。因为过多的氮素促使作物营养生长过旺时,蛋白质和碳水化合物过多地消耗于形成营养器官,以致运转到花、果实、种子等器官中去的数量减少,从而抑制了作物的生殖生长,出现徒长现象,表现为茎叶茂盛、叶色浓绿、落花落果严重、空秕粒增加,或块根、块茎少而小,产量不高。另外,因为蛋白质的合成要利用糖为原料,氮过多时合成蛋白质所消耗的糖也就过多。同时,在营养生长过旺的情况下,作物群体之间郁蔽严重,个体植株接受的光照减弱,光合强度降低,致使糖的来源也相应减少。糖的消耗增加和来源减少,都使由糖转化成纤维素、半纤维素、果胶等细胞壁的组成物质大大减少,作物细胞壁变薄、组织柔软,容易倒伏,也削弱了对病虫害的抵抗力。

作物越高产,要求土壤中的氮素含量越高。但是,仅仅靠土壤中的氮素和施用有机肥,是不能够满足作物高产要求的。因此,必须施用化肥,以满足作物生长需要。各种氮肥的特性不同,要采取合适的施用方法,保证肥料的高效和利用率。

三、土壤磷素

1.磷素对作物生长的作用

作物生长所需要磷的数量比氮少得多,但在作物生理上,磷和其他元素一样,都具有同等的重要性。作物体内几乎没有哪一种生理活动是与磷无关的,主要表现在以下 3 个方面。

(1)促进细胞分裂　核酸和核蛋白是细胞核的组成成分,也是细胞分裂和分生组织发育的必需物质。分生组织的细胞中含有的磷比已停止分裂的细胞中含有的磷,往往多几百到几千倍。所以,磷对作物新根、嫩叶的生长,以及花和种子的形成都有促进作用,也能增强禾谷类作物的分蘖。

(2)促进蛋白质和碳水化合物等的代谢　蛋白质以及糖、淀粉、脂肪等的合成与分解,都是在含磷物质(如磷酸腺苷、含磷的酶等)的作用下进行的,它们虽然并不一定参与蛋白质和碳水化合物等的组成,但如果没有磷,作物体内的物质转化就不能进行。磷素营养丰富,不仅产量高、种子饱满,而且产品品质好。

(3)促进早熟,增强抗性 磷能促进作物的生长发育与代谢过程,加速花芽分化,使作物整个生育时期缩短,提早开花,促进早熟。此外,磷还能增强作物对环境中的酸碱变化、干旱和寒冷等不良条件的抵抗能力。

2.磷素缺乏与过多的症状

作物的缺磷症状,不像缺氮那样明显,并且当缺磷症状表现出来时,作物的生长和产量已受到影响。所以早期诊断很重要,但也比较困难。

作物缺磷时,苗期生长缓慢,植株矮小,根系不发达,叶色暗绿或灰绿,严重时出现紫红色,禾谷类不分蘖或很少分蘖,叶片直立。缺磷作物到生长后期,落花、落果严重,禾谷类穗粒少而灌浆不足,玉米秃顶,延迟开花、成熟,最终使作物产量和品质降低。

但是,磷吸收过多对作物也有不良影响。只是这种情况出现的机会比较少,而且在外形上也不像氮过多那样引人注意,因此,磷过多的危害,往往容易被忽视。磷过多时,常引起作物过早成熟而减产。此外,还会引起土壤有效性锌、铁、镁等营养元素的缺乏。所以作物发生磷过多的症状常与缺锌、缺铁、缺镁引起的缺绿症状相伴生。例如,水稻中磷过多时,植株矮小,苗僵不发,分蘖少,叶片呈缺绿症状,沿着中肋逐渐向边缘变为黄白色,老叶出现褐斑,生长后期整个叶片呈褐色,根系生长缓慢,严重时整株枯死;玉米中磷素过剩,叶片也会呈现缺绿症;烟草中磷素过多,烟叶的燃烧性差;某些豆科作物还因磷素过剩,茎叶中蛋白质含量增加,而籽实中蛋白质反而降低。

四、土壤钾素

1.钾素对作物生长的作用

钾在作物生理上的功能,主要是钾离子能增强许多酶的活性,因而提高作物光合作用的效率,使产生的糖类增多。钾又能促进糖、淀粉和纤维素等碳水化合物之间的相互转化。增施钾肥,可以提高薯类、糖用、纤维等作物的产量和改善其产品品质。油脂也是糖类转化来的,花生、大豆、油菜等增施钾肥,能提高出油率。钾还能促进氮素在作物体内的转化和蛋白质的合成。

钾素使作物的纤维素增多,从而细胞壁增厚,茎秆坚硬,增强了抗病虫、抗倒伏的能力。钾能增加细胞中的含糖量,使抗寒性提高;也能增强细胞吸持水分的能力,有利于抗旱。

钾对于增大作物叶片的作用,主要表现在生长前期,但不如氮素那样明显。钾对提高根茎类作物(如甜菜等)地下部分与地上部分的比例,远比磷显著(磷能够增加叶面积而不影响叶子向根部输送碳水化合物的能力;施用氮肥固然能促进叶子生长,同时却使叶子向根部输送碳水化合物的能力降低)。

各种作物的需钾数量和吸钾能力不同,施钾的增产效果不一。近年来的大量试验结果表明,一般豆科绿肥施钾的增产幅度最大。其次是薯类、甜菜、棉花、烟草、油料及豆科作物,它们都可称为喜钾作物。禾谷类,如水稻、"三麦"、玉米等,施钾的增产效果较小。

2.钾素缺乏与过多的症状

由于钾在作物体内再利用的能力强,缺钾症状在生长后期才逐步表现出来,先在下部老叶上发生,逐步向上部发展,严重时新叶上也会表现缺钾症状。

作物缺钾后,植株矮小,分蘖少,茎秆细弱,叶变窄,接近生长点的嫩叶呈浓绿色或暗绿色,老叶的尖端和边缘呈红褐色或黄色,叶面形成白色斑点,最后叶片干枯而脱落。缺钾作物的共同特点是表现早衰,根系发育不良,但不同作物缺钾的外观症状有些差异。

小麦缺钾,初期全部叶片呈蓝绿色,叶质柔弱并卷曲,以后老叶的尖端及边缘变黄,最后变成棕色以致枯死,整个叶片像烧焦的样子;水稻缺钾,首先老叶尖端和边缘发黄变褐,形成赤褐色斑点,逐渐发展到上部叶片,而后老叶呈火烧状枯死;玉米缺钾,老叶从叶尖开始沿叶缘向叶鞘处逐渐变褐后焦枯,至整个叶片枯死,果穗秃顶;棉花缺钾,开始时叶脉间出现黄绿色斑点,叶脉仍保持深绿色,以后斑点的中心部分逐渐死亡,边缘枯焦并向下卷曲,最后叶片干枯脱落。棉桃瘦小,开裂吐絮不畅,纤维质量差;苹果缺钾,叶缘附近呈枯焦状,然后整片全部死亡,坏死的叶片仍附在枝条上,果实小,着色不良。

作物吸收的钾素过多,对生长也有不良影响。现有的一些研究证明,钾离子吸收过多,将抑制作物对钠、钙、镁等阳离子的吸收,可能引起它们的营养缺乏。

作物生长所需钾的数量比磷多,与氮相近。一般土壤中,钾素含量多于氮素。作物从土壤中带走的钾素,通过有机肥和草木灰等归还于土壤,要比氮素的归还比例大,所以在二十世纪九十年代之前很少施用钾素化肥。但随着氮肥、磷肥施用量的增加,以及复种指数和单产的提高,受"木桶效应"影响,就出现了缺钾现象。因此,现在钾肥的使用普遍起来。

作物对钾素是以离子状态(K^+)吸收的,进入体内以后,仍以离子形态存在于细胞中,至今尚未发现植物体内有含钾的有机化合物。钾在体内的移动和再利用程度,比氮、磷都大,甚至雨水也能把作物活体组织中的钾离子淋洗出来。

五、土壤微量元素

1. 微量元素对作物生长的作用

微量元素是指在植物体内含量很少的各种元素,常见的有硼、锰、铜、锌、钼和铁等6种元素。它们常是酶的组成成分,在植物生理上有各自的功用,但如吸收过多,也有毒害影响。锰直接参与植物的光合作用,硼、铜、锌、钼、铁等也能从不同的方面促进光合作用。铁虽然不是叶绿素的组成成分,但它对叶绿素的形成是不可缺少的。铜能增强叶绿素和其他色素的稳定性。花的柱头、子房和雄蕊等都含有较多的硼,它能促进花器的发育和受精作用,有利于种子的形成。缺硼作物常表现开花而不结实。在缺硼地区,棉花、油菜喷施硼肥能减少蕾铃脱落或增加结荚数。钼和铁是生物固氮作用所必需的元素,硼也能增强豆科作物根瘤菌的固氮能力。锌能促进植物体内生长素(吲哚乙酸)的合成,加速植物生长。缺锌时,作物生长停滞。此外,各种微量元素还分别参与了呼吸作用和蛋白质、糖类等许多物质的合成、转化与运输过程。

2. 作物缺乏微量元素的症状

微量元素在植物生理上的作用,专一性很强,互相不能代替。缺乏任何一种微量元素,作物都不能正常生长,轻则减产,严重时会出现各种病症。作物缺微量元素的主要症状如下。

(1)缺硼　植株顶芽停止生长,逐步枯萎死亡。根系不发达,叶色暗绿,叶形变小、肥厚、皱缩,植株矮化,花而不实,果、穗不发育,蕾花脱落。大豆芽枯病、苹果缩果病、甜菜块根腐心病等都是缺硼病症。

(2)缺锰　症状从新叶开始,一般是叶脉间缺绿,叶脉仍保持绿色。缺绿部分变黄,出现灰色或褐色斑点和条纹,甚至枯焦死亡。

（3）缺铜　果树顶叶成簇状,严重时顶梢枯死,并逐渐向下扩展,如梨树的顶枯病。禾本科作物叶尖变白,叶子边缘黄灰色,严重时不能抽穗。

（4）缺锌　玉米早期出现白苗病,叶片失绿,病株抽雄吐丝期推迟,生长后期,果穗缺粒秃尖。水稻基部叶片中段出现锈斑,逐步扩大成条纹,植株矮缩成僵苗。果树叶片变小,缺绿并簇生,称小叶病。

（5）缺钼　植株矮小,叶脉间失绿,以致坏死。柑橘呈斑点状失绿;豆类则全叶呈黄绿色;番茄叶片边缘向上卷曲,形成白色和灰色斑点而枯落;甘蓝形成瘦长畸形叶片。

（6）缺铁　主要是新叶缺绿,老叶生长正常。缺绿叶片叶脉间由黄变白,叶脉仍为绿色,叶片变小。缺铁症状在木本植物生长旺盛时期更易出现。

为了判明作物是否缺乏某种微量元素,除了观察作物的生长状况或症状外,还必须考虑土壤中的微量元素状况,同时进行微量元素施肥试验。常用的是根外喷施一定浓度的微量元素肥料溶液,数天后观察症状恢复情况。

3.土壤中的微量元素状况

土壤中的微量元素有 4 种存在形态:①矿物态的微量元素,含于土壤原生矿物和次生矿物的晶格中,作物不能吸收,只有经过很长时间的风化,才可能转化为可吸收的状态。②土壤有机物质中所含微量元素,在有机质矿质化作用中可以分解释放出来,分解之前作物也不能吸收。③以离子状态吸附在土壤胶体表面的交换性微量元素,能与土壤溶液中的离子进行交换,作物可以吸收利用。④水溶性的微量元素,存在于土壤溶液中,最易被吸收利用。

土壤缺乏某些微量元素,通常并不是因为土壤中这些微量元素的总量不足,而是因为它们的有效性低。不同形态微量元素的有效性相差很大,但它们之间也是可以相互转化的。影响这种转化的主要因素,首先是土壤的酸碱度,其次是土壤的通气性和有机质含量等。

当 pH 较高时,水溶性和交换性的硼、锰、锌、铁都会不同程度地转化,固定成难溶的各种次生矿物,降低有效性。所以,在石灰性土壤中,可能容易缺乏这些微量元素。在微酸性至中性的土壤中,这些微量元素的有效性比较高。但如土壤 pH 过低,铁、锰化合物的溶解度增大,可溶性铁、锰过多,也可能对作物产生毒害。

在酸性土壤中,钼易与铁、铝、锰等的氧化物作用,固定成难溶的含钼矿物,作物可能缺钼,酸性土施石灰能提高钼的有效性。

铜的有效性,因土壤 pH 增加而降低。但主要的缺铜土壤,是泥炭土和沼泽土。因为铜能与腐殖质结合形成稳定的化合物,失去有效性。

此外,土壤的氧化还原状况,对锰的有效性也有明显影响。当土壤的氧化性能增强时,尤其在 pH 较高的情况下,水溶性和交换性锰就被氧化成难溶的矿物态锰,如 MnO_2 和 Mn_2O_3。

第四节　广义土壤肥力的提升

作物的生长发育,需要光、热、空气、水分和养分,每个因素都很重要,一个也不可少。这 5 个因素中,水分和养分主要由土壤供给,而土壤的通气状况和土壤温度的变化也直接影响作物的生长发育。作物生长过程中,这些因素能够适时适量地供应时,作物才能高产。因此,广义的土壤肥力就是土壤供给作物生长所需的水分、养分、空气、热量、支撑条件和有无毒害物质的能力,其中水分、养分、空气、热量这4个因素常简称为水、肥、气、热。4个因素综合影响作物生长,是不可互相代替的。

水、肥、气、热这4种土壤肥力因素都具备,植物才能够生长,缺一不可。光秃秃的石头,因为没有孔隙可以储藏水分和空气,当然,没有孔隙,根也扎不进去就不能生长作物,所以不能叫土壤。有人看到岩石缝里有植物钻出来,其实岩石缝里还是有土壤储存水分和养分的。土壤千差万别,土壤肥力有高有低。肥沃的土壤能够充分满足作物所需的水、肥、气、热因素,并具有良好的土壤性质来调节这4个因素的关系。

土壤肥力4个因素是对立统一的。如以水分和养分为例,它们之间就存在着复杂的关系。一方面,有机质的分解需要水分,植物吸收养分也需有水分作为媒介,但是当水分过多时,有机质分解缓慢,有效养分少,而且养分容易随水渗漏损失;另一方面,当土壤养分充足时,作物长得好,根系伸展范围大,能利用深层的土壤水分,"肥多墒足"就是这个道理。

在土壤肥力的提高和发展中,存在很多矛盾,如土壤质地过砂或过黏、水分过多或不足、养分贫乏,以及酸、碱、盐分的危害等。要提高土壤肥力,就要找出影响土壤肥力的主要矛盾,加以改良。例如,江苏里下河地区的沤田,在改造前,水分过多是主要矛盾,通过排涝,降低地下水位,就能使土壤水分与其他肥力因素之间的关系朝着有利于作物生长的方向发展,产量不断提高。提高广义的土壤肥力指通过一些工程措施和耕作栽培措施,消除影响作物生长在水、肥、气、热4方面的土壤障碍因素。比如,对于干旱缺水的土壤,就是修建灌溉渠道,发展灌溉农业;对于缺空气的,也就是低洼易涝的土壤,就得修建排水体系,排除洪涝积水和降低地下水位;对于养分贫瘠的土壤,就是通过施用有机肥和化肥,解决营养缺乏问题;对于低温的土壤,可以通过排除过多的土壤水分提高地温,还可以通过覆盖塑料薄膜,提高地温,增加作物生长期。

2012年,原农业部发布《高标准农田建设标准》(NY/T2148—2012)中的高标准农田定义是"土地平整,集中连片,耕作层深厚,土壤肥沃无明显障碍因素,田间灌排设施完善,灌排保障较高,路、林、电等配套,能够满足农作物高产栽培、节能、节水、机械化作业等现代化生产要求,达到持续高产稳产、优质高效和安全环保的农田",按照这样一个标准的农田建设就能够全面提升广义的土壤肥力。

第五节　有机食品、绿色食品和无公害农产品的生产

一、有机农业与有机食品

1.有机农业

有机农业就是在生产过程中不使用化学合成的肥料、农药、生长调节剂和畜禽饲料添加剂等物质,不采用基因工程技术获得生物及其产物,而是遵循自然规律和生态学原理,采取一系列可持续发展的农业技术、协调种植业和畜牧业的关系,促进生态平衡、物种的多样性和资源可持续利用的农业生产方式。不使用化学合成物质(化学农药、肥料、生长调节剂等)是实施有机农业的基本手段和条件,但不是有机农业生产的根本目的。简单地把有机农业理解为不使

用农用化学物质,而不采取任何管理措施的生产系统也不能视为有机生产系统。有机农业的原则是:在农业能量的封闭循环状态下生产,全部过程都利用农业资源,而不是利用农业以外的能源(化肥、农药、生产调节剂和添加剂等)影响和改变农业的能量循环。有机农业生产方式是利用动物、植物、微生物和土壤4种生产因素的有效循环,不打破生物循环链的生产方式。

有机农业的产量比常规农业的产量低吗?由化肥农业转换为有机农业肯定会出现减产。但是,在那些原来就不施用化肥或使用化肥较少的地区,有机种植不见得就减产,也可能增产。因为,有机肥也是肥料,特别是那些原材料是畜禽养殖业粪便的堆肥或原材料是厨余垃圾的堆肥,其中的氮磷钾等养分含量很高。这些肥料施用到原本养分不高的农田上,经过矿化作用,可以提供大量养分。从这个角度去分析,施用有机肥也不见得就比施用化肥的产量低,生长缓慢;尤其是使用腐熟度高的有机肥,其中的速效养分也很多,这样的有机肥施用多了,与化肥对作物生长的影响是没有区别的,也会果实生长迅速,个大,水灵灵的。现在许多人抱怨说使用化肥生产出来的农产品"没有味道",而有机肥生产出来的"有机产品""风味足"。这也许是因为某些目前土壤肥料科学还没有证实的有机肥中的有机官能团或简单的有机小分子化合物进入瓜果蔬农产品所起到的作用。但更可能是因为施用化肥生产,土壤中速效养分含量高,特别是氮素含量高,作物生长迅速,产品水分大,还没有"性成熟"就被采摘的结果。

2.有机食品

有机食品这一词是从英文 Organic Food 直译过来的,其他语言中也有叫生态食品或生物食品等的。有机食品指来自有机农业生产体系,根据有机农业生产要求和相应标准生产加工,并且通过合法的、独立的有机食品认证机构认证的农副产品及其加工品。有机食品在生产和加工过程中必须严格遵循有机食品生产、采集、加工、包装、贮藏、运输标准,禁止使用化学合成的农药、化肥、激素、抗生素、食品添加剂等,禁止使用基因工程技术及该技术的产物及其衍生物。

值得指出的是,施用有机肥和化肥生产出来的农产品(淀粉、油脂、蛋白质等)都是有机态的。淀粉、油脂、蛋白质是人类健康生活最需要的食物。"三年自然灾害"时期,很多人以野菜充饥,那可是真正所谓的"有机产品",但因为缺少淀粉(来源于粮食),更缺油脂和蛋白质,许多人因为营养不良而浮肿。两千多年来,直到新中国成立前中国人口才 4.6 亿,究其原因,主要还是粮食不够吃,人们经常以野菜充饥,造成营养不良,营养不良则体弱,体弱则易得病而死。

3.有机食品与无污染食品

食品是否有污染是一个相对的概念。世界上不存在绝对不含有任何污染物质的食品。有机食品的生产过程不使用化学合成物质,因此,有机食品中污染物质的含量一般要比普通食品低。但是过分强调其无污染的特性,会导致人们只重视对终端产品污染状况的分析与检测,而忽视对有机食品生产全过程质量控制的宗旨。

过去用得最多的有机肥来自人畜粪尿。但直接把养殖场的粪便或旱厕的粪便拉出来就施用在农田里,是不科学的。因为,生粪里面含有的虫卵和病原菌等,也可能会带到蔬菜上,如果洗涤不净,吃食可能致病。此外,现代养殖几乎都使用饲料,饲料中添加了抗生素、生长激素等,它们会随着动物粪便排出,如果不加以处理直接还田很可能威胁食品安全,从而危害人体健康。因此,使用人畜粪尿一定要先经过堆腐等无害化处理。

技术经验丰富的农民一般都是将人畜粪尿与草、秸秆等纤维多的物料混杂堆在一起,用黏土封闭来发酵,微生物分解有机质的过程中产生的热量会杀死虫卵和病菌。现代有机肥厂有了更好的无害化处理人畜粪尿的手段。

综上,无论是有机肥还是化肥,都能够提供作物生长所需要的养分。而且一般来说,化肥可以提供高浓度的速效养分,可以及时快速满足作物生长茂盛时期对养分的大量需求。但毫无疑问,没有化肥,仅仅靠有机肥,不可能使 14 亿中国人吃饱、吃好。如果停止施用化肥,根据生物小循环定律和地质大循环定律,食物中养分随着出售被带出农场,土壤肥力会不断下降,作物的高产稳产会无以为继。有机肥中的有机物质必须被分解为氮和其他矿质养分,如磷、硫、钾、钙、镁等离子或简单化合物,才能够被植物根系吸收。鼓励和推广施用有机肥的主要目的,并非是生产"有机食品",而是把作物生产过程产生的"有机废弃物",包括秸秆和人类直接或间接吃食的籽实所产生的人畜排泄物,进行资源再利用,这不但可以减少化肥的使用量,减少排放,还有利于环境保护。从"十三五"开始,农业农村部大力开展化肥农药使用量零增长行动,通过对有机肥进行补助等措施来促进化肥农药的减量实施,主要目的是降低过量施用化肥增加的生产成本,减少大量施用化肥对生态环境产生的负面影响。当然,施用有机肥生产的农产品售价比其他农产品高,既增加农民收入,也有利于保护环境,政府和农业专家也乐观其成。

实际上,目前在大规模养殖场普遍使用饲料添加剂和抗生素等药品,没有堆腐的有机肥往往还残留不少污染物,因此用有机肥生产的农产品也未必都是健康安全的。另外,大量施用不合格的有机肥,同样会出现土壤污染、土壤养分过度累积、地下水硝酸盐污染等问题。

二、绿色食品与无公害农产品

1. 绿色食品

绿色食品是指遵循可持续发展原则,按照特定生产方式生产,经专门机构认定,许可使用绿色食品标志商标的无污染的安全、优质、营养类食品。

绿色食品标志图形由 3 部分构成,即上方的太阳、下方的叶片和蓓蕾。标志图形为正圆形,意为保护、安全。整个图形表达明媚阳光下的和谐生机,提醒人们保护环境,创造自然界新的和谐。

绿色食品必须具备以下 4 个条件。

(1)绿色食品必须出自优良生态环境,即产地经监测,其土壤、大气、水质符合《绿色食品产地环境技术条件》要求;

(2)绿色食品的生产过程必须严格执行绿色食品生产技术标准,即生产过程中的投入品(农药、肥料、兽药、饲料、食品添加剂等)符合绿色食品相关生产资料使用准则规定,生产操作符合绿色食品生产技术规程要求;

(3)绿色食品产品必须经绿色食品定点监测机构检验,其感官、理化(重金属、农药残留、兽药残留等)和微生物学指标符合绿色食品产品标准;

(4)绿色食品产品包装必须符合《绿色食品包装通用准则》要求,并按相关规定在包装上使用绿色食品标志。

2. 无公害农产品

无公害农产品是指产地环境、生产过程、产品质量符合国家有关标准和规范的要求,经认证合格获得认证证书并允许使用无公害农产品标志的未经加工或初加工的食用农产品。

无公害农产品标志图案主要由麦穗、对勾和无公害农产品字样组成,麦穗代表农产品,对勾表示合格,金色寓意成熟和丰收,绿色象征环保和安全。

无公害农产品是指产地环境、生产过程和产品质量都符合无公害农产品标准的农产品,不是不使用农药,而是合理使用化肥和农药,在保证产量的同时,确保产地环境安全,产品安全。所以不使用任何农药生产出的农产品也不一定是无公害农产品。

三、有机食品、绿色食品和无公害农产品的生产目标

消费者习惯用产品的标准对有机食品加以要求,但有机食品实际上是有机农业生产方式产生的副产品,而非发展有机农业的初衷。有机食品的生产目标是充分利用有机废弃物,资源化利用,保持良好生态环境,实现人与自然的和谐共生。仅仅是有机农业生产的有机食品肯定满足不了所有人对食物的需求。因此,有机食品卖高价来满足所谓高端消费,也是符合市场法则的。

无公害农产品的生产目标是规范农业生产,保障基本安全,满足大众消费。所谓规范农业生产,就是按照农药、化肥、激素、抗生素等的使用手册生产,这样就能够保障产品不对人的健康产生威胁,是安全的。不使用化肥、农药、激素等化学品,仅仅使用天然有机的肥料、农药、激素等,就生产不出大量产品来满足人们的食物需求。但只要规范使用化肥、农药、激素等这些化学品,其产品并不会对人体造成危害。

绿色食品介于无公害农产品与有机食品之间,其生产目标是提高生产水平,满足更高需求,增强市场竞争力。

有机产品、绿色食品和无公害农产品标志见图 13-1。

图 13-1 从左至右依次为:有机产品标志、绿色食品标志、无公害农产品标志

第十四章　我国主要土壤类型及其开发利用

我国的土壤资源十分丰富,自北而南,自东而西,从平原到山地,有规律地分布着各种土壤。这些土壤的不同,首先就体现在颜色上,如东北平原土壤是黑色的,华南地区土壤却呈红色。此外,还有黄色、灰蓝色、白色等各种各样颜色的土壤。

早在古代,人们就用颜色区分土壤。最有名的人文景观是北京中山公园的社稷坛的五色土坛(图14-1),北黑,南红,东青,西白,中间黄,正好反映了我国北部草原性土壤有黑色的腐殖质层,南方土壤因为赤铁矿的存在而呈红色,东面冲积平原因为地下水水位高,土壤水分多而显青灰色,西部因为土壤砂性(石英多)和有机质含量低,而且盐碱土较多,而显白色,中间黄土高原地区的就是黄土,呈黄色。

图 14-1　五色土坛(北京中山公园社稷坛)

土壤颜色为什么如此多种多样?原来,土壤的颜色与土壤里腐殖质和矿物质的组成有关。腐殖质一般呈棕黑色,其含量高时土壤就呈黑色。土壤里各种矿物的颜色不同,某种矿物含量大,也会使土壤颜色受到影响。如赤铁矿呈红色,菱铁矿为灰白或黄白,蓝铁矿呈蓝色。此外,由于镁、钠等盐类及其他盐类是白色的,在表层积聚这些盐类较多的盐土,就出现白色的盐霜或盐结皮。

一种土壤的颜色并不完全决定于一、二种成分,而是各种有色物质的综合表现。比如在南方的红壤,表层土壤因为含有腐殖质,腐殖质的棕黑色掩盖住了赤铁矿的红色,土壤呈暗棕色;但是在腐殖质含量低的心土和底土中,赤铁矿的红色就凸显出来了。如果表土被侵蚀掉,心土或底土露在地表,表土也呈红色。

当然,颜色的不同只是表象,不同类型的土壤从形成过程、性质特征到开发利用都不尽相同,下面具体介绍我国一些主要的土壤类型及其开发利用。

第一节　南方湿热气候区的酸性红黄壤

我国湿热气候带的丘陵山地,广泛分布着一种红色的酸性土壤,称为红壤(图 14-2 为江西余干县的红壤);而在常年云雾缭绕特别湿润的山地,土壤呈黄色,称为黄壤。红壤和黄壤的性质很近似,所以统称红黄壤,都是南方湿热气候条件下高度风化的土壤。颜色不同是因为氧化铁的类型不同:红壤中的氧化铁主要是赤铁矿,黄壤中的氧化铁有不少是针铁矿,针铁矿的颜色是黄色。

一、红黄壤的形成与特性

红黄壤地区,气温高,雨量充沛,自然条件非常优越。特别是五岭以南的热带地区,几乎全年不见冰雪,年降水量 1 000～2 000 mm,甚至在 2 000 mm 以上。因为高温高湿,岩石矿物化学风化强烈,发生了硅的淋失以及铁和铝化的富集过程,岩石矿物大部分变成很细的黏粒,黏土矿物以高岭石和铁、铝氧化物为主,致使土壤酸性强、阳离子交换量低。因为土壤质地黏重,土壤结构不良,当水分过多时,土粒吸水分散成糊状;干旱时,水分容易蒸发散失,土块变得紧实坚硬,因此有"天雨一包脓,天晴一块铜"的说法。

由于降雨多,淋洗作用强烈,土壤中的钙、镁、钾、钠等盐基离子均被淋失,所以红黄壤比北方土壤更缺乏矿物质营养元素。同时,氧化铁、氧化铝等胶体很容易将磷素包裹,使磷素的有效性降低。

湿热气候下,植物生长茂盛,生产大量有机质,为土壤有机质累积打下了基础。但是,也正因为高温多雨,土壤有机质分解也快,且养分容易随雨水流失。目前,除了部分有茂密的森林及草类覆盖的地区其表层有机质含量可高达 50 g/kg 甚至以上,耕作土壤一般都不到20 g/kg,有的甚至低于 10 g/kg,因而耕地土壤有机质和养分贫乏。

二、红黄壤的开发利用

远在我们的祖先没有从黄河流域大量迁移到南方以前,红黄壤上遍地是茂密的常绿阔叶林。目前,这类原生或次生林地仅在广东、云南、广西、湖南、福建以及南岭等地的深山地区才能见到。现在,这些地区不仅出产丰富的粮、棉、油等产品,而且还出产许多重要的林木和名贵木材,如柚木、楠木、樟木、花梨木等。当然,现在柚木、楠木、樟木、花梨木等这些名贵木材已经很少了,现在出产的建筑用材主要是杉木、毛竹等速生树种。喜欢酸性土壤的茶树,在湿润、多云雾的黄壤山地,生长尤好,品质甚佳。五岭以南的红黄壤,还盛产椰子、菠萝、龙眼、荔枝、香蕉、芒果、柠檬等热带水果,以及橡胶、金鸡纳、咖啡、剑麻、胡麻、胡椒、香茅、槟榔等重要热带

图 14-2　红壤(地点:江西余干县)

特产。

结合红黄壤的特性,应该从以下几方面进行开发利用。

(1)发挥水热资源优势　首先发挥区域气候造就的土壤多种适宜性和生物多样性优势,在山区种植橡胶、咖啡、可可、龙眼、荔枝、甘蔗、洋桃、木瓜、香蕉、菠萝、芒果、柑橘等,也种植何首乌、砂仁、杜仲、灵芝、益智、三七等药材。在低山丘陵区,利用水热条件好的优势,发展以水稻为主的多熟制种植业。

(2)要有针对性地克服红黄壤类土壤的"酸、瘦、黏、板"等障碍因素　"酸、瘦、黏、板"是红黄壤类土壤共有的障碍因素,有的是由于水土流失的结果,它直接限制红黄壤肥力的发挥和产量的提高,应通过增施有机肥料、合理施用磷肥、石灰以及其他化学措施,配合其他农业、水利措施以逐步转化这些障碍因素。

①增施有机肥料。红黄壤低产的重要原因之一是土壤中缺乏有机质。在正常施用农家肥料时,还要利用没有庄稼的季节(秋后冬季)种绿肥作物,把用地和养地结合起来。红黄壤地区绿肥种类很多,把冬季与夏季绿肥、豆科与非豆科、高秆与矮秆、浅根与深根的不同绿肥,因地制宜地进行搭配,既可充分利用光热营养条件,还可利用绿肥提高土壤有机质含量。此外,应大力推行秸秆还田,培肥红黄壤。

②施用化肥和石灰,中和酸度。在土壤酸性,土壤中活性铁、铝含量较多的情况下,土壤中的磷素多以难溶解的磷酸铁、磷酸铝等形式存在,有效性低;施用的磷肥也可能转化为此种形态,降低了肥效。因此,酸性强的红壤要适当地施用石灰,以中和酸度,提高施用磷肥的肥效。在红黄壤类土壤上施用石灰是传统的有效措施,可改变红黄壤酸、黏等不良性状。施石灰中和酸性,可增强土中有益微生物的活性,促进养分转化,改良土壤结构,从而改变红黄壤的"酸、

黏、板"等不良性状。石灰适宜用量要因土而定。施用磷矿粉,不但可供给磷素,而且可中和土壤酸度。由于高度风化和淋洗作用,红壤也普遍缺乏钾素,需要施用钾肥。红壤上种植水稻,施用硅肥的效果也是非常明显的。

③客土掺沙。客土掺沙是改良土壤黏重、耕性不良的好办法。四川省在红黄壤耕地上采取施用紫色沙页岩风化物的"油石骨子"客土掺沙的办法,对改善红黄壤的不良物理性状、增加土壤养分、降低土壤酸度有良好效果。

(3)发展灌溉事业 红黄壤地区还是有季节性干旱的,应兴修水利以彻底解决季节干旱威胁,这样可充分发挥当地热量资源的优势,特别是云南昆明以北的山原红壤,旱季长,发展中小型山塘、水库,充分挖掘利用好径流水资源,旱地改水田,能够实现高产稳产。

(4)加强水土保持 红黄壤地区的水土流失还是比较严重的,特别是耕地。因此有必要采取水土保持措施。有条件的地方尽可能修筑水平梯田;坡缓土厚的地方,也可修筑顺坡梯田,通过土埂植草灌、等高耕作拦截水土。

第二节　北方温凉湿润气候区的肥沃黑土

一、黑土形成与特性

我国黑土总面积为 734.65 万 hm²,以黑龙江最多,占 60% 以上,吉林次之,内蒙古居第三位。黑土多见于哈尔滨—北安、哈尔滨—长春铁路的两侧,东部、东北部至长白山、小兴安岭山麓地带,南部至吉林省公主岭市,西部与黑钙土接壤。

黑土分布区的气候属于温带湿润、半湿润季风气候类型。雨热同季,绝大多数的降水集中在 4 月至 9 月,4 月至 9 月的降水量占全年降水量的 90% 左右。这说明在植物生长季水分较多,利于植物生长发育。

黑土地区的自然植被是草原化草甸、草甸或森林草甸,主要植物有地榆、裂叶蒿、野豌豆、野火球、委陵菜、凤毛菊、唐松草、野芍药、野百合等。每年 5、6 月份春暖花开时,各种植物的花朵竞相开放,争奇斗艳,是一个天然的大花园,当地群众称之为"五花草塘"。草被覆盖度可以达到 100%,草丛高度 50 cm 以上,一般在 50~120 cm,每公顷产干草一般在 7 500 kg 以上。

黑土地区的地形多为高平原或山前倾斜平原,但这些平原实际上又非平地,而是波状起伏,坡度一般在 3~5°,群众称其为"漫岗地",海拔高度在 200~250 m,地下水位一般在 5~20 m,地下水属于淡水。

黑土地区有长达半年多的生长季,植物繁茂,产生了大量有机质;但到了冬天,地面白雪皑皑,地下冰冻三尺,微生物也在沉睡之中,生长季产生的有机质停止了腐解。这样,有机质合成多与分解少的综合结果,就形成具有深厚腐殖质层的黑土(图 14-3)。民间有这样一句顺口溜来形容东北的黑土的肥沃,说是"插根筷子能发芽"。

黑土具有深厚而肥沃的黑土层,厚度一般 35~60 cm,特别深厚的可达 100~130 cm。有机质含量高达 5%~10%,表土形成了良好的团粒结构,土壤松软,通气透水,耕性好,心土底土质地较黏,保水保肥,土壤不含碳酸钙,pH 中性,不酸不碱。

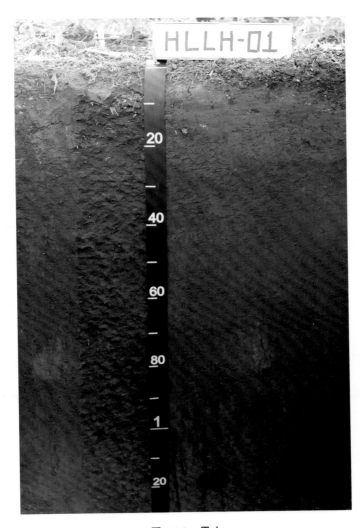

图 14-3　黑土

（地点：黑龙江海伦；中国科学院东北地理与农业生态研究所隋跃宇研究员供图）

二、黑土的开发利用

黑土曾经是"北大荒"，但经过历朝历代的开垦，特别是新中国成立后的开垦，已经基本没有了自然植被，如今主要种植玉米、大豆，是中国的"北大仓"，是中国的商品粮基地。

黑土在自然状态下，有自然植被的保护，土壤有机质多，团粒结构好，渗透性好，很难发生地表径流和水土流失。但在开垦为农田后，耕层裸露，直接遭受风雨袭击和频繁耕作影响，土壤结构受到破坏，孔隙急剧减少，土壤板结，容易产生径流，往往造成大量面蚀和沟蚀。侵蚀严重的地方，黑土耕地原来初垦时黑土层厚度一般在 60～80 cm，深的可达 1 m 多；但开垦耕种20 年的黑土层厚度减至 60～70 cm，耕种 40 年的减至 50～60 cm，耕种 70～80 年的黑土层仅剩下 20～30 cm，许多水土流失严重的地方只剩下表皮薄薄的一层，颜色由黑变黄，俗称"破皮黄"。自然黑土开垦前表层有机质含量多在 30～60 g/kg，甚至北部黑土表层有机质含量远远高于6%，低于3%的比较少见；现在缺乏保护性耕作措施长期耕种的黑土地，有机质含量只有2%左右，甚至低于2%。当黑土层被剥蚀和有机质含量变少后，土壤就不"肥得冒油"了，而且变得黏板、酸瘦。

加强黑土地保护，要加强农田基本建设，改变农业生产条件，建立高效的人工农业生态系统，建立旱涝保收的高产稳产农田。应在综合规划的基础上，搞好"三北"防护林和农田防护林建设，造就抑制黑土风蚀的屏障。

在日常耕作方式上，为了防止水土流失，要采取等高耕作、等高种植，注重生物护埂。要推广应用已被证实对水土保持和保护黑土层行之有效的秸秆留茬、少耕、免耕、秸秆覆盖等保护性耕作方式(图14-4)。黑土质地黏重，长期大型农机具的使用会形成一个坚实而渗水缓慢的犁底层，因此，也要间隔三五年深耕一次，打破犁底层。深耕深度每次不一样，可以更好地防止犁底层形成。

图14-4 黑土地留茬秸秆覆盖保护性耕作
(地点：吉林梨树县；中国农业大学李保国教授供图)

为了保护黑土腐殖质含量不再降低，应增施肥料，包括化肥。在没有化肥的时代，人们把作物生产的有机废弃物(秸秆)和人畜生活排泄物堆沤成有机肥施用于农田，在土壤微生物的作用下，有机物中含有的氮磷钾等养分被分解释放出来，供作物根系吸收，可以维持一定的土壤肥力和产量，但难以大幅度提高产量，作物产量一直维持在低水平。黑土再肥，不施用化肥，要保持高产也是不可能的。因为，从土壤拿走得多，归还得少，肥力肯定会下降。如果施用化肥生长的大量作物根茎叶残体都归还到土壤中，黑土有机质含量就不会再下降；而且那些开垦年代久远，土壤有机质含量已经降低到低水平的，土壤有机质含量还可能会提升。因此，在黑土区要积极提倡并推广秸秆还田，特别是秸秆过腹还田，即作物秸秆配合精饲料，发展草食类养殖业，牲畜粪便堆沤有机肥，再还田。当然，在高产水平下，也要做好配方施肥和平衡施肥，避免水土流失造成水体富营养化。

第三节　半干旱半湿润区的草原土壤

一、草原土壤形成与特性

从黑土区向西由湿润气候向半湿润半干旱过渡的狭长温带地带,年降水量由 400 多毫米下降到 200 多毫米,自然植被也由草甸草原向草原、干草原过渡。因为降水量越来越少,草的高度越来越低,覆盖度也越来越低,也就是越来越稀疏,生长季生产的有机质也越来越少,较比东北平原的黑土,土壤腐殖质的含量越来越少,土壤的颜色越来越淡。因为降水量少于蒸发量,土壤的淋溶不如黑土,因此,碳酸盐在腐殖质之下的 B 层积聚起来。从景观上分类,这些土壤与黑土一样,也是草原植被。但是,从草的高度看,已经没有黑土的"风吹草低见牛羊",而是不用风吹,小牛也看得见;到了西部,甚至风不吹,小羔羊也看得见了。

但是,这个地带的土壤与黑土一样,还是有明显的腐殖质层的,只是腐殖质层厚度不如黑土,颜色也不如黑土的黑。又因为这些土壤含有碳酸钙,所以土壤学名是黑钙土(图 14-5)、栗钙土(图 14-6)。黑钙土在栗钙土的东边。黑钙土与栗钙土的区别是黑钙土的腐殖质层比栗钙土的深厚,有机质含量高,颜色更深,这在"黑"与"栗"两个字的含义上就可理解。另外,因为栗钙土的淋溶程度不如黑钙土,其碳酸钙的积聚不明显。

图 14-5　黑钙土,黑色腐殖质下部白色的碳酸钙(地点:内蒙古阿鲁科尔沁旗)

图 14-6　栗钙土(地点:内蒙古四子王旗)

二、草原土壤的开发利用

　　黑钙土区已经不再是肥美的草原,基本也被开垦成农田了,它与黑土区共同组成了中国的"黑土地""北大仓",成为我国"北粮南调"的重要基地。而栗钙土区构成了我国的"农牧交错区",也即这个区域既有农田种植业,也有草原放牧业。

　　实际上,中国目前的"优质草原"就是栗钙土区,再向西的草原就是荒漠草原了,产草量很低。但是栗钙土区的草原,由于过度放牧,超载过牧现象严重,导致草场退化(图14-7),土壤沙化。所谓草场退化,就是草变矮小和稀疏,而且因为羊群的择食性,使得可食草的种群减少。

图 14-7　栗钙土区退化草场（地点：内蒙古四子王旗）

中国现有的所谓 40 多亿亩草地，大多是荒漠草地，其中生产力最高的草地就是半干草原即栗钙土区。我们吃的草地放牧业牛羊肉，主要来自这个地区。因此，温带半干旱栗钙土区的草原是草原中的"大熊猫"，我们必须十分珍惜，要给予特殊保护。半干草原也处于蒙古高压气旋南下的路上，栗钙土要是开垦了，土壤失去植被的保护，强烈的风蚀沙化就会发生。因此，我们绝不能让这片草原再出现科尔沁草原变科尔沁沙地的生态悲剧。要保护草原不再被开垦，并将半干草原区的旱地退耕还草。我们期待着，中国的草原更广阔，天似穹庐，淖尔碧蓝，牛羊成群，内蒙古人民手捧美酒唱起《美丽的草原我的家》，欢迎八方来客。

在干旱区，没有灌溉就没有农业，因此位于干旱区的耕地一般都是水浇地。水浇地有灌溉保障，能够满足作物生存对水分的基本要求，可以说是高产稳产田，每年都在种植，而且都有完善的区域和农田防护林体系，只要采取保护性耕作，无须过度担心其沙化问题。

但北方旱作地区（半干旱半湿润地区）的耕地，由于没有灌溉条件，也没有地下水补给，耕种具有一定的不稳定性，经常发生"撂荒"或弃耕，而耕地撂荒或弃耕发生土壤沙化的风险极高。位于我国北方半干旱地区的旱耕地，是我国沙漠化最严重的地区，也是北方风沙源策源地，必须得到有效保护。因此，要对现有半干旱半湿润区耕地开展适宜性评价和承载力评价，尤其要对处于半干旱沙区等存在潜在沙化风险的耕地进行科学评价、科学规划，划定宜耕沙地范围。有河流水灌溉的河流川地耕地和处于相对低洼地貌（即沙丘之间的甸地）的耕地，一般有水源补给，即使遇到偏旱年份，作物也能够正常生长，这些耕地也能够实现常年耕种。因此，对于这些常年耕种的耕地，只要耕作措施或经营管理得当，风蚀沙化并不严重。从国家粮食安全战略出发，半干旱区的这些耕地应该保留为耕地用途，可以对这类宜耕沙地开展保护性利用。而对这个地区处于相对高凸地貌（即沙丘）部位上，得不到地下水有效补给，只靠天然降水进行农业生产的旱耕地，应该退耕恢复草被。

农区要由外到内依次建立防风固沙基干林带、农田防护林网，建立完善的固沙-阻沙-降低

风速的立体防护措施,以减轻风沙灾害损失。

第四节　干旱地区的绿洲土壤

从甘肃的河西走廊到新疆全境,这里远离海洋,湿气团难以到达,降水量非常少,属于干旱地区,沙漠、戈壁广布。但这里的高山上部却常年积雪,举目远眺,山上覆雪,银光闪闪,蜿蜒不断。每到夏天,山上冰雪融化,汇集成河,流淌到山前平原,发育成茫茫大漠之中的绿洲,到了夏天就成为"塞外江南"。

一、干旱地区土壤形成与特性

在干旱区,降水量也是不同的。东部可以达到 200 mm 的年降水量,而到西部的昆仑山下的且末地区,年降雨量只有 10 mm。东部的大气干燥度为 2,到了最干旱的暖温带的塔里木盆地,干燥度大于 4。自东而西降水量越来越少,自然植被也由荒漠草原向荒漠过渡,草的覆盖度也越来越低,主要是耐干旱的藜科植物;生长季生产的有机质也越来越少,土壤腐殖质的含量越来越少,土壤的颜色越来越淡,甚至看不出有腐殖质层。

在干旱区,岩石矿物的风化以物理风化为主,化学风化过程极其微弱。受降水量自东而西越来越少的影响,水分向下淋溶得越来越少,东部在土壤剖面中有石膏出现,但像氯化钠这样的易溶盐在底土才有。但到了西部,土壤剖面中的易溶盐含量上下一致,说明基本没有淋溶作用发生。因此,从东西向上,东部有发育在黄土状成土母质上的灰钙土和发育在砂砾质洪积物上的棕钙土;西部则有发育在黄土状成土母质上的灰漠土和发育在砂砾质洪积物上的棕漠土(图 14-8)。

图 14-8　棕漠土(地点:新疆北屯)

在不同的地貌部位上,残积物与沉积物不同,也造成土壤特性的差异。在山区,基本是岩石裸露的不毛之地,只是在海拔高的地方,因为降水量的增加和温度降低,出现森林,再往上是山地草甸草原,草甸草原再往上是雪山。森林与草原下的土壤有明显的腐殖质层,但土壤主要还是由物理风化的岩石碎屑组成,细土颗粒少。在山前地带,洪水带下来的洪积物,其中的细土大部分被风吹走,剩下粗大砾石铺满地表面,通常称为戈壁滩。离山远的地方则是沙漠。在河流的下游,有壤质的沉积物,土壤的保水保肥性能良好,绿洲农业主要在这个地区。在地势低洼、地下水位较高的地方,有盐土分布。在干旱区很多地方,有水就是绿洲,无水则是荒漠。

总体上说,干旱地区的土壤有机质含量很低,土壤养分贫瘠;沙性大,保水保肥能力差。

二、干旱地区土壤的开发利用

干旱区光照充足,春季土壤升温快,夏季温度高,昼夜温差大,有利于光合作用产物的积累,只要有灌溉条件,就具有广阔的发展前景。

汉武帝时期就屯垦于河西走廊一带,一面守卫,一面垦荒种地,就地解决军粮问题。唐初,河西走廊到天山南北已形成断续的绿洲农耕区。清代,祁连山前,天山南北的绿洲农田已基本连接起来。

新中国成立后,新疆各族人民和军垦战士在党的领导下,开发荒漠灰钙土和盐土,建造了许多新绿洲。他们与干旱、风沙、盐碱做斗争,建设了许多水库和渠道,发展灌溉农业,并注意排水控盐,使昔日的荒漠变成了良田(图14-9)。昔日黄沙茫茫,如今已是绿树参天,条田成网,粮食亩产超千斤,皮棉亩产高达110 kg。气候干旱,滴水贵如油的干旱区绿洲,良田万顷,已经成为国家重要棉粮油生产基地和优质水果、蔬菜产区。优质水果有哈密瓜、吐鲁番的葡萄、库尔勒梨和伊犁苹果等。

图14-9　昔日荒漠今日万顷良田(地点:新疆玛纳斯)

干旱区毕竟水资源短缺,风沙大,因此,应该从下面几个方面开发利用土地,保证土地的可持续利用与生态安全。

(1)保护、恢复生态体系 要通过围封育林育草,划定一批自然保护区、"四禁"(禁垦、禁伐、禁牧、禁猎)区和"四限"(限耕、限牧、限樵、限灌)区,保护好现有植被;通过飞播造林种草和人工造林种草,恢复和建设植被,逐步建成"乔、灌、草""带、片、网""防护、绿化、美化"的多层次、多功能的完整防护体系。将依赖天然降水种植的天山草原带的"闯田"退耕种植人工牧草,建成割草场,成为冬季畜群过冬育肥基地。以草定畜,固定草场使用权,划区轮牧,防止超载过牧,以利草场资源的恢复。

(2)充分利用光能资源,发展灌溉绿洲农业及饲草料基地 绿洲灌区要控制灌溉定额,减少渠系渗漏,灌排配套,防止次生盐渍化;井灌区要注意地下水平衡,防止过采;灌溉农业要积极推广应用节水灌溉新技术(膜下滴灌、渗灌)。要充分利用光热资源,建立粮食、棉花、瓜果、葡萄、甜菜等优质产品基地。要加强农田基本建设,提高单产,一方面为农区人民生活提供足够的产品,另一方面也为牧区提供精饲料。

(3)合理灌溉,防止耕地土壤的次生盐渍化 干旱区蒸发量远远大于降水量,因此,土壤具有天然积盐条件。灌区如果灌溉排水调控不好,抬高了地下水位,很容易引起次生盐渍化。因此,一要节水灌溉,二要修建完善的排水体系,将地下水位控制在临界深度以下。这对于开垦的低湿地特别重要。

(4)保护性耕作 包括少耕与免耕、作物留茬等。再利用一些行之有效的防治风蚀沙化的种植模式,如兰州农民创造的"砂田"的利用方式,即在土壤表层铺上粗沙和小卵石或碎石,以减少土壤表面蒸发,抵抗风蚀和提高地温等。

三、戈壁滩上发展水肥一体化温室农业

大家都知道,在山前干旱区,没有灌溉就没有农业,因此,那里的农业也称绿洲农业。这一地区灌溉水源来自雪山融水,水资源匮乏。因此,虽然土地广袤,但耕地面积很小。传统上,绿洲农业都是在山前洪积扇扇缘部位和冲积平原区。这里地下水埋藏较浅,土壤质地较细,可以吸持水分的毛细管孔隙多,灌溉水被保持在土壤毛细管孔隙中,灌溉之后可供作物根系不断吸收利用。因为这样的土壤通气孔隙(没有吸持水的能力)少,因此,灌溉水的渗漏少,利用率高。这里的土壤也没有粗大到影响耕犁的砾石,可以翻耕。

而在山口处和洪积扇的中上部,地下水埋藏较深,这里沉积物主要是由粗砂和砾石(拳头大小到指头大小的岩石)组成,细土颗粒少,称作戈壁。大量砾石不但影响耕作,而且因为主要是通气孔隙,缺少毛细管孔隙,其渗漏性极强,因此,灌溉水基本都渗漏了,灌溉水的利用率很低。从工程技术上来说,可以在戈壁上挖穴填充细土增加持水能力,但戈壁区本身缺少细土,而要从洪积扇下部或冲积平原远距离运土,耗资巨大。因此,很少有通过客土在戈壁上发展农业的,戈壁滩基本保留着自然荒漠景观。

水肥一体化栽培技术为在戈壁滩上发展资源高效设施农业创造了条件。所谓水肥一体化技术是将灌溉与施肥融为一体的农业新技术。即借助压力管道系统,将可溶性肥料,按作物种类及其对水分与养分的需求,配兑成含各种养分(包括氮磷钾大量元素和其他微量元素)的灌溉水一起,通过可控管道和滴头输送到植株的根部。作物(主要是蔬菜)种植在一种称作"营养包"(或叫"基质枕")上。营养包里填充的基质多是纤维性的,吸持水的能力强,作物蔬菜根

系也在这里找到了良好的伸展空间。滴灌管将营养液均匀、定时、定量地输送到相互隔离的营养包里,保证作物蔬菜"不饥不渴",也不会出现大水漫灌导致的水分饱和、根系缺氧的情况。目前,多利用秸秆、天然矿物及畜禽粪便等生产营养包,可循环、可降解。营养包由塑料膜包裹,避免了像大田一样的土面水分蒸发。营养包的下部是塑料槽,即使有多余的营养液,也渗漏在底部的塑料槽中,收集起来过滤后再循环利用。这项技术也避免了肥料施在表土层易引起挥发损失、肥效发挥慢的问题,尤其避免了地面漫灌水分渗漏,化肥养分随渗漏水进入地下水,导致地下水富营养化的问题和次生盐渍化问题,是一种肥效快,水分和养分利用率高,又有利于环境保护的现代农业生产技术。

图 14-10　戈壁滩上的水肥一体化温室(地点:甘肃张掖)

目前,在戈壁滩上利用水肥一体化技术发展高效设施农业,即温室栽培蔬菜、作物,是一项比较成熟的技术(图 14-10)。作者在海升现代农业有限公司建在甘肃民乐县祁连山下戈壁滩上的智能温室内看到,配制好的作物肥料营养液,通过管道和滴头经过控制系统按需求输送到营养包内,营养包上种植的小黄瓜、番茄果实累累,体型匀称,油光锃亮。黄瓜、番茄的株、行距一致,各行之间设置了采摘黄瓜、西红柿的轨道车。温室内温度和湿度也自动调节。据介绍,这里使用的是荷兰的水肥一体化营养包智能设备。即使与同样使用水肥一体化滴灌的露地栽培相比,也可以节约用水 50%～70%,节省肥料 50%～70%。如果与常规地面畦灌栽培相比,就更节水节肥了。因为一般的地面畦灌栽培,有 50% 以上的灌溉水渗漏到耕层以下,土面蒸发占灌溉水的 15%～17%。也就是说,地面畦灌栽培大约有 70% 的灌溉水,因为渗漏和土面蒸发被损耗掉。众所周知,只有植株蒸腾耗散的水分,才通过光合作用生产农产品(根茎叶籽实）。这样换算的话，使用水肥一体化营养包智能温室栽培蔬菜，与一般地面灌溉露地蔬菜相比，可以节约用水 85%～90%。而且，肥水循环利用，直至养分被吸收完全为止，能够切实避免化肥流失造成的面源污染。

更重要的是，这种水肥一体化营养包智能温室降低了棚内的空气湿度，避免了病菌随水流动传播，有效地减轻了病害（如辣椒疫病、番茄枯萎病等）的发生。因此，温室内不喷洒任何农药，生产的蔬菜都是绿色产品，质优价高。

我国戈壁广泛分布在祁连山、天山、昆仑山上等的山前地带，总面积约 45.5 万 km²。对于传统农业来说，如前所述，因为这里沉积物主要是粗砂和砾石，渗漏性极强，不适合发展灌溉农业。如果从洪积扇下部运输细土，会对那里的土地造成破坏。如果在本地开挖筛取细土，开挖面积更大，会对戈壁造成新的破坏。这都不符合建设生态文明社会的战略。但如果使用水肥一体化营养包技术发展设施农业，不但高产稳产，绿色生产，水分和养分利用率高，而且也不会破坏其他地区的生态。

虽然，温室有可能耗能，但利用干旱区丰富的光能资源，发展太阳能发电，可以解决能源问题。实际上，就是一般的大田农业，现在为了节水，都采取滴灌方式，滴灌的压力系统也是需要电力的。

第五节 干旱半干旱区的盐碱土

一、盐碱土的类型

盐碱土是盐土和碱土的总称。如果可溶盐的含量大于 10 g/kg（东部地区）或大于 20 g/kg（西部地区），且易溶盐是中性盐，如氯化物和硫酸盐，土壤 pH 为中性，称为盐土（图14-11）。如果可溶盐是碱性盐，如碳酸钠和碳酸氢钠，土壤的 pH 大于 9.0，且土壤质地是黏土，称为碱土。碱土的易溶盐没有盐分含量的要求，含量可以低于 10 g/kg。

图 14-11　盐碱土景观（左）与剖面（右）（地点：天津市）

盐土包括滨海盐土和内陆盐土两个类型。

（1）滨海盐土　分布于我国沿海地区，成土母质曾受过或目前还在受海水的浸渍，因而残留下来大量盐分，盐分类型主要是氯化钠。土壤呈微碱性，pH 一般在 8.0～8.2，土壤上下各层和地下水的含盐量都较高，地下水位一般较浅（1～2 m）。一般含盐趋势是：离海愈远，海退愈早，土壤和地下水的含盐量愈轻；离海愈近，海退愈晚，土壤和地下水含盐量则愈重，表层含盐量高者可达 1%～2% 甚至以上，低者则在 0.1%～0.2%，地下水矿化度高者可达 30～50 g/L，低者仅 1～2 g/L。

（2）内陆盐土　分布于新疆、青海、甘肃河西走廊和内蒙古等地，是干旱地区各种盐土的统称。其特点是大面积连片分布，地表强烈积盐，常形成盐结皮、盐结壳或疏松的聚盐层。表层 1～5 cm 含盐量通常在 5%～20%，心土和底土含盐量也在 1% 左右。盐分组成复杂，主要有氯化物、硫酸盐，有些地区还有碳酸钠和硝酸盐。地下水位一般为 1～3 m，矿化度为 3～20 g/L，高者可达 70～80 g/L。其中一部分内陆盐土由于河流改道等原因，地下水下降，目前地下水位在 7～9 m 甚至以下，表土层含盐量在 3%～10%。

碱土，也称草甸碱土，主要分布于东北平原西部和山西大同盆地。碱土比盐土的土中碳酸钠和碳酸氢钠相对多，呈强碱性，pH 高于 9，甚至 10 以上，土壤有机质被碱溶解，呈马尿色，故也俗称马尿碱土。碱土不但有易溶盐的积累，而且由于碱性的易溶盐使土壤吸收性复合体为钠离子饱和。碱土并非仅仅是 pH 高，而且由于土壤质地是黏土，钠离子与胶体的负电荷结合，就会发生胶体分散，造成不渗水，雨季很容易渍涝，土壤缺氧，作物生长受抑制。碱土土壤结构不发育，物理性状恶劣，紧实通透性差，农民形容为"干时硬邦邦，湿时水汪汪"。正是因为碱土中的钠离子分散了黏土结构，变得渗水性差，而不能种植旱作作物。因为干时，地表结皮，影响作物出苗；干裂的大缝甚至可以将根系扯断。

二、盐碱土的形成与分布

易溶盐在土表和土体中积累的过程称为盐化，是指由于蒸发量大于降水量，土壤水分运移以上行为主，含盐的地下水借助土壤毛细管上升在表土或在土体上部积累的过程。盐化过程一般发生在干旱、半干旱和半湿润气候区。从地形上看，盐化过程一般发生在干旱、半干旱和半湿润气候区的低洼排水不畅的地方，由此一来，地表径流或地下径流在此聚集，水分被蒸发，盐分得以积累。

盐碱土中的盐分是从哪里来的？又是怎样进入土壤而形成盐碱土的？盐分最初都是由岩石风化和分解出来的。在高温多雨的南方地区，母岩分解出来的可溶性盐分被雨水淋洗，土壤形成后没有盐分残留，因而没有盐碱土分布。在年雨量较少、蒸发量大的北方干旱半干旱地区，成土母质中的盐分未被充分淋走，在土壤形成过程中，盐分经过重新分配和重新聚积，就形成了积盐现象，因而形成了大面积内陆盐土，甚至有盐湖和含盐地层的分布。在我国北起辽东半岛，南至淮河的滨海地区，由于受海水的浸渍，降水量又不是很多，海水中的盐分在土壤中聚积，形成滨海盐土。而在不受地下水影响的山区和南方降雨量大于蒸发量的湿润地区，不存在盐碱土。此外，在热带、亚热带沿海平原低洼处，在红树林下形成的土壤，富含硫的矿物质累积，一经氧化便形成硫酸态物质，使土壤变成强酸性，pH 可降至 2.8 的酸性硫酸盐土，更应该归类入沼泽土中，是一种特殊的湿地。

三、盐碱土的开垦利用

盐碱土的共性是过多的盐分使一般植物的生长受到抑制,只能生长耐盐的植物,如盐蓬、碱蓬等。不将盐土中的盐分淋洗掉,就不可能种植庄稼。盐碱土还具有土壤有机质和养分少、土壤僵硬、板结等不良性状。因此,改良利用盐碱土时,就要采取一切措施促使盐分加速淋溶,防止盐分累积,使盐碱土向着脱盐和熟化的方向发展。

"盐随水走,水去盐留;盐随水上,盐随水下",这是盐分运动的一般规律。因此,改良盐碱土就是要抓住这种盐分累积和淋溶的运行规律,促使盐分淋溶,防止盐分累积。

开垦之初,首先是修建排水系统。排水系统的作用是防止雨季外来汇水,降低地下水位。排水的方式有明沟排水、暗管排水和竖井排水几种。我国盐碱土地区普遍采用的是明沟排水和竖井排水。

①明沟排水。即在地面挖成一定深度的明沟,排走地面水和地下水。明沟排水的特点是排水快,投资少,易于修建排水网。明沟排水由大小深浅不同的排水沟组成,一般分为"干、支、斗、农"四级。合适的排水沟能够控制地下水位于一定的适宜深度,并在其他措施的配合下,使含盐地下水不会因土壤毛细管作用上升到地表,而只能上升到根系活动层以下,这样就能淋洗掉土壤中的盐分,并避免土壤返盐。

②竖井排水。竖井排水也叫垂直排水,是通过打井提取地下水而降低水位的一种方式。在平原盐碱地区打井,不仅能降低地下水位、除涝防盐,还可以利用井水灌溉洗盐。河南、河北、山东、苏北等地的盐碱土改土实践证明,井灌井排是综合治理旱、涝、盐碱灾害的有效措施。

在修建了完善的排水系统之后,就需要对土壤进行洗盐。在半湿润的滨海地区,只要排水系统完善,利用雨季的降雨就可以达到洗盐的目的。当然,再灌溉淡水会加速洗盐过程。然而,在干旱的内陆地区,降水稀少,必须灌溉淡水洗盐。灌溉洗盐是盐碱地改良的最有效措施之一。灌洗前,要将盐碱地耕翻耙平,破坏盐结壳、盐结皮、板沙层或板淤层等,以利透水淋盐。灌溉洗盐最好选择在春季,这时候地下水水位最低,有利于盐分下移;同时,这时候也是作物最缺水的季节。

在盐碱地上种稻是最有效的盐碱地开发利用方式。水稻的种植经常淹灌和换水,等于长期进行冲洗排水。只要灌溉水源足,水质好,排水条件好,即使是光板地、重盐地,种稻1~2年后,土壤和地下水都能迅速脱盐和淡化。

对于碱土的开垦利用,不但要洗盐,还要改碱。因为盐分的钠离子被土壤黏粒吸附,若单纯采用灌水洗盐,胶体分散后,渗水性变差,难以收到淋洗盐分的效果。因此,在冲洗以前应先施用一些化学改良剂,常用的化学改良剂有石膏、黑矾等。石膏里的钙能直接代换被黏粒吸附的钠,使碱土中的碳酸钠和碳酸氢钠等有害物质变为碳酸钙和重碳酸钙等无害盐类。碱土开垦种水稻是最适宜的种植方式,因为水稻耐缺氧,还需要一个渗水非常缓慢或不透水的黏土层;碱土种稻淹水后,黏土分散,减少水分渗漏,正是水稻种植需要的。至于pH高,实践证明,土壤pH高并不影响水稻生长。

脱盐改良后,在维护好排水系统的基础上,盐碱耕地以田间水分管理为中心,不能搞大水漫灌灌溉,应该采取滴灌等节水灌溉方式。盐碱地地区水资源缺乏,大水漫灌不仅造成水资源浪费,而且大量灌溉余水渗漏导致地下水水位上升。如果地下水水位上升到临界深度之上,就会产生次生盐渍化。如果长期灌溉水分蒸发,土壤逐渐积盐,也应该间隔一定时期再大水漫灌将盐分淋洗到根系主要活动区之下。

防治已经改良后的盐碱耕地发生次生盐渍化还需要合适的耕作措施,具体包括:

①深翻改土。深翻可以打破犁底层,增厚耕层,消除土壤板结,改善土壤的通透性和渗水性,能促进雨水的下渗。深翻也切断上下层的毛细管联系,土壤水分蒸发相应减弱。

②增施有机肥。增施有机肥料、种植绿肥、合理轮作倒茬、增加地面秸秆覆盖等措施,可使土壤具有良好的结构性,当水分从小孔隙体系流向大孔隙体系时,大孔隙体系实际上限制住了小孔隙体系水分的流动,抑制和减少水分蒸发,对调控盐渍土的水盐动态变化,起到良好的作用。盐碱地上所种的绿肥应具有耐盐、耐瘠、耐旱、耐涝的特点。适于盐碱地栽种的冬绿肥种类,有豌豆、田菁、柽麻。

图 14-12　盐碱土改造成的良田(地点:天津市)

我国开垦改造盐碱土为耕地成绩卓著(图 14-12)。目前有盐碱土开垦出来的耕地 11 415 万亩,主要分布在新疆、黑龙江、内蒙古、河北、新疆生产建设兵团、吉林和山东等 7 个省(自治区、兵团)。开垦改造盐碱土的最有效的手段就是水利改良,即挖沟排水淋洗土壤盐分。但这需要淡水,而干旱、半干旱和半湿润气候区缺的就是水。因此,开垦盐碱地必须以水定地,做好规划,防止开垦之后,没有可持续的水资源灌溉,不得已而撂荒。特别是在干旱区,撂荒后会发生荒漠化,还不如不开垦有盐生植被覆盖,将其作为一种生态系统。

2021 年 10 月 21 日上午,习近平总书记在考察黄河三角洲农业高新技术产业示范区时指出:"18 亿亩耕地红线要守住,5 亿亩盐碱地也要充分开发利用。如果耐盐碱作物发展起来,对保障中国粮仓、中国饭碗将起到重要作用。"总书记的这番话道出了开发盐碱地的重要性,也为治理和利用盐碱地指明了新方向。如上所述,传统盐碱地开发就是用淡水洗盐,但是盐碱地区最缺乏的就是淡水资源,因此发展耐盐碱作物就可避开这一劣势。

第六节 土厚水丰的冲积平原土壤

冲积平原是由河流沉积作用形成的平原地貌。如我国东部的东北平原、华北平原、长江中下游平原、珠江三角洲平原等；在西部还有一些盆地之中的平原，如成都平原、渭河平原、汾河平原、银川平原等。平原地平土厚水丰，开发历史悠久，早已成为，而且今天依然是我国主要的农业生产基地。

一、平原土壤性质的共性与差异

平原土壤的共性第一是土层深厚，给植物提供了充足的扎根立地空间；第二是土壤水分较为丰富，因为地面水资源丰富，地下水资源也丰富，无论是引用地面水资源灌溉，还是抽取地下水灌溉，都可以开垦建设成水浇地或水田；第三是土壤质地大多数是壤质的，而且有沉积层理（图 14-13）；第四是土壤的 pH 接近中性。

图 14-13 冲积平原土壤的层理
（地点：山西介休市）

当然，受气候影响，不同维度、不同经度的平原其热量条件与降水条件不同。这种气候不同影响着现实的种植制度，也就是不同茬口的作物组合，比如东北平原只能一年一熟，但成都平原就可以实现早稻—晚稻或油菜—中稻的一年二熟。另外，受所在地区来源地土壤的影响，在质地和 pH 上，也存在一定差异。一般来说，西北因为山地覆盖黄土，所以其下游的冲积平原的土壤质地是壤质的，而且每一个沉积层的厚度都比较大，且含碳酸钙，因此 pH 偏碱性；南方山区如果沉积物来源地是石灰岩，其冲积平原的土壤质地是非常黏重的，而且 pH 中性；即使是来源于花岗岩山区，因为风化度高，其沉积物中的黏粒含量也大多数超过 25%，尽管也有不少石英粗颗粒，综合的结果是使得其土壤质地为壤质，pH 中性或微酸性。

冲积平原也因地貌类型不同，土壤性质上存在差异。山前平原的土壤颗粒大小不均一，往往含有粗大砾石，而且海拔较高、地面坡度较大，土壤水分比冲积平原差。滨海平原质地均一且细，地下水位高，土壤水分充足，但可能含盐量高。冲积平原介于山前平原与滨海平原之间。在没有建成排水体系之前，冲积平原常存在渍涝问题。所谓"渍涝"就是受地面水和地下水位高的影响，土壤水分经常饱和。

除了冲积平原外，还存在着一些山间平原，在南方成为"坪"或者"坝"，在北方叫"川"，也是土厚土肥的地方。山间平原的范围或规模比冲积平原小得多，地形坡度也较冲积平原大。很少存在"渍涝"问题，但洪水危害还是有的，不过洪水不似冲积平原的历时长，往往是短暂的"洪水猛兽"。

二、平原土壤的开发利用

冲积平原总体上说土层深厚，水分容量大。在农田水分管理上，应该根据土壤质地以及不同质地土层的构型，进行调控。如对于砂性土壤，灌溉要少量多次，最好采取滴灌方式，不能大水漫灌。对于有黏土夹层的，如果夹层处于中低部位，可以利用其渗水缓慢的特性，发展水稻种植。当然，也要根据地下水位进行土壤水分调控，对于地下水位高的，要充分借助毛细管力利用地下水补充土壤水分的优势，减少灌溉。

平原上的土壤开发利用就土壤特征上来说基本上是没有限制性的，在开发利用上主要根据其不同气候条件，选择适合的种植制度。

（1）东北平原　处于温带和暖温带，自北而南有三江平原、松嫩平原、辽河平原。虽然在热量资源上有差异，但都只能一年一熟，适种作物是玉米、水稻、大豆。这里大陆性季风型气候特征明显，夏季短促而温暖多雨；冬季漫长而寒冷少雪，年降水量 400～650 mm，但雨热同季的特征，基本能够保证靠自然降雨满足一季作物生长的水分需求。

（2）华北平原　主要由黄河、淮河、海河、滦河等河流所造就，地势平缓倾斜，由山麓向滨海顺序出现山前倾斜平原、冲积平原、滨海平原等地貌类型。地处暖温带，可以实现一年两熟。但是在一年两熟情形下，冬小麦一般需要灌溉，而冬小麦生长季又是旱季，河流水源不足，尤其是海河、滦河流域。因此，必须抽取地下水灌溉，这就造成地下水位下降。地下水位下降对于防止盐分积累是有利的，但也使得本来地下水借助毛细管力上升补给表土或心土，现在不能了，土壤因此出现"干旱化"现象。要防止地下水进一步下降，要么实行一年一熟，要么由富水区域调水补给。现在南水北调中线工程已经通水 7 年，有效地缓解了华北平原缺水现象。但目前南水北调的水基本只能满足饮用水和少量工业用水需要，对农业用水需求贡献不大。

（3）长江中下游平原　西起巫山东麓，东到黄海、东海之滨，北接桐柏山、大别山南麓及黄淮平原，南至江南丘陵及钱塘江、杭州湾以北沿江平原，东西长约 1 000 km，南北宽 100～400 km，主要由洞庭湖平原、江汉平原、鄱阳湖平原、皖苏沿江平原、长江三角洲平原以及里下河平原等 6 块平原组成。这里热量资源比华北平原更充足，可充分满足一年两熟的热量需求，而且水资源丰富，基本没有水资源短缺问题。但长江中下游平原海拔 5～100 m，多在海拔50 m 以下，年降水量 1 000～1 500 mm，因此，雨季常有洪涝发生。因此，该区劳动人民开发耕地发明了多种抗洪涝的方式，包括垛田（在低洼之处挖泥土垫高成垛，垛上种地）、圩田（在河滩、湖滨浅水之处筑堤围起来的田）等，种植作物也基本是耐缺氧的水稻。

（4）珠江三角洲平原　位于广东省中南部，面积约 11 000 km²，平均海拔 50 m 左右，这里河网纵横，孤丘散布。由于地处南亚热带，热量资源比长江中下游平原更丰富，可以满足一年三熟的热量需求，而且水资源丰富，基本没有水资源短缺问题。这里向来是多种经营，是著名的"桑基鱼塘"、"鱼米之乡"，也是荔枝、龙眼、凤梨、香蕉等热带水果之乡。

（5）成都平原　又名川西平原、盆西平原，四川话称之为"川西坝子"，是位于中国四川盆地西部的一处冲积平原。成都平原发育在东北—西南向的向斜构造基础上，由发源于川西北高原的岷江、沱江及其支流等8个冲积扇重叠连缀而成复合的冲积扇平原。成都平原四周有群山环抱,河流出山口后分成许多支流奔向平原,分枝交错。平原内日照少、气候温和、降雨充沛,有自古闻名的都江堰灌溉工程,水渠纵横,农业发达,物产富饶,人口稠密,是中国重要的水稻、甘蔗、蚕丝、油菜籽产区,自古有"天府之国"的美誉。

此外还有中部的一些山间盆地的平原,如渭河平原、汾河平原、银川平原等,因为地处半干旱区,加之上游来水少,虽然都是平原,但地下水水位更低,是水资源相对缺乏的冲积平原,所以这里的农作物主要是玉米等旱作作物,鲜有水稻。近20年来,受农业结构调整影响,苹果、梨等温带水果发展迅速,已经取代山东半岛成为中国最大的温带水果生产基地。

三、平原地区保护耕地形势严峻

冲积土壤因为土厚、土沃、水丰,不像山区,没有水土流失问题。在我国已经有完善的排水体系的情况下,冲积平原已经成为我国最大的农产品基地。但是,这个地区也存在着因城市化耕地被大量非农化的问题。

毋庸置疑,城市化是中国的未来。仅仅靠人均1.5亩,在平原甚至人均几分地,农民是过不上富裕日子的。只有工业化、城市化,提供非农就业机会,转移大量农村劳动力,减少农民,增加务农农民的经营规模,才能够提高农民收入。但是,在工业化、城市化过程中,必须坚持节约集约用地,给予耕地最严格的保护。

第七节 低洼积水的沼泽土

一、沼泽土的形成

沼泽土是指地表长期积水或季节性积水,地下水位高(距地表小于1 m),具有还原性物质的土壤。在沼泽植被(湿生植物)下可以看到腐泥层和还原层。有些沼泽土还具有泥炭层,泥炭层厚度在50 cm以上的叫泥炭土,泥炭层厚度不足50 cm的叫沼泽土。泥炭土是有机土壤,而沼泽土是矿质土壤。

泥炭是沼泽在形成过程中的产物,也是沼泽地形的特征之一。形成泥炭的植物主要是泥炭苔或泥炭藓,但除此以外还有其他的有机物质,包括动物与昆虫的尸体。这些物质在死亡后沉积在沼泽底部,由于潮湿与偏酸性的环境,而无法完全腐败分解,因而形成所谓的泥炭层。泥炭中的有机质主要是纤维素、半纤维素、木质素、腐殖酸、沥青物质等。泥炭中腐殖酸含量常为10%～30%,高者可达70%以上。泥炭中的无机物主要是黏土、石英和其他矿物杂质。在适当的环境(例如高压)之下,泥炭可以进一步地转变成煤炭(无烟炭),世界上大部分在高纬度地区发掘到的泥炭层,许多都是9 000年前,上一次的冰河期结束、冰河北退之后才形成的。像这样的泥炭层形成的速度非常慢,有时甚至每年只产生1 cm。

沼泽土在山区多见于分水岭上碟状地形、封闭的沟谷盆地、冲积扇缘或扇间洼地;在河间地区,则多见于泛滥地、河流会合处。此外,在滨海的海湖、半干旱地区的风蚀洼地、丘间低地、湖滨地区也有沼泽土的分布。

　　一般来说,沼泽土的形成,不受气候条件的限制,只要有潮湿积水条件,无论在寒带、温带、热带均可形成。由于土壤水分过多,为苔藓及其他各种喜湿性植物(苔草、芦苇、香蒲等)的生长创造了条件。而各种喜湿作物的繁茂生长以及草毡层的形成,又进一步促进了土壤过湿,从而更加速了土壤沼泽化的进程。但是,气候因素对沼泽土形成、发育也有一定的影响。在高纬度地带,气温低、湿度大,有利于沼泽土的发育。在我国,大致由北(冷)向南(热)、由东(湿)向西(干),沼泽土和泥炭土的面积愈来愈少,发育程度愈来愈差。

　　由于地下水位高,甚至地面积水,使土壤长期渍水,导致土壤缺乏氧气,土壤氧化还原电位下降,有机质在嫌气分解下产生大量还原性物质如 H_2、H_2S、CH_4 和有机酸等,更促使氧化还原电位降低,Eh 一般小于 250 mV,甚至降至负数。这样的生物化学作用引起强烈的还原作用,土壤中的高价铁锰被还原为亚铁和亚锰。在此应当特别指出的是,如果没有停滞的水位与微生物分解有机质而产生的氧化还原电位的降低等,还原过程是不可能进行的。亚锰为无色,亚铁为绿色,它们可使土壤呈青灰色或灰绿色。有时,还会形成蓝铁矿$[Fe_3(PO_4)_2 \cdot 8H_2O]$及菱铁矿$(FeCO_3)$,蓝铁矿呈蓝色,菱铁矿呈棕色,从而使沼泽土呈青灰色或灰蓝色。

　　由于水分多,湿生植物生长旺盛,秋冬死亡后,有机残体残留在土壤中,在积水缺氧情况下,有机质分解受到抑制,形成腐殖质或半分解的有机质,有的甚至不分解,这样年复一年的积累,不同分解程度的有机质层逐年加厚,这样积累的有机物质称为泥炭。

　　但在季节性积水时,土壤有一定时期(如春夏之交)嫌气条件减弱,有机残体分解较强,这样不形成泥炭,而是形成腐殖质及细的半分解有机质,与在多水情况下分散的黏粒混合在一起形成腐泥。腐泥的湿陷性非常强,红军过草地(沼泽)时,有些就是陷进腐泥里,要想不陷进去,就得走有草丛墩的地方。

二、沼泽土的剖面特征

　　沼泽土的剖面形态一般分两个或三个层次,即腐泥层和潜育层(图 14-14),或泥炭层、腐泥层和潜育层。

　　(1)泥炭层(H)　位于沼泽土上部,主要特性包括:①常由半分解或未分解的有机残体组成,其中有的还保持着植物根、茎、叶等的原形。颜色从未分解的黄棕色,到半分解的棕褐色甚至黑色。泥炭的容重小,仅 $0.2 \sim 0.4 \, g/cm^3$。②有机质含量多在 $50\% \sim 87\%$,其中腐殖酸含量高达 $30\% \sim 50\%$,全氮量高,可达 $10 \sim 25 \, g/kg$;全磷量变化大,为 $0.5 \sim 5.5 \, g/kg$;全钾量比较低,多在 $3 \sim 10 \, g/kg$ 之间。③吸持力强,阳离子交换量可达 $80 \sim 150 \, cmol/kg$。持水力也很强,其最大吸持的水量可达 $300\% \sim 1\,000\%$,水藓高位泥炭则更多。④一般为微酸性至酸性。

　　(2)腐泥层　即在分散的细土粒与腐解的有

图 14-14　沼泽土(地点:天津七里海)

机质,一般为黑色腐殖质即胡敏酸物质混合在一起,厚度在 20～50 cm。腐泥层的湿陷性很强,承载力很低,主要为灰黑色,在湿生植物(如芦苇的根周围),可以呈铁锈黄棕色。

(3)潜育层　位于沼泽土下部,呈青灰色或棕色。土壤分散无结构,土壤质地不一,一般偏黏,这与沼泽地处低洼地形,沉积物偏细有关。潜育层的有机质及养分含量比腐泥层低,较泥炭层更低,但土壤的 pH 则比其上部的腐泥层和泥炭层高,为 6～7。

三、沼泽土的保护和利用

1.作为湿地资源保护

沼泽土和泥炭土是天然湿地,对于调节气候、洪水有巨大作用。同时,沼泽土和泥炭土上生长着湿生植物,积水地带有淡水鱼类,也是许多水禽的栖息地,所以有人把湿地称作"地球之肾"。因此,将沼泽土和泥炭土作为湿地资源保护起来,既有利于保护生物多样性,也有利于蓄洪防洪,调节气候,保护生态环境,这对于我国现存天然湿地资源不多的情况来说,尤其重要。沼泽土有湿生植被,可以作为牧场放牧,但不要超载过牧,这样可基本维持原生态。

2.农业生产利用

沼泽土农业利用的最适宜用途是开垦为水田。国际上把水田也作为湿地,属于人工湿地。但即使开垦为水田,首先也还要修建排水体系,疏干排水。在大面积疏干之后,修筑条台田,以局部抬高地势,增加田块土壤的排水性,促进土壤熟化。

需要指出的是,过去,因为缺少肥料,土壤专家曾建议挖掘泥炭肥田。但是,在生态文明时代,泥炭储藏地属于湿地,已经属于生态用地,不允许发掘。而且,本来泥炭封存在地下,属于碳库,挖掘施用到农田上,氧化环境改善了,泥炭分解则释放碳,成为碳源。因此,保护和提高土壤有机质含量还是要将农田有机废弃物(根茎叶)以各种方式归还到土壤中,中和部分由于施用化肥造成的碳排放。

第八节　土薄质地粗的山地土壤

我国是一个多山的国家,山区面积占国土总面积的 2/3。虽然水热条件对土壤形成的影响很大,如果没有土壤侵蚀,土壤稳定发育的话,会形成与区域气候条件相一致的地带性土壤,如热带地区的砖红壤、南亚热带的赤红壤、中亚热带的红壤和黄壤、北亚热带的黄棕壤、暖温带的褐土与棕壤、温带的暗棕壤、寒温带的棕色针叶林土。但是,如果存在土壤侵蚀,就会阻碍土壤的系统发育,使得土壤停留在幼年阶段,显示出土层薄、质地粗、与成土母质差异不大的特征。

一、山地土壤特性

水向低处流是自然规律。山地皆有一定的坡度,水土流失是绝对的,只是侵蚀量的大小与强度有差异。植被一旦遭到破坏,土壤失去保护层,土壤侵蚀必然加剧。

由于坡度造成的天然侵蚀和人为破坏的加速侵蚀,所以山地土壤往往具有薄层性和粗骨性(图 14-15)。也就是说土层一般比较浅薄,很多地方的土层不足半米厚;有些石灰岩地区甚至是岩石裸露,土壤只是存在于岩石缝隙间。山地土壤的另一个特征是细土物质少,含有大量岩石碎屑。

由于山地土壤具有薄层性和粗骨性,因此,土壤更多地继承母岩的特性,即两者之间有着密切的"血缘"关系。例如,花岗岩发育的山地土壤,含有大量石英颗粒,质地粗,渗水性强;而南方湿热区石灰岩山地,土壤质地黏重。

二、山地土壤开发利用

山区坡度大、土层薄、质地粗,本来是不适宜开垦的。但是,由于我国人口多,当平原上适宜开垦的土地被开发完,那些失地和少地的农民为了温饱不得已就走向大山,开垦山地;而且随着人口的不断增加,开垦的土地坡度越来越陡,这就人为地造成了土壤侵蚀加速。要让人口完全地从山区搬迁出来是不可能的,那就得采取保护性的山区土地利用方式。

1. 保持水土

山地土壤的基本特征之一是土壤侵蚀,一切土壤开发利用活动都必须首先考虑水土保持。

要尽可能植树造林,增加森林覆盖率,以控制水土流失,调节河川径流,降低水旱灾害,改善生产条件和生态环境。为了更好地保持山区水

图 14-15 山地土壤的薄层性与粗骨性
(地点:山西省五寨县)

土,常将多用途的各个林种结合在一起,形成区域性的多林种、多树种、高效益的防护林体系。水热好的地区的水土保持林要立体配置,乔木、灌木、草类相结合,分层利用土、水、肥、光、热等资源。

除了植树造林,还要加强工程水保措施,包括修建坡面梯田、鱼鳞坑,沟中的谷坊和淤地坝等,有条件时可以修造一些水库与坑塘,既保证灌溉水源,又可发展多种经营。

小流域综合治理是一个好的水土保持模式。小流域综合治理是以小流域为单元,在全面规划的基础上,合理安排农、林、牧、副各业用地在不同地形部位以及其比例,综合治理,因害设防,对水土资源进行保护、改良与合理利用。

应该指出,各种措施间是相辅相成、相互促进的。如通过建设梯田、坝地等基本农田,提高单位面积产量,逐步达到改广种薄收为少种多收、退陡坡耕地还林还草等,不断促进畜牧业和养殖业的发展。随着人们对环境质量要求的提高,还应考虑所用措施要有美化环境的效应,在有条件的地区,可与发展旅游业相结合。

2. 综合、立体开发

由于山地具有垂直带结构和坡向差异,因此,应当根据这些特点,安排农、林、牧业,以综合利用其自然资源,决不能以农业中的单一粮油种植业为主,更不能毁林开荒来盲目扩大耕地面

积。山地上部搞水土保持林,栽种林草以涵养水源,谷底平缓地带建设基本农田,山腰中间部位栽植经济林的"穿鞋、戴帽、系腰带"的立体开发模式,是当前合理开发山区土地资源,建设农林复合生态系统,保持水土,发展山区经济的可持续发展模式。

3.因土制宜种植

因为山地土壤的母岩继承性较强,土壤性质比较特殊,加上小气候条件,可以生长许多特有的特种经济作物,如四川盆地周边紫色砂岩发育土壤上的柑橘,贵州山地黄壤上的茶叶,广西石灰岩土壤的擎天树、枧木、黄檀、铜钱树,北方花岗岩成土母质所发育的土壤上的板栗,北方石灰岩土壤上的柿子、花椒,等等。适地适树,发展特种经济林木,是充分利用当地土壤资源,发展商品生产,促进山地经济的一项重要措施。此外,果树等经济作物一般是多年生的,常年覆盖着土壤,比年年耕翻的大田粮油作物,特别是薯类,更有利于防治水土流失。

从机会成本或比较效益上来看,山区也适宜果树等经济作物。因为山区地块小,很难实行机械化耕种,起码不能使用大型农机耕种,较比可以使用大型农机耕种的连片的平原来说,适宜于劳动力密集型的果树等经济作物。山区发展果树等经济作物,是促进交通不便的山区产业兴旺、农民增收、生态宜居的重要乡村振兴措施。

第九节　遇风飞扬的风沙土

风沙土是指容易被风吹动的砂质土。风沙土主要分布在我国的内蒙古、宁夏、新疆、青海、甘肃、陕西等西北省份的干旱、半干旱地区,北方其他省份在河道两岸或古河道上也有小面积分布。

一、风沙土的特性

(1)易起土飞沙　风沙土在风力吹扬下易于起沙,其内因是土壤缺少黏粒(一般为 2%～3%),大部分是砂粒,且以细砂为主(占总土重 60%～85%),加上有机质含量低,砂粒没有黏结性而呈单粒状;外因是风沙土所在地区风力大,降水量不大,植被稀疏,尤其是天然植被被破坏后,没有植被的保护,更容易被风扬起。一般五级大风便能把细砂吹得很高,六级以上的风便能形成沙暴。

(2)养分含量低　风沙土的有机质含量低(一般为 0.15%～0.35%),氮、磷、钾等养分也较当地的壤土和黏土低,特别缺磷。

(3)易旱和易热　风沙土不保水,易旱,同时土壤热容量低,土温容易升高,夏季晴天的中午,表土温度可高达 50～60℃,常灼伤苗木。

风沙土虽然有许多不利的因素,但也有有利的一面,例如土层深厚疏松,容易耕作和平整,一般不易盐碱化。

二、风沙土的类型

根据植被生长的疏密和沙土流动性的大小,风沙土可分为 3 类,这 3 类也反映了风沙土的 3 个不同发育阶段:①流动风沙土。基本没有植被或仅生长有极为稀疏的固沙先锋植物,表现形式多为流动沙丘。②半固定风沙土。由流动风沙土发育而来。随着流动风沙土上着生植物的增多,植物的覆盖度增大,风蚀作用趋于和缓,土壤表面出现薄层结皮,流动性变小而呈半固定状态。③固定风沙土(图14-16)。由半固定风沙土发展而成。除生长有沙生植物外,还常掺入一些地带性植物种。沙丘的外貌更加平缓,地表结皮进一步增厚,沙面紧实了一些,剖面分化明显,表层土壤颜色也呈暗棕色。

图 14-16　固定风沙土(地点:河北省塞罕坝)

三、风沙土的开发利用

风沙土要保护为先,其次才是开发利用。

(1)植树造林,防风固沙　风沙土区首先要保护好现有植被,严禁滥垦、滥伐、滥樵和过度放牧,逐步恢复自然植被。其次要大力开展植树种草,流动风沙土覆盖植被可以先期播种沙蒿等沙生植物,设置草沙障;半固定、固定风沙土应草灌结合,以沙生草本和灌木为主,灌木有沙柳、锦鸡儿、红柳等。根据“因地制宜、因害设防”的原则,实行草灌乔结合,合理设置林网结构,控制沙漠化发展。要综合治理,采用固沙、阻沙等工程措施以及化学物质胶结建造一层具有一定结构和强度的固结层等防治沙害。

(2)因地制宜,发展牧业与农业　虽然沙区总体上缺水,但在部分沙区的滩地水资源较为丰富,地下水埋藏浅,水质较好,可发展灌溉农业,建立沙区粮食和副食品基地或者建设牧区冬储草料基地。但沙区农田应营造防风林带,降低风速,减少风沙对作物的危害。更要开展多种经营,种植枸杞、药材、瓜果等。对于风沙区的旱耕地,风蚀严重,产量很低,如果没有水资源可以改成水浇地,应退耕还牧,种植牧草,建立人工草场,发展畜牧业。

(3)**发展灌溉** 风沙土春旱比较严重,常造成果树落花落果和影响越冬作物返青,也不利于春播,因此需要发展灌溉。但风沙区水资源稀缺,而且风沙土又漏水,因此,不能采用传统的大水漫灌方式,应该发展滴灌等节水灌溉。

(4)**果粮间作和林粮间作(或混作)** 在风沙土地区发展果树和经济林木,可与庄稼进行间作或混作。例如,果树定植后十余年,还可在行间种庄稼。豫东(如兰考)黄河古道风沙土进行林(泡桐)粮混作,或果(枣树)林间作,效果很好。泡桐是耐沙的速生树种,其根系分布深,对庄稼生长的影响小,还能起防风固沙、保护庄稼的作用。不过,果林也不宜种植太密。

(5)**种植绿肥和增施肥料** 风沙土有机质含量低,种植绿肥很重要。苜蓿是豆科多年生植物,主根能入土 1 m 多,不但固沙作用强,而且能够增加土壤养分,尤其是该牧草品质优良,当地发展养殖业,牲畜粪便等有机肥又可回田改土。如内蒙古自治区阿鲁科尔沁旗在风沙土上种植苜蓿发展养殖业,获得了经济和生态双效益(图 14-17)。

图 14-17 风沙土种植苜蓿(地点:内蒙古阿鲁科尔沁旗)

第十节 黄土高原松软深厚的黄绵土

地跨陕、甘、晋三省的黄土高原,有厚达几十米,最深的达 200 米以上的黄土。这些黄土是地质历史时期,强大的风力从西北方吹来的,以像面粉一样的粉砂颗粒为主,因此,当地群众称之为"黄绵土"。

一、黄绵土的特性

黄绵土地处温带、暖温带地区,年平均温度 7~16℃,年平均降雨量 200~500 mm,集中于

7—9月,多暴雨,年蒸发量 800～2 200 mm,干燥度大于1。黄绵土地区地形支离破碎,坡度大,雨量集中,植被稀疏,加之黄土抗蚀力弱,土壤强烈侵蚀,形成了千沟万壑的地貌景观。

由于侵蚀强烈,有机质得不到积累,因此黄绵土的表层有机质含量低,有机质含量一般在 3～10 g/kg,颜色为淡棕色。黄绵土的颗粒组成以细砂粒(0.25～0.05 mm)和粉粒(0.05～0.002 mm)为主,约占各级颗粒总数的60%。但地域性差异显著,由北向南,由西向东砂粒含量递减,黏粒含量逐渐增加,这支持了黄土是由西北风刮来的学说。

黄绵土疏松多孔,总孔隙度55%～60%,通气孔隙最高可达40%(图14-18)。因此,透水性良好,蓄水能力强,有效水范围宽。

图14-18 粉砂质孔隙度高的黄绵土(地点:甘肃省定西市)

黄绵土为弱碱性反应,pH 为8.0～8.5。整个剖面呈石灰性,碳酸钙含量90～180 g/kg,上下土层比较均匀。因为碳酸钙含量高,雨季碳酸钙被溶解,经常发生像石灰岩一样的“溶蚀”,形成地下侵蚀,因此黄绵土地区也有“落水洞”和“地下溶洞”。

二、黄绵土的开发利用

从气候条件看,地处暖温带半湿润区的黄土高原,在没有人类文明前,应该也是草原。但是,因为农耕和不断繁衍的人口增长需要更多的食物,草原被开垦了。今天的黄土高原已经是农区,满山是庄稼;牛羊只是被放养在峁顶和沟底之间的陡峭的草坡上。黄绵土的开发利用主要包括以下几方面。

(1)退耕还林还牧 黄绵土地区地形破碎,坡度大,坡耕地多,尤其陡坡耕地比重大,如陕北黄土丘陵区耕种黄绵土占黄绵土总面积的 67%～75%,其中大于 25°的坡耕地占耕地黄绵土面积的 43.5%,既不适于种植农作物,还加剧了水土流失,因此,坡度大于 15°的坡耕地要逐步退耕还牧还林。本着"米粮上塬下川,林果下沟上岔、草灌上坡下坬"的原则,综合治理,防止水土流失,改善生态环境。

(2)抓好工程治理措施,搞好农田基本建设 工程措施是防治水土流失的主要方法,也是建设高产稳产基本农田的基础工作。工程治理措施主要是修筑梯田和淤坝地等。梯田工程就是通过在坡面上沿等高线筑埂,修成不同形式的水平台阶,在台面上种植作物。同时,修筑梯田也达到了截短坡长,减小坡度,防止水土流失的目的。梯田是我国劳动人民用以改造坡地为耕地的主要形式,群众把梯田(图 14-19)称为保水、保土、保肥的"三保田"。所谓淤地坝,就是在沟道中修筑堤坝,堤坝拦截泥沙在沟道中淤积出来的平地叫坝地;拦截泥沙的堤坝和淤积起来的坝地总体称为淤地坝(图 14-20)。淤地坝是一种保持水土的沟道工程,它将沟道拦蓄水土工程与沟道造地工程结合在一起,是我国劳动人民根据黄土高原地区水土流失量大,径流水中含大量泥沙这种特殊的地理条件下,在生产实践中的发明。淤地坝在黄土高原丘陵沟壑区分布十分广泛。淤地坝淤积了泥沙,抬高了土壤侵蚀基准面,可防止或延缓溯源侵蚀;同时,淤积出来的地(坝地)平坦,土层深厚,水分含量高,粮食产量自然就高,而且还有一定的抗旱性。

图 14-19　黄土丘陵区的梯田(地点:陕西省米脂县)

图 14-20　黄土丘陵区的坝地,电线杆处是淤地坝(地点:陕西省米脂县)

（3）发展灌溉,推行抗旱耕作技术　气候干旱、土壤水分不足是影响黄绵土地区农业生产的重要因素。在有条件的地区应大力发展灌溉,加强水利设施的建设和配套,推行膜下滴灌等先进技术,提高灌溉效益。旱地在建设梯田、坝地的基础上,要积极推广集水农业及其他抗旱耕作保墒措施,如秸秆覆盖,做到降水就地入渗拦蓄,水分只能被作物吸收蒸腾损失,减少土面蒸发,抗御干旱。

（4）增加土壤投入,培肥地力　针对黄绵土有机质和氮磷缺乏的问题,应有计划地分年施用有机肥料,秸秆还田,采用有机和无机肥料结合,增施氮、磷化肥和硼、锰微肥。改进轮作倒茬制度,把豆科作物、牧草绿肥纳入轮作。特别是发展苜蓿对解决肥料、饲料、燃料都有积极的作用。

（5）种植抗旱、抗侵蚀作物　黄绵土土质疏松,而且是均一的粉砂土,利于块茎作物马铃薯结成圆滑的土豆;而且黄土高原区昼夜温差大,有利于淀粉积累。因此,从生长土气条件看,是适宜马铃薯种植的。但是,马铃薯的块茎膨胀拱松土壤(图 14-21),特别是其收获必须翻地,没有根茬留在地上,因此不能抵抗冬春的风蚀,从这一点上看,并不适宜。谷糜类作物,如黍,(图 14-22)抗旱,而且其秸秆是优质牛马饲料,因此,是黄土高原的传统作物。但现在有被产量更高的玉米替代的趋势。不过,无论是谷糜,还是玉米,都具有留茬免耕抗土壤侵蚀的优势。

图 14-21　拱出地面的马铃薯块(地点:河北省张家口)

173

图 14-22　黍子(可做年糕的大黄米)(地点：河北省张家口)

参考文献

1. 前田正男,松尾嘉郎.土壤基础知识.赖家琮译.北京:科学出版社,1983.

2. 尼尔·布雷迪,雷·韦尔.土壤学与生活.李保国,徐建明等译.北京:科学出版社,2019.

3. 吕贻忠,李保国.土壤学.2版.北京:中国农业出版社,2019.

4. 宋育成,杨克圣,袁祖怡,等.土壤肥料基础知识.南京:江苏科学技术出版社,1980.

5. 徐艳,张凤荣,汪景宽,等.20年来我国潮土区与黑土区土壤有机质变化的对比研究.土壤通报,2004,35(2):102-105.

6. 张凤荣.五颜六色的土壤,北京:知识出版社,1993.

7. 张凤荣.土壤地理学.2版.北京:中国农业出版社,2016.

8. 中国科学院南京土壤研究所.土壤知识.上海:上海人民出版社,1976.

下篇

土地篇

　　土壤来自风化的岩石。有土壤的土地才能够为树木、禾草、作物等各类植物提供扎根立地的条件和水分与养分,没有土壤的土地是不能生长植物的。除此以外,植物生长还得有阳光雨露。不同气候和地形下生长着的植被不同。人们根据土地的用途将土地分为耕地、园地、林地、草地、城镇、村庄、河流、湖泊、道路、湿地、沙地等类型。本篇主要介绍我们祖国大地上有各种植被覆盖的耕地、园地、林地、草地、湿地、沙地等土地利用类型的面积和分布状况;分析这些土地利用类型的气候、地形、土壤等环境要素对植被的影响以及由植物、动物和微生物组成的生物部分的特点及其功能,以便利用好、保护好这些土地,实现可持续利用。

第十五章　土地分类

第一节　土壤与土地的区别

我国古书中有许多关于"土"字的记载，如古书《说文解字》中，对"土"的解说为"土者，吐也，吐生万物也"。《管子》中则说"有土斯有财"。其中的"土"，有人解释为土壤，也有人解释为土地。从《说文解字》中"土者，吐也，吐生万物也"这句话对土的解释，我们可以引申出"地，土也"。因为，没有土壤的土地是不能生长植物的，有土壤的土地才可开垦为耕地，因此，在农业社会，人们有理由认为土壤与土地是一回事。

但从学科分类角度，土壤与土地还是有区别的。

(1)从相互关系上看，土壤只是土地的一个组成要素，即土地包含土壤 除了土壤外，组成土地的要素还有气候、地形以及地表上的地被物(如作物、树木、禾草)等。但是，当土壤一旦被利用，即作为植物生长的介质时，它就同气候、地形、水文等土地要素一起发挥作用，这个时候的土壤实际上已经以土地的形式发挥作用，这也是土壤与土地两个概念经常混淆的原因之一。

(2)从支持地表植被生长的角度看，土壤可为植物生长提供扎根立地条件和供应营养元素，协调水气热等植物生长的环境条件 对于植物生长来讲，土层越厚，土壤越肥沃，越是好土壤。但对于城市、村镇、道路等各种建设用地来说，有无土壤，或土壤肥瘦都没有关系，因为没有土壤的岩石作为建筑物基底更牢固。这也是为什么本书土地篇不谈各种建设用地的原因。在土地分类中，河流、湖泊、坑塘、水库等均属于水域地类，本书土地篇也不谈水域，因为水域上没有扎根于土壤的植物。虽然土壤对植物生长很重要，但植物生长更需要阳光雨露，因此气候条件比土壤可能更重要。比如，黄土高原的土壤深厚、质地适中、疏松、透气透水，保蓄水分的能力很强，但是，其生物生产力不如南方水热条件更好而土薄质黏的红壤。

(3)从形态结构上看，土壤是处在地球风化壳的疏松表层，而土地是包括了近地面的气候(大气圈)、地表层的生物(生物圈)和土壤(土壤圈)、地下层的地下水(水圈)和岩石风化物(岩石圈)的立体综合体。也就是说，当我们提到一种土地利用类型时，并非仅仅是指其地表覆盖着的植被(作物、树木、禾草等)，而是指天地生综合体，即由气候、地形、土壤、植物、动物、微生物组成的生态系统。

第二节　土壤类型与土地类型

大多数土壤学教科书将土壤定义为："土壤是指能够支持植物生长的陆地表面的疏松表层。"而土壤地理学则把土壤看作是"在气候、母质、生物、地形和成土年龄等诸因子综合作用下形成的独立的历史自然体"。需要指出的是，土壤地理发生分类系统中的土壤类型，其实与土地类型概念基本相同。

土壤具有生产植物产品的能力，这是土壤的本质特征之一。如果仅仅从能够为植物提供"吃""喝""住"，即水分、营养因素和扎根立地条件方面来看，可以将花盆里装的土视为土壤。但是，植物生长不但要求"吃""喝""住"的条件，而且还要求光和热以及空气等。因此，将花盆里的土视为土壤就太狭隘了，土壤科学研究的不是花盆里的土，而是广阔天地里地球表面的土壤。因为任何土壤都是在一定的地理环境条件下产生的，当地的地理条件赋予土壤特有的气候、地形、母质、水文、植被等特性，研究土壤必须将土壤与其形成条件联系起来。在土壤发生学上，我们可以将气候、地形、母质、水文、植被等看作"土壤形成因素"，但从土壤作为植物生产基地的角度看，也可以把它们视同土壤特性的组成部分，这时的土壤内涵就与土地的内涵基本相同。

从土壤是"在气候、母质、生物、地形和成土年龄等诸因子综合作用下形成的独立的历史自然体"这个概念来说，土壤本身也是一个生态系统。换言之，土壤是地表各自然地理要素之间相互作用、相互制约所形成的统一整体。在陆地生态系统中，土壤是能量输入与输出、物质交换转移得以实现的基础，又是地球生态系统的物质储存器、供应站和能量调节者。土壤支持植物生长，植物通过光合作用，源源不断地生产出植物性初级产品（第一性产品）；动物把采食的植物同化为自身的生活物质，进行次级生产，生产出动物性产品（第二性产品）；土壤微生物又将动植物残体分解转化为土壤腐殖质或植物可以吸收的营养元素。因此，土壤是陆地生态系统中最根本、最重要的构成因素。

第三节　土地类型与土地利用类型

土地本是气候、地貌、岩石、土壤、植被和水文等自然要素组成的自然综合体，但现在陆地表面的各类土地多少都受人类活动的影响。例如耕地、园地等深受农业生产活动的影响；村庄、城市等则是人类劳动的产物；即使高山之巅的冰川和远离大陆的深海，也受人类活动的影响。冰川受全球升温的影响在融化、退缩，使得海平面上升。也有越来越多的人类排泄物进入海洋。

土地的属性众多，相当复杂。人们在这些属性中选择其中一些属性，根据土地在这些属性上的异同，把相似的集合成类，或将不同的分开，这就是土地分类。土地分类的目的是认识和区分土地，是合理开发和利用土地的基础。有了土地分类，才可以进行土地调查，土地调查的成果可用于土地适宜性评价、土地利用工程设计和国土空间规划等土地利用活动。

综合土地的各种自然要素，即气候、地形、岩石、土壤、植被和水文等进行类型划分便是土地类型分类，也可以叫作土地的自然分类。根据土地利用方式的异同划分土地便是土地利用分类。土地类型主要反映土地自然属性的差异性,代表了土地的自然禀赋。土地利用类型主要反映的是人类利用土地的目的或土地为人类提供的功能和服务,也就是根据人类对土地的需求而确定的用途进行分类。因此,"土地类型"和"土地利用类型"在分类学上是不同的。比如,无论是大兴安岭自然保护区的针叶林,还是神农架自然保护区的针叶林,其土地利用类型都是林地。而从土地类型上,前者称为"寒温带湿润气候暗棕壤针叶林",后者称为"亚热带湿润气候黄棕壤针叶林"。因此,以区域的水热条件、地貌、土壤类型等各类土地要素作为分类指标的土地类型分类,可以反映土地的各种自然属性,其分类结果可以为土地的适宜性评价提供基础,也可对现状土地利用类型是否可持续进行评价。而土地利用类型分类只是反映了人们在开发利用土地过程中一个时段的状态。比如,直到清朝中期,我国现在的"四大沙地"之一的科尔沁沙地还是草原,但是到了清朝后期,清政府容许开垦后,这个地方就形成了今天耕地、草地和沙地插花分布的土地空间结构。在这里,原先的草地是今天的耕地;有些草地因为开垦后失去草被保护,风蚀沙化,又变成了今天的沙地。但是,近二十年来,通过植树造林,防风固沙,有些沙地又成为林地或草地,有些"生态退耕"的耕地又变回为草地。

第四节　有植物覆盖的土地的共性

植物可以分为种子植物、苔藓和地衣植物、蕨类植物、藻类植物等类型。乔木、灌木、藤类、草类、蕨类,乃至绿藻和地衣等都是植物。据估计,现存植物大约有 450 000 个物种,它们分布于地球的各个角落,以各自的方式生存繁衍。绝大多数植物可以进行光合作用,合成有机物,贮存能量并放出氧气。

一、植被

植被就是覆盖地表的植物群落的总称。陆地表面分布着由不同植物组成的各种植物群落,如以树木为主的植物群落就称为森林植被,以草本植物为主的植物群落就称为草原植被,以沼生植物为主的植物群落就称为沼泽植被,分别对应的土地利用类型是林地、草地和湿地。作物是人工植被。一般来说,如果土地上种植的是一年生作物,则分类为耕地;如果土地上种植的是多年生作物,则分类为园地。

光照、温度、水分、土壤等会影响植物的生长,因此,气候、地形和土壤等地理环境要素不同的土地,则生长着不同的植被类型。因此,植被类型与自然地理环境密不可分。也就是说,当我们提到植被类型的时候,不仅仅是指其地表以上的植物群落,而是指植被与气候、地形、土壤等地理环境要素组成的一个综合体,也就是常说的综合自然地带。植被生长在土壤上,并与大气圈、水圈之间相互作用,不断发生物质与能量交替,是地球生态系统的主体。

植被还可分为自然植被和人工植被。人工植被是人类利用土地建造的,包括耕地、园地、城市绿地等。自然植被是一个地区植物长期发展适应的产物,包括原生植被和次生植被。原生植被也可以称为原始植被,指完全由自然形成而未曾受到明显人为影响的植被。原始森林、大多数高山植被很少受到人类影响,被视为原始植被。现在,真正完全不受人类活动影响的原始植被已经很少了。原生植被受各种自然因素干扰破坏后,在没有人工干预通过自然恢复而形成的植被称为次生植被。

二、植物具有光合作用生产有机物的功能

无论是作物,还是灌草和乔木,都是绿色植物,具有光合作用的能力,即通过自身含有的叶绿素,借助光能,在酶的催化作用下,利用水、矿物质营养元素和二氧化碳进行光合作用,释放氧气,产生糖等有机物,建造根、茎、叶、花、果实等器官,并供其在生长期间利用。不同的植物生产的有机物为人类提供了不同类型的产品。例如,森林提供木材,草原通过牲畜的采食提供肉和奶,作物提供粮、油、棉等。同时光合作用吸收二氧化碳释放氧气的过程对大气气体浓度和气候稳定起到关键作用,是地球生态系统物质循环的必然环节。也就是说,植物的光合作用不但为我们提供可见的食物、木材等产品,还提供不可见或隐约可见的生态产品。

绿色植物光合作用需要的二氧化碳和呼吸作用需要的氧气主要来自大气。从光合速率的角度看,大气中二氧化碳含量增加是有利于光合作用的。近几十年来,关于大气中二氧化碳含量增加,引起全球温度上升,要减少碳排放的呼声甚高。这主要是人们担忧二氧化碳含量增加造成极端气候变化,给地球带来一些不可预见的气候灾害。空气中的氧气足够多,植被生长一般不会受到氧气缺乏的制约。但土壤中氧气缺乏可能造成根系呼吸困难,影响作物生长。比如,土壤长期淹水会造成土壤中的氧气耗竭,植物因根系不能呼吸而死亡。地球上除了芦苇、蒲等这些湿地植物属于耐缺氧的植物外,其他都是好氧植物。

三、植物生长都需要光热水土

1. 万物生长靠太阳

太阳辐射为各种植物生长提供能量,影响着植物的光合作用。太阳辐射因子有光照强度和光照长度。

(1)光照强度 光合作用是一个光生物化学反应。光合作用的速率随着光照强度的增减而增减。在黑暗时,光合作用停止,而呼吸作用不断释放 CO_2;随着光照增强,光合作用速率逐渐增强。同一片叶子在同一时间内,光合过程中吸收的 CO_2 与呼吸作用过程中放出的 CO_2 等量时的光照强度,就称为光补偿点。植物在光补偿点时,有机物的形成和消耗相等,不能积累干物质,而晚间还要消耗干物质,因此从全天来看,植物所需的最低光照强度,必须高于光补偿点,才能使植物积累光合产物而正常生长。我国新疆是光照强度最大的地区,有利于光合产物的积累,因而那里的棉花纤维长、瓜、果糖分含量高、品质优。

(2)光照长度 光合作用的时间长短,即光照时间长短对光合作用的产量有重要影响。在高纬度地区,虽然光照强度较弱,但可以用较长的光照时间来补偿。因此,在夏季长日照条件下,这些地区的作物,在一天中所形成的光合产物甚至可以超过低纬地区的光合产物。这就是栽培在高纬度地区的马铃薯比栽培在低纬度地区的马铃薯薯块大、产量高的原因。

2. 只有达到一定的温度,植被才能够生长

光合作用过程中的碳反应是由酶催化的生物化学反应,而温度直接影响酶的活性。除了少数植物,一般植物可在 $10\sim35℃$ 下正常地进行光合作用,在 $25\sim30℃$ 最适宜。在低温中,酶催化反应下降,限制了光合作用的进行。而高温可能破坏叶绿体和细胞质的结构,并使叶绿体中的酶钝化,一般作物在 $35℃$ 以上时光合作用就开始下降,$40\sim50℃$ 时即完全停止。

植物生长和人类生产活动要在一定的温度条件下进行。极地冰沼地带,虽然土地广阔,但

由于气候寒冷而只能生长地衣等低等植物,对于人类来说,是没有生产力或难以利用的土地,因此那里没有人烟或人烟稀少。

（1）生长期　对作物生产有指示或临界意义的温度,称为农业指示温度或界限温度。该温度出现的日期、持续日数和持续时期内积温的多少,对一个地方的作物布局、耕作制度、品种搭配和季节安排等,都具有十分重要的指示意义。在温带地区,春季日平均气温稳定通过 5℃ 到秋季日平均气温不低于 5℃ 这段时期,农作物及多数果树可以生长,所以,日平均气温 5℃ 以上的持续时期可作为该地区作物生长期长短的标志,该时期称为作物生长期。大多数作物要在日平均气温稳定通过 10℃ 的时候,生长才能活跃,所以,日平均气温 10℃ 以上的持续期称为生长活跃期。喜温作物要在春季日平均气温稳定通过 15℃ 以后才开始迅速生长,故日平均气温高于 15℃ 的持续时期,可作为对喜温作物（如水稻、玉米、棉花、烟草等）是否有利的指标。此处日平均气温是指昼夜平均温度。

（2）活动积温　在作物生长所需的其他因子都得到基本满足时,在一定的温度范围内,气温和生长发育速度呈正相关,而且只有当温度累积到一定的总和时,才能完成其发育周期,这一温度总和称为积温,它表明作物在其全生长期或某一发育期内对热量的总要求。各种作物所需积温是不同的,而且还因不同品种而异。因为大多数作物要在日平均气温稳定通过 10℃ 时,生长才能活跃,所以,往往用 ≥10℃ 的积温衡量一个地区温度资源的多少。

3. 水是生命之源

水是地球上一切生命活动的源泉之一,没有水就没有生命现象。在生物体组成中,水是含量最多的成分。植物通过自身的根部吸水和叶片的蒸腾耗水组成了一套完整的运输传递系统,使溶解于水的各种土壤矿质营养输送到植物体的各个部分,在光合作用下,水和二氧化碳合成碳水化合物。光合作用合成有机物所需的水分只是植物所吸收水分的一小部分（1% 以下）。植物生长发育过程中,大部分水分通过蒸腾作用消耗了,但这种消耗是必要的。缺水使叶片的气孔关闭,影响 CO_2 进入叶内,会使光合速率下降。因此,水分不足会抑制植物的光合作用,降低有机物的合成速度。水分不足还影响植物产品的质量,如果树在水分不足的情况下,果实小、果胶质减少;而木质素和半纤维素增加;淀粉含量减少、糖的含量略有增加。植物生长发育过程所需的水分绝大部分是通过根系从土壤中吸取的。

在亚热带的非洲大沙漠,太阳辐射很强,温度高,如果没有水分和养分的限制,土地的光温生产力是相当高的。但是因为干旱缺水,土地的生产力却很低。在那里,只是在有水的地方,或有水灌溉的地方,光热资源与水资源耦合在一起,土地才表现出巨大的生产力。我国新疆地区的光照和积温条件都很好,但因为缺水,农业生产力很低,但在那里,灌溉和化肥农业却表现了相当高的生产力。

4. 植物生长都需要营养元素

营养元素会直接或间接地影响光合作用。氮、镁、铁、锰等是叶绿素等生物合成所必需的矿质元素;铜、铁、硫和氯等参与光合电子传递和水解过程;钾、磷等参与糖类代谢,缺乏时便影响糖类的转变和运输,这样也就间接影响了光合作用。磷也参与光合作用中间产物的转变和能量传递,所以对光合作用影响很大。

植物主要从土壤中获取营养元素。这就是说,为什么没有土壤的土地是不能生长植物的。所谓"地,土也",这就是汉字的精妙之处。在古人的眼里,没有土的地是岩石。只有有土的地,才能够支撑树木、禾草生长，才可以开垦成农田，种植庄稼。

四、土地生态系统均由环境要素与生物部分构成

生态系统是自然界中一定空间内，生物与环境构成的统一整体，在这个统一整体中，生物与环境之间相互影响、相互制约，并在一定时期内处于相对稳定的动态平衡状态。

生态系统由两部分组成。一部分是生物赖以生存的环境要素，为生物提供物质和能量以及活动的场所，即地球圈中的大气（圈）、水（圈）和岩石土壤（圈），还包括人类栽培施用的物质如农药、化肥等。另一部分就是生物部分，由植物、动物和微生物组成。其中，绿色植物是有机物生产者，它们的根茎叶的全部或一部分为有机物的消费者提供食料。动物和微生物都是消费者，它们自己不能生产食物，只能利用植物所制造的有机物，直接或间接地从植物中获得能量。直接以植物的根茎叶为食物的动物叫初级消费者，而以这些动物为食物的动物则叫次级消费者。初级消费者也叫食草动物，次级消费者也叫食肉动物。微生物既是初级消费者，也是次级消费者。当微生物直接以植物的根茎叶为食物时，它是初级消费者；当微生物以动物残体或动物的排泄物为食物时，它就是次级消费者。微生物在"吃食"植物残体和动物残体，也即分解植物残体和动物残体时，也释放出动植物残体中的一些营养元素到土壤中，再供给植物吸收利用，合成根茎叶等植物器官。

有植物覆盖的土地，无论植物稀疏还是茂密，都可以称为土地生态系统。有树木覆盖的称为林地生态系统，有草类覆盖的称为草地生态系统，如果是人工植被，种植粮、棉、油等大田作物的，就是耕地生态系统，种植果树等园艺作物的就称为园地生态系统。当然植物越茂盛，产生的根茎叶等有机物越多，越能够为动物和微生物提供食物，土地生态系统就越活跃。土地生态系统的活跃度与气候和土壤条件密切相关。湿热的气候、深厚肥沃的土壤，其生态系统就活跃；寒冷干旱的气候、薄层贫瘠的土壤，其活跃度就低。活跃的土地生态系统抗干扰的能力强，系统被破坏之后，比较容易恢复。而活跃度不大的土地生态系统则脆弱，一旦被破坏，恢复起来很难。

图 15-1 概括了土地生态系统的构成和其中存在的物质能量流动。

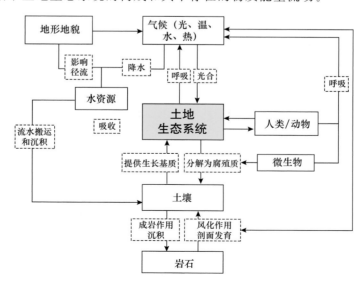

图 15-1 土地生态系统的结构和能量流动与物质循环

第五节　中国气候带与土地利用/覆盖类型分布

在不同的气候带，植被类型和土地利用类型不同。以日平均气温稳定≥10℃的日数作为温度带的主要指标，1月和7月平均气温作为一级区划的辅助指标，可将中国气候分为12个温度带：寒温带、中温带、暖温带、北亚热带、中亚热带、南亚热带、边缘热带、中热带、赤道热带、高原亚寒带、高原温带和高原亚热带。在此基础上，以年干燥度为主要指标，年降水为辅助指标，划分了56个气候区。这些气候带内的植被与土地利用不同（主要是指现状的土地利用，而非自然原始状态的植被）。

（1）寒温带　寒温带为大兴安岭北部地区。寒温带的自然植被类型主要为寒温带针叶林，由于热量资源不足，不适宜种植粮食作物，只能种植积温要求低的作物，比如燕麦、荞麦。因此，土地覆盖或土地利用类型主要是林地。

（2）中温带　中温带面积广阔，其北界从东北地区向西延伸至新疆西部国境线，南界自辽宁丹东北部，经由沈阳—彰武—赤峰南—张家口北—大同南—子长—西峰南—通渭—渭源—岷县一线，折向西北，沿青藏高原东缘山地的祁连山北、疏勒河东向北至博格达山—天山南侧向西至边境，主要包括东北大部分地区、河北北部、山西北部、陕西西北部、新疆北部、内蒙古大部分地区、甘肃、宁夏全部地区。

①中温带湿润和半湿润区。包括吉林全部、内蒙古东北部地区、黑龙江绝大部分地区和辽宁北部地区。该区域的自然植被类型主要为针叶阔叶混交林和草甸草原，可以种植玉米、水稻和大豆等作物。目前这个地区，大多数草甸草原即黑土地已经开垦为农田，成为中国的"北大仓"。

②中温带半干旱区。主要包括河北北部、山西北部、陕西西北部、宁夏南部、甘肃东南部以及内蒙古中东部地区。自然植被类型主要为干草原。虽然该区降水量不足，但因为该地区雨热同季，大多数年份的自然降雨可以满足农作物生长的需水要求，因此，也开垦了不少耕地，种植玉米、马铃薯等。这就使得该地区成为草地与耕地交叉分布的"农牧交错区"。但是，由于每年的降水量变化大，在降水量少的干旱年份，种植业会遭受旱灾，甚至绝收。该区耕地与草地的比例是东部大于西部，草原植被是欧亚温带草原的重要组成部分，也是我国放牧畜产品的主要产区。

③中温带干旱区。该地区包括内蒙古中西部地区、宁夏北部地区、甘肃大部分地区和新疆北部地区。该区自然植被为荒漠草原和荒漠，为中温带中光照资源最为丰富的地区，属于没有灌溉就没有农业的干旱区。大部分为沙地和荒漠草地，植被稀疏，只在有水源的地区（主要来自雪山融水）有灌溉农田，主要作物为小麦、玉米和棉花等。

（3）暖温带　位于淮河—秦岭—青藏高原北缘一线以北，中温带南界以南，中间被属于北温带的祁连山地和北面的河西走廊以及山地分割。主要包括华北平原、山西高原和黄土高原部分地区，以及新疆南部地区。

①暖温带半湿润区。位于暖温带的东段，该区域受季风影响显著，雨热同季。自然植被以温带阔叶林为主，耕地多种植小麦和玉米，也种植棉花、大豆、甘薯和谷子等。

②暖温带半干旱区。包括黄土高原东部与太行山以西。该地区自然植被是落叶阔叶林和

灌木林,耕地主要种植玉米、谷子等。

③暖温带干旱区。位于新疆南部。该区域大部分地区为荒漠,只在有水源的地区(雪山融水)有灌溉耕地,主要种植棉花、玉米。

(4)北亚热带湿润地区 北界为秦岭—淮河一线,南界位于浙闽山地北部—长江中游平原南缘—宜昌—广元—绵阳西—都江堰—青藏高原东线一带。该地区植被为常绿阔叶林和落叶阔叶林,经济林主要为竹、茶。该地区水资源丰沛,耕地主要为水田,水田一般一年两熟,或是冬小麦—水稻,或是油菜—水稻。

(5)中亚热带湿润地区 北亚热带以南至南岭以北的江南丘陵山地、四川盆地、云贵高原及横断山脉南段等地区。该地区植被为常绿阔叶林,经济作物是柑橘、茶、油茶,耕地主要种植水稻,而且可以种植双季稻。

(6)南亚热带湿润地区 包括云南南部以及南岭以南的地区和台湾北部地区。自然植被为热带常绿季雨林,雨热充足,耕地种植双季稻,园地主要是甘蔗、香蕉、龙眼、荔枝等热带经济作物。

(7)边缘热带 边缘热带包括台湾岛南部、雷州半岛、海南岛中北部、云南南部边缘的瑞丽江、怒江、澜沧江、元江等河谷山地。该地区水分热量资源充足,自然植被为热带常绿季雨林,种植双季稻、冬季菜和橡胶等多种作物。

(8)中热带和赤道热带 中热带位于海南岛西南端和东、中、西沙诸群岛,赤道热带为我国的南沙群岛。该地区植被是热带雨林,全年可种植喜温作物和热作水果。

(9)高原气候带 高原气候带西部以帕米尔高原和喀喇昆仑山脉为界,南部以喜马拉雅山脉南缘为界,北界为昆仑山、阿尔金山和祁连山北缘,与塔里木盆地和河西走廊相连,东界南起横断山脉东缘,在文县—武都—岷县—康乐一线,与中秦岭和黄土高原相接。该地区海拔多在3 000 m以上,空气稀薄,日照充足。该地区可进一步划分为高原亚寒带、高原温带和高原亚热带。高原亚寒带主要为高寒干旱荒漠区。高原温带地区主要为高寒草原和高寒草甸,大部分为牧草地,也可基本满足热量需求较低的青稞种植条件,其北部地区的柴达木盆地和青海中北部地区,有水浇地种植喜凉的春小麦和马铃薯等。

上述植被类型或土地利用类型空间格局是几千年来我国劳动人民开发利用土地的结果,特别是受开垦耕地的影响。可以说适于开垦的土地,今天都是农区,而林区、牧区是难以开垦留下的。

第十六章　耕地

耕地是最宝贵的土地资源,因为它为人们提供一日三餐必不可少的食物,不仅仅包括米饭、馒头等主食,也包括主要来自耕地上生产的粮食、秸秆等副产品转化来的肉蛋奶。耕地之所以宝贵,还在于耕地对自然禀赋的要求高,水热土等要素优良的耕地才能够高产稳产。

第一节　耕地的概念

依据《土地利用现状分类》(GB/T 21010—2017),耕地是指种植农作物的土地。耕地分为3类:水田、水浇地和旱地。水田指用于种植水稻、莲藕等水生农作物的耕地,包括实行水生、旱生农作物轮种的耕地(图16-1)。水浇地指有水源保证和灌溉设施,在一般年景能正常灌溉,种植旱生农作物(含蔬菜)的耕地。旱地指无灌溉设施,主要靠天然降水种植旱生农作物的耕地。此处"农作物"的含义一般是指一年生的农作物。

图 16-1　水田耕耙准备插秧(地点:重庆垫江县;四川农业大学袁大刚教授供图)

从"耕"的象形意义看,是一个人扶着"耒"(犁),在"井田"上劳动。耕就是翻土,没有土只有岩石的地是耕翻不动的。因此,耕地与林地、草地乃至园地最大的不同是有耕作层。种植蔬菜的温室,如果地面硬化了,蔬菜不种植在土壤上,而是使用培养基固定作物根系,用滴管即水肥一体化技术种植,我国的土地调查不将其调查为耕地,而是将其调查为设施农用地。因此,为作物提供了扎根立地条件、水分和养分的土壤是耕地的要素。因此,农学意义的耕地概念应该是:耕地是借助土壤层种植农作物的土地。土壤层这个定语,说明耕地属于自然资源。

2020年,习近平总书记视察吉林省梨树县国家百万亩绿色食品原料(玉米)标准化生产基地核心示范区时指示,一定要采取有效措施,保护好黑土地这一"耕地中的大熊猫",就是因为黑土耕地有肥沃的黑土层。

当然,"雨露滋润禾苗壮,万物生长靠太阳"。决定耕地生产潜力大小的第一要素还是气候条件。黑土虽然土壤肥沃,但因为气温低,其生产力不及土壤相对贫瘠的红壤,这是因为黑土只能一年一熟,而红壤一年两熟。因此,我们不仅要保护黑土地,更要保护水热条件好的南方的红土地。

第二节 耕地生态系统的结构

耕地生态系统既包括支持作物生长的环境要素,即气候、地形、土壤,又包括作物、动物和微生物构成的生物要素。

一、环境要素对耕地的影响

土壤篇详细地介绍了土壤性质对作物生长的影响。比如沙性土壤渗漏快,不适宜种植水稻,但适宜种植薯类植物;而黏质土壤就适宜种植水稻,不适宜种薯类。岩石影响土壤形成,因此,岩石对耕地也起着间接的影响。比如,同样的西南地区,石灰岩很容易石漠化,存在大量岩石露头或隐藏在表土下的"卧石",容易损坏犁具,这就给耕作造成了麻烦,特别是不能使用机械化农机具。

土壤虽然重要,但气候条件对耕地的影响更大。因为热量影响着作物的熟制。比如,我国南亚热带、热带地区可以一年三熟,北亚热带和暖温带可以一年两熟,而在中温带只能一年一熟。一年两熟和一年三熟的耕地很容易亩产吨粮,但一年一熟的耕地亩产吨粮则很难。南方降水量多,水分充沛,所以大面积种植水稻;而在北方,降水量少,大多数种植玉米、大豆、谷子等旱作作物。

地形也影响着耕地。地形坡度大的山区,开垦出来的耕地地块零散,不能使用大型农机耕种,只能使用小型机械,甚至手工农具耕种。而平原地区一马平川,可以使用大型农机机械化经营。地形坡度大,水土流失的风险也大,从而影响着耕地土壤的保持和可持续利用进而影响着生态环境。因此,地形不但影响着耕地的质量,而且也影响着耕地的利用和田间管理以及生态环境。

二、耕地生态系统的特点

耕地生态系统中,作物是生产者,它通过光合作用制造有机物质(根、茎、叶和籽实),为一切生命活动提供能量来源。人类和动物都是消费者,他(它)们直接或间接地利用作物所制造的有机物质,从中获得生存繁衍的能量。分解者是土壤中的微生物,主要是细菌和真菌,也包括蚯蚓或蚂蚁等土壤中的腐食性动物,它们把复杂的动植物有机残体分解为简单的化合物或元素,归还到土壤中或大气中,再被作物循环利用。不过,由于耕地受人类影响大,不但有耕翻,而且要施用化肥与农药、灌溉、除草等,杀死那些吃食根茎叶的对作物有害的土壤动物,如蝼蛄、蛴螬、蝗虫等初级消费者。因此,耕地生态系统的动物和微生物与森林和草原生态系统的肯定不同。因此,不能要求耕地也有同森林、草地一样的动植物和微生物区系,或生物多样性。

为了保证作物的高产,耕地不能"杂草丛生",即不能让其他"杂草"与作物争夺光、热、水和养分。因此,耕地地上部分的垂直结构与森林、草地、湿地的垂直结构不同,不是由不同高度、生活型的植物构成的多层结构,而是在人们的中耕锄草等田间管理下呈现出由单一作物组成的单层结构,除非是间作和套种作物,但即使是间套种,也是人类生活需求的作物,也不容许"杂草"的存在。

耕地生态系统是受人工干预很大的自然-人工复合生态系统。耕翻、灌溉、施肥等田间管理对耕地的影响很大。这主要是因为耕地生态系统的消费者是动物世界的顶级动物——人类,人类不但为了自己的生存繁衍排斥其他有机物消费者吃食作物,而且还为了作物的高产稳产进行耕地的建设和管理,如灌溉、排水渠道等农田基本建设和耕作、灌溉、施肥等田间活动;通过引进耕地生态系统以外的能量,深刻影响着耕地的生产能力。因此,可以考虑人类是耕地生态系统的一个重要组成要素,但一般将人类放置在耕地的环境要素类。而森林、草原、湿地等这种自然或近自然的生态系统中(严格说,今天已经几乎不存在纯自然的生态系统),人类之外的其他动物就没有人类这种利用自然、改造自然的主观能动性,对生态系统的干预和影响很小。正是由于人类成为耕地生态系统结构中最活跃、影响最大的一员,耕地生态系统的结构已经不同于森林、草原、湿地等。

土地,无论是森林、草原,还是湿地,开垦后的功能就发生了变化,其主体功能转变成为人类提供食物,而且在人类对食物需求的导向下,其生态系统的结构也在不断发生着变化,向着更能满足人类食物需求功能的方向转化。森林、草原、湿地等生态系统中的各类植物也通过光合作用为消费者提供有机物质,但系统中的消费者(各种动物)毫无改造自然的能力,只能被动地依附于植被生活。

第三节 耕地的功能

1.耕地的首要功能是农产品生产

首先,耕地为人类提供了绝大部分的食物来源。研究表明,人类生命活动80%以上的热量、75%以上的蛋白质和88%的食物均来自耕地,95%以上的肉蛋奶产量也是通过耕地产品转化而来。国以民为本,民以食为天。对于我国来说,14亿人口的吃饭问题,始终是一件头等重要的大事。在施用大量化肥、农药以及很多地方超采地下水等各种高投入情况下,2020年我国粮食产量6.5亿t,但进口粮食依然达到1亿多t,可见保护耕地对于保障粮食安全有着根本性的意义。当我国耕地安全受到威胁,引起粮食供应不足,从而加大进口依赖程度时,必然会引起国际粮食价格的升高,大量的进口必将影响到我国的经济承受力,威胁到经济安全和国家安全。而且,我国城乡居民消费的肉蛋奶等畜牧产品中,蛋类全部来自耕地生产的粮食饲养的家禽,肉和奶也绝大部分来自耕地生产的粮食、饲草及秸秆等副产品饲养的家畜。

其次,耕地也是轻工业(尤其是纺织业、烟酒加工业等)基本原料的主要来源地。如果由于耕地紧缺造成工业原材料供应不足,必将制约整个国民经济增长,对我国经济安全造成影响。

因此,耕地具有很强的农产品生产服务功能。在经济发展的任何阶段,足够数量和质量的耕地无论对保障人们的生活需求还是对于工业的健康发展都是必需的。

2.耕地具有重要的社会保障功能

社会保障功能是耕地的另一项重要功能,在我国社会稳定和经济发展上起着关键作用。农地历来是我国农民生活的基本依托。从古到今,广大农民日出而作,日落而息,绝大部分的生产经营活动都与农地息息相关。

(1)保障生活的功能 耕地的社会保障功能最突出的表现是保障农民的生活。今天,从事非农产业机会较少地区的农民,其主要收入仍然依赖于耕地的产出。一方面,农民通过在耕地上的劳动生产出生活必需的粮食等基本生活资料;另一方面,通过农产品与工业产品的交换,解决了农民生活中的其他生活需求问题。种田农民的衣食住行,基本上都依靠农地上的产出所带来的收入来维持。总体上而言,除了部分自然条件极其恶劣的地区以外,农民只要付出辛勤劳动,用土地的产出解决其基本温饱是可以实现的。这样,农民拥有耕地,其温饱基本就有了保障。

(2)解决就业的功能 耕地的社会保障功能还体现在解决就业方面。耕地是传统农民唯一的就业机会,离开耕地,没有专业知识和技能、文化水平较低的农民,很难找到其他的就业机会。因此,耕地既是他们劳动的对象,也是他们的"工作场所"。即使是经营少量非农产业的农民,经营耕地仍然是他们的主要"工作",在农忙之余所从事的非农活动,只是他们补充收入、打发空余时间的一种方式。对于处于这一阶段的农民来说,耕地是他们的命根子,离开了耕地,他们的生活就没有了着落和依靠。

我国农村劳动力资源非常丰富,虽然这些年随着城市化的推进,有大量的农民已经离开了农村向小城镇或者大中城市转移,农业从业人员所占比重逐渐下降,但相当大一部分农村劳动力仍然留在农村,需要在农村依靠农地实现就业。这部分人必须依附在耕地上。耕地与农民一旦结合,便构成了一个微观市场经济主体,进而演变成了农民的就业岗位。

虽然城市化对我国剩余劳动力的转移安置是有积极作用的,但随着机械化、智能化的发展,未来吸纳劳动力的前景不容乐观。未来10年甚至更长时期内,我国城乡将有2.1亿个左右的过剩劳动力长期存在,其中农村的剩余劳动力大概有1.7亿个,我国农业人口依赖耕地就业的情况将长期存在。

(3)失业保险功能 随着城市化发展,千千万万的农民找到了农业以外的非农就业机会,但农民的这种非农就业机会是不稳定的,他们随时会面临失业的危险。耕地承担着农民的失业保险和失业救济的角色。当他们失去非农就业机会的时候,他们可以回到农村继续耕种土地,即使收入微薄,但总不至于衣食无着。这样,进城农民没有太多的后顾之忧,至少,他们还有一条最后的退路——耕种土地。对于农民来说,耕地成了农民天然的保险,一部分业已转移出去的农民鉴于非农就业机会的不稳定和风险,把耕地作为进可攻、退可守的职业保险。

3.耕地具有特殊的生态功能

耕地用来种植农作物,与森林、草地和灌木等植被一样,耕地系统在有机物质的生产、维持大气中 CO_2 和 O_2 的平衡、营养物质的循环和储存、水土保持、涵养水源以及对环境污染的净化等方面具有重要的生态功能。对于耕地生态系统来说,气候与气体调节、水源涵养、净化环境、养分循环等生态功能是作物在行使农产品生产功能时附带发生的,这些生态功能并不是人类要求的主体功能。但是,为了人类经济社会的可持续发展,在保证农产品生产功能的同时,我们应尽可能减少农业生产对生态环境的负面影响,多发挥正向的生态功能。

研究发现,农田生态系统服务价值总量并不比草地和阔叶林差,而且比针叶林和灌木林、疏林还要高。最简单的证明就是,玉米或小麦的秸秆量要远远大于杨树和松树的枯枝落叶量。可以推断,像粮食作物玉米和小麦的吐故纳新(吸进二氧化碳,通过光合作用制造有机物,同时呼出氧气)的能力比树木大,固碳的能力也很强,因此,对空气的净化作用和大气气体浓度的调节作用也更大。实际上,农田,尤其是水田中的空气湿度与负氧离子含量比林地大。人们之所以认为林地的生态价值大,或者感觉林地中的空气湿度与负氧离子含量高,是因为目前的宣传都是树木具有生态服务价值,而作物也具有生态服务价值的科学研究成果并没有被广泛宣传,造成人们的精神感知错觉。

国外许多大城市在发展中同样很重视农地的生态功能。如日本东京、横滨等大城市内保留有大量的耕地。在东京山手线(相当于北京市的五环)内保留有 7 处面积大于 $5\ hm^2$ 的片状耕地和许多面积不大的点状耕地。这些土地呈点、片状镶嵌在大城市中,不仅为市民提供生活所需的优质有机农产品,而且发挥着绿化环境、增加城市的景观多样性、改善城市生态的作用。在我国耕地资源稀缺,粮食安全任务艰巨的国情下,就必须发挥耕地的生态功能,将大田作物和果园等作为人工草地、人工林、人工灌丛等绿色空间的有效补充,而不是大量占用耕地搞绿化。

为了不让其他"杂草"与作物争夺光、热、水和养分,因此,不容许耕地"杂草丛生",这使得耕地的植物多样性降低。为了不让其他动物吃食作物,人们在播种时就给种子拌上农药,防止"害虫",如地老虎、蝼蛄等吃食幼苗造成缺苗断垄;当庄稼长起来后,还要喷洒农药,消灭吃食作物茎叶的蚜虫、黏虫、蝗虫等"害虫"。这使得耕地生态系统中的动物多样性必然降低。为了防治锈病、根腐病等,还得施用农药消杀造成锈病、根腐病的微生物,这使得一些细菌、真菌的种类减少。凡此种种,田间管理在杀灭"病虫害"的同时,还会"伤及无辜",必然使得耕地(土壤)的植物、动物、微生物多样性降低。因此,将生物多样性内涵也赋予耕地生态系统,是一种泛生物多样性主义。耕地生态保护要跳出"普世主义"的生物多样性概念,聚焦维护耕地农产品生产功能的土壤生物群系,这种不同于耕地原生植被下的土壤生物群系支持耕地的高产稳产和绿色生产。关于耕地生物多样性的研究,应该聚焦研究在田间管理下,耕地生态系统可能产生的一些抗药性强或能够降解农药的动物和微生物,甚至是那些因施用农药和使用塑料薄膜而"变异"出的一些与耕地生态系统相适应的新的动物和微生物种群。这也许是耕地生态系统对地球生态系统在生物多样性上的一种特殊贡献。

4.耕地也具有文化景观功能

耕地也是本土文化、农耕文明的载体,具有传承文明的文化教育功能。耕地与农民的农事操作、乡土风情和生活起居相联系,是农业文化的重要载体和农耕文明史的见证,具有传播农业知识、农耕文明和提高人们乡土意识等特殊的教育功能。

耕地还与人文景观相耦合而共同营造出独特的视觉美感,展现其独有的景观功能。当今世界,城市居民饱受生活空间狭小、生态环境严重恶化之苦,普遍有走出城市、回归大自然的强烈愿望,渴望到大自然中陶冶情操、寻找自我、返璞归真。因此,耕地特有的人文景观已受到人们越来越多的重视。春天绿油油的麦苗,盛夏金色的麦浪,秋天的玉米青纱帐,无不具有强烈的视觉美感而深深吸引着现代都市市民。假日里,城市居民到乡间小住几天,欣赏天高云淡的田园风光,吃几口清淡的农家土菜,已经变成一种"时尚"。这也引发了一股城市郊区观光农业、采摘农业的热潮,同时也产生了一些以农业为主的旅游项目。例如,江西婺源、云南罗平、贵州安顺等地的"油菜花节"吸引了各方游客,已成为当地增收的一大热点。"梯田旅游"也是目前的时尚旅游项目,知名的有云南哈尼梯田、桂林龙脊梯田等,其中最著名的云南红河哈尼梯田,是由哈尼族人创造,已经耕作了 1 200 年,其规模和景观以及水利系统的巧妙设计让国内外专家学者都叹为观止,是文化与自然巧妙结合的产物,不但具有极大的美学和景观价值,更具有非常珍贵的文化传承价值,目前已准备申报世界遗产的核心保护区。

综上所述,耕地共有的 4 种主要功能,相互联系,不可分割。其中耕地的生产功能和社会保障功能是最根本的功能,而耕地的生态功能、文化景观功能是随着社会经济持续发展、人们生活水平的提高以及人们对自身、人文景观和自然景物相互关系认识不断深化背景下,由耕地的植物生产这种固有功能基础上衍生而出的或者逐渐被意识到的功能,也将是今后越来越受重视的功能。

第四节　耕地利用的多宜性和多变性

农作物种类的多样性和耕地环境条件的优越性,使耕地为农作物的生长提供了多种可能性。开垦为耕地的土地的自然禀赋较好,所以耕地既适宜粮食作物,也适宜果树、蔬菜等经济作物,还适宜林和草等,这些都表现出耕地适宜的多样性和多变性。只要耕地的基础,即水土条件不发生变化(可以认为气温是不变的),人们就可利用这种多宜性,种植市场需求大、经济效益好的作物,包括果树等各种经济作物。高质量的耕地不但能提供作物生长所需要的条件,而且能够按照人们的目的及时调整用途,以适应农产品市场和需求的变化。

第五节　中国耕地分布与现状

一、耕地面积

根据第三次全国国土调查成果,截至 2019 年 12 月 31 日,我国耕地 12 786.19 万 hm²。其中,水田 3 139.20 万 hm²,占 24.55%;水浇地 3 211.48 万 hm²,占 25.12%;旱地 6 435.51 万 hm²,占 50.33%。

二、耕地分布

作物的生长需要一定的温度或积温,因此,耕地主要分布在温带与热带地区。极地和高山区因为气温低,是没有耕地分布的。作物生长也需要水分,因此,在干旱地区,只有在有地面流水或地下水的地方,通过灌溉才有耕地。庄稼需要有扎根立地的条件,因此,耕地主要分布在平原等有土层的地方,裸岩上是没有作物的。黄土高原因为是土山,土层深厚,而且温度和降水量均满足作物的生长条件,因此,成为垦殖率相当高的地区。南方石质丘陵山地,水热条件好,有利于风化,因此风化壳和土壤深厚,耕地占土地总面积的比例是高于山区的。但同样的湿热气候条件下,石灰岩山区的耕地占比就比花岗岩、砂页岩山区的耕地占比低。

众所周知,800 mm降水量沿着秦岭—淮河一线分布。该线之南雨量充沛,自然降水可以满足作物生长需求,而且地面水、地下水资源丰富,水稻种植面积大。但是,我国64%的耕地分布在秦岭—淮河一线以北。黑龙江、内蒙古、河南、吉林、新疆等5个省份耕地面积较大,占全国耕地的40%。该区域旱地比较多,如新疆全域几乎所有耕地都必须灌溉,内蒙古中西部也需要灌溉。

三、耕地质量状况

1.多熟区的耕地面积小

对于耕地来说,由气候决定的种植制度即熟制影响着耕地的基础生产力。比如,肥沃的黑土由于温度限制,作物只能一年一熟,种植玉米的亩产可达700 kg左右。虽然红壤不如黑土肥沃,但由于温度高,可实现一年两熟,亩产可超过1 000 kg。因此,一年多熟的耕地其质量也即基础生产力,比一年一熟的耕地高。

根据第三次全国国土调查成果,位于一年三熟制地区的耕地1 882.91万 hm²,占全国耕地的14.73%;位于一年两熟制地区的耕地4 782.66万 hm²,占37.40%;位于一年一熟制地区的耕地6 120.62万 hm²,占47.87%。

2.相当多的耕地分布在干旱半干旱区

根据第三次全国国土调查成果,位于年降水量800 mm以上(含800 mm)地区的耕地4 469.44万 hm²,占全国耕地的34.96%;位于年降水量400~800 mm(含400 mm)地区的耕地6 295.98万 hm²,占49.24%;位于年降水量200~400 mm(含200 mm)地区的耕地1 280.45万 hm²,占10.01%;位于年降水量200 mm以下地区的耕地740.32万 hm²,占5.79%。也就是说,有相当多的耕地分布在干旱半干旱区,占了15.8%。干旱地区没有灌溉就没有农业,这里的耕地基本都是水浇地,没有雨养农业。半干旱区可以雨养农业,但经常发生旱灾,也必须有灌溉才能够保证高产稳产。

3.坡耕地和陡坡耕地多

地形影响着水、土资源的再分配,进而影响耕地质量。比如,山坡上的旱地的土壤水分状况不如平原上的旱地。属于半干旱区的内蒙古武川县在土地承包时,只能沿着丘岗地形从高处向低处顺坡分地,因为坡底的土壤水分条件好于丘岗顶部。地形坡度大的区域的耕地,不但容易导致水土流失,土壤瘠薄,水分条件差,生产力低,而且往往道路崎岖,耕地也畸零破碎,耕作条件差,难以使用大型农机进行规模化种植,在城市化非农就业机会增加的时代,也是最容易被边际化撂荒的耕地。

根据第三次全国国土调查成果,位于 2°以下坡度(含 2°)的耕地 7 919.03 万 hm²,占全国耕地的 61.93%;位于 2°~6°坡度(含 6°)的耕地 1 959.32 万 hm²,占 15.32%;位于 6°~15°坡度(含 15°)的耕地 1 712.64 万 hm²,占 13.40%;位于 15°~25°坡度(含 25°)的耕地 772.68 万 hm²,占 6.04%;位于 25°以上坡度的耕地 422.52 万 hm²,占 3.31%。

四、耕地退化状况

耕地退化是指耕地的质量降低或是耕地的生产力下降。耕地退化将损坏农业生产的物质基础,并且威胁整个"山水林田湖草"生命共同体的安全。耕地退化是逐渐发生的,似乎不像耕地被"非农化"占用那么直接和迅速,但其面广、量大、潜在威胁大,必须引起足够重视。同时,需要搞清楚各类耕地退化的原因机理,以便采取针对性的防控措施。

1.耕地退化的原因

耕地退化的原因首先是开垦了不适宜耕种的土地,这些耕地处于生态脆弱区,本身就具有发生退化的自然地理环境条件。

(1)开垦了山区的坡地 水向低处流是自然规律,坡地先天就有水土流失的条件。坡度越大,在重力作用下径流形成的势能就越大,侵蚀力就越强。据黄土地区水土保持观测站的观测数据分析,冲刷量或土壤侵蚀量随坡度的加大而增加,在 25°时达到最大。

(2)开垦了半干旱半湿润地区的土地 开垦干旱区的土地,其耕地退化的可能性反而比开垦半干旱半湿润地区的土地小。因为,干旱区开垦出来的耕地都会常年灌溉耕种。半干旱半湿润地区,尤其是半干旱地区,是大陆性温带季风气候,降水的年季间变化大,年内各月的变化也大,旱年和春旱经常发生,所以也就有"被动休耕"发生,即有的旱年年份播种不上。当耕地没有植被覆盖,在春季大风作用下,土壤风蚀强烈,导致土壤质地变粗,结构破坏,表层土壤被吹走,肥力下降,生产能力降低。可是,半干旱半湿润地区也有雨热同期的特点,在气候正常年份都可获得一定收成,遇到雨水偏多的年份,更有"大囤满了小囤流"的气势,所以农民"开荒"种地的积极性很高。而且,正常年份尤其多雨年份自然降水基本就能满足作物生长。所以,这个地区开垦的耕地大多是旱地,遇到旱年和春旱,就很容易发生风蚀沙化。

(3)开垦了砂质土壤的土地 砂质土壤没有结构,抗蚀性差,开垦后,土壤失去植被保护,很容易发生风蚀和水蚀。

(4)开垦了盐碱地 盐碱地本身有积盐的地学条件,即使开垦改良淋洗掉盐分,但其干旱、半干旱、半湿润的气候和低洼地形这些地学条件没有改变,因此,如果开垦改良后,水盐调控不好,就会返盐。

(5)开垦了本身重金属地质背景值高的土地 这些耕地土壤中的重金属不是开垦后外来物质污染的,而是其自然土壤就有的。

以上都是因为开垦了不适宜耕种的土地造成耕地退化。之所以开垦了一些不适宜耕种的土地,也是因为人口多,生产力水平低,为了温饱不得已而为之。但是,利用不当也是耕地退化的重要原因。

在山区,坡耕地没有修建梯田等水土保持工程,也没有采取秸秆留茬、秸秆覆盖等保护性耕作措施,就会发生水土流失,导致耕地退化。

在半干旱半湿润地区,缺少防护林工程,无论是灌溉耕地还是旱地,都会有风蚀沙化风险,特别是那些没有灌溉系统的旱地,当遇到干旱缺水发生撂荒时更易风蚀沙化。即使是有防护林工程的地区,如果不采取秸秆留茬、秸秆覆盖等保护性耕作措施,也会发生风蚀沙化。北方旱作地区沙化耕地主要分布在半干旱半湿润沙质土壤区。

对于开垦的盐碱地或干旱半干旱区的滩涂沼泽湿地,排水体系不健全或大水漫灌,抬高地下水位,在蒸发量大于降水量的情况下,如果地面水和地下水矿化度高,就很可能返盐(次生盐渍化)。而对本来非污染耕地的污染,则完全是利用不当的问题。当然,也有可能是区域大环境造成的,并非与耕种者有关,如大气降尘带来的污染。

2. 水土流失耕地

关于水土流失耕地的情况,最早的有关数据是 20 世纪 80 年代的第二次土壤普查资料。全国第二次土壤普查资料显示,我国耕地水土流失面积达 4 541 万 hm²,占全国耕地普查面积的 34.26%,这一数字与全国坡度>8°的坡耕地面积相仿。其实,全国耕地的水土流失也主要发生在坡度>8°的坡耕地上。其中,水土流失最为严重的地区是黄土高原区和西南高原山区,耕地水土流失面积分别达 1 128 万 hm² 和 1 017 万 hm²,分别占全国耕地水土流失总面积的 24.85% 和 22.39%;其次是东北和华北区,耕地水土流失面积分别达 800 万 hm² 和 700 万 hm²,分别占全国耕地水土流失总面积的 17.61% 和 15.41%。耕地水土流失面积占本区耕地总面积的比重,仍是黄土高原区和西南高原山区最高,分别为 71.30% 和 52.53%;其次是东北区和华北区,分别为 37.36% 和 26.85%。即使本应山清水秀的长江中下游区和华南区,耕地水土流失面积也分别达 462 万 hm² 和 212 万 hm²,分别占全国耕地水土流失总面积的 10.18% 和 4.68%,占本区耕地总面积的 17.75% 和 21.97%。青藏高原耕地总面积小,而且是河谷农业,耕地水土流失面积占全国耕地水土流失总面积的 0.42%,但却占了本区耕地总面积的 19.75%。

自然资源部和水利部公报都没有公布专门的水土流失耕地面积数据,但由坡耕地面积可窥见耕地水土流失面积之一斑。因为,坡耕地是有水土流失风险的,耕地不似林地和草地有常年植被保护,在收割、耕种到作物封垄前,很容易遭到侵蚀,发生水土流失。

3. 沙化耕地

20 世纪 80 年代完成的全国第二次土壤普查资料显示,我国沙化耕地面积达 256.21 万 hm²,占全国耕地普查面积的 1.93%。其中,最为严重的地区是西北干旱区、东北区和华北区,沙化耕地面积分别达 53.96 万 hm²、68.40 万 hm² 和 57.74 万 hm²,分别占全国沙化耕地总面积的 21.06%、26.70% 和 22.54%,占本区耕地总面积的比重分别为 4.09%、3.20% 和 2.22%。黄土高原区和西南高原山区的沙化耕地面积也很大,分别达 27.41 万 hm² 和 25.36 万 hm²,分别占全国沙化耕地总面积的 10.70% 和 9.87%,占本区耕地总面积的比重分别为 1.73% 和 1.31%。华南区沙化耕地面积也达 15.21 万 hm²,占全国沙化耕地总面积的 5.93%,占本区耕地总面积的 1.57%。青藏高原耕地总面积虽小,但沙化耕地面积占全国沙化耕地总面积的 1.58%,占本区耕地总面积的 4.17%(表 16-1)。

五次全国荒漠化和沙化监测资料显示,全国沙化耕地面积明显扩大。沙化耕地的增加主要是因为开垦了半干旱半湿润地区的沙质草地、林地和沙地。

表 16-1　五次全国沙化耕地监测结果

面积	第一次(1994 年)	第二次(1999 年)	第三次(2004 年)	第四次(2009 年)	第五次(2014 年)
沙化耕地面积/km²	—	4.63	4.63	4.46	4.85
沙化耕地占比/%	—	2.65	2.66	2.58	2.82

数据来源:第一、二、三、四、五次全国荒漠化和沙化状况公报。

4.盐碱耕地

第二次全国土壤普查资料显示,我国盐化耕地 8 313.28 万亩,碱化耕地 475.64 万亩。

为了贯彻和落实《土地利用总体规划纲要(2006—2020 年)》(国发〔2008〕33 号)精神,2011 年,原农业部在全国开展了盐碱地治理调查,调查范围涉及 18 个省(自治区、直辖市),具体包括北京、天津、河北、山西、内蒙古、辽宁、吉林、黑龙江、黑龙江农垦、上海、江苏、浙江、安徽、山东、陕西、甘肃、青海、宁夏、新疆、新疆建设兵团及大连、青岛、宁波等省(自治区、直辖市)和计划单列市,总面积 529.11 万 km²。调查结果显示,盐碱耕地 11 415 万亩,占盐碱地总面积的 38%。与第二次全国土壤普查的盐碱耕地相比,盐碱耕地增加很多。这说明,第二次全国土壤普查结束以来,很多盐碱土(地)已经被开垦为耕地。

这 11 415 万亩盐碱耕地,主要分布在新疆、黑龙江、内蒙古、河北、新疆建设兵团、吉林和山东等 7 个省(自治区、兵团),占盐碱耕地总面积的 77%。根据盐碱地分级标准,轻度盐碱耕地、中度盐碱耕地和重度盐碱耕地占盐碱耕地面积的比重分别为 52%、31% 和 17%。轻度盐碱耕地主要分布在黑龙江、内蒙古、新疆、河北、山东、吉林和新疆建设兵团等 7 个省(自治区、兵团),占轻度盐碱耕地总面积的 73%;中度盐碱耕地主要分布在新疆、黑龙江、内蒙古、河北、新疆建设兵团和吉林等 5 个省(自治区、兵团),占中度盐碱耕地总面积的 68%;重度盐碱耕地主要分布在新疆、黑龙江、新疆建设兵团和内蒙古等 4 个省(自治区、兵团),占重度盐碱耕地总面积的 70%(表 16-2)。

表 16-2　全国盐碱地与盐碱耕地的分布　　　　　　　　　　万亩

盐碱地区域	盐碱地	盐碱耕地
滨海盐碱区	2 231.14	1 415.14
黄淮海平原盐碱区	1 852.61	1 450.97
东北松嫩平原盐碱区	4 700.45	3 200.38
西北内陆荒漠及荒漠草原盐碱区	18 987.81	4 416.68
合计	29 895.95	11 415.01

按照盐碱地分布地区的土壤类型、气候条件等环境因素及成因,大致可将我国盐碱地或盐碱耕地分为 4 种类型区:滨海盐碱区、黄淮海平原盐碱区、东北松嫩平原盐碱区、西北内陆荒漠及荒漠草原盐碱区。

5.污染耕地

环保部、国土资源部 2014 年发布的《全国土壤污染状况调查报告》显示,全国土壤环境状况总体不容乐观,部分地区土壤污染较重,耕地土壤环境质量堪忧,工矿业、农业生产等人类活动和自然背景值高是造成土壤污染或超标的主要原因。全国土壤污染总超标率为 16.1%,而耕地土壤点位超标率高达 19.4％,其中轻微、轻度、中度和重度污染点位比例分别为 13.7％、2.8％、1.8％和 1.1％,以轻微、轻度重金属污染为主。从区域分布来看,南方土壤污染重于北方,受污染的重点区域都是过去经济发展比较快、工业比较发达的中东部地区,包括长三角、珠三角、东北老工业基地以及湖南等地,西南、中南地区土壤重金属超标范围较大;镉、汞、砷、铅4 种无机污染物含量分布呈现从西北到东南、从东北到西南方向逐渐升高的态势,与根据"七五"时期全国土壤环境背景值调查的点位坐标开展对比,表明表层土壤中无机污染物含量增加比较显著,其中镉的含量在全国范围内普遍增加,在西南地区和沿海地区增幅超过 50％,在华北、东北和西部地区增加 10％～40％。这主要是由于我国土壤重金属污染中,镉相对比较普遍,其主要来自采矿、冶炼等工业,如南方一些矿区,本身镉的背景值就高,加上采矿冶炼等工业,致使镉含量增加明显。

第六节　耕地保护与可持续利用

一、耕地保护

1986 年 3 月 21 日《中共中央国务院关于加强土地管理、制止乱占耕地的通知》(中发〔1986〕7 号)首次提出了"十分珍惜和合理利用每一寸耕地,切实保护耕地"的基本国策。1986年 6 月 25 日,第六届全国人大常委会第十六次会议通过《中华人民共和国土地管理法》(以下简称"土地管理法"),自 1987 年 1 月 1 日起施行。《土地管理法》总则第一条就开宗明义:"为了加强土地管理,维护土地的社会主义公有制,保护、开发土地资源,合理利用土地,切实保护耕地,适应社会主义现代化建设的需要,特制定本法。"其第二十条规定:"各级人民政府应当采取措施,保护耕地,维护排灌工程设施,改良土壤,提高地力,防止土地沙化、盐渍化、水土流失,制止荒废、破坏耕地的行为。国家建设和乡(镇)村建设必须节约使用土地,可以利用荒地的,不得占用耕地;可以利用劣地的,不得占用好地。"而且在第二十五条规定:"国家建设征用耕地一千亩以上,其他土地二千亩以上的,由国务院批准。"凸显了严格保护耕地的国家意志。同年,国务院设立国家土地管理局,统一管理全国土地。

1998 年 8 月 29 日第九届全国人民代表大会常务委员会第四次会议对《土地管理法》进行了修订。新法确立了四条基本原则:耕地总量只能增加不能减少的原则、土地用途管制的原则、国家对土地实行集中统一管理的原则、加强土地执法监察的原则。为了更好地体现这四条基本原则,保证耕地总量动态平衡目标的实现,新《土地管理法》还完善了基本农田保护制度、确立了建设占用耕地"占一补一"的占补平衡制度,以及以抑制建设占用耕地和加大补充耕地力度为目的的新增建设用地有偿使用费的征收制度等。为了贯彻《土地管理法》的有关精神,1998 年 12 月 24 日,国务院同时颁布了《中华人民共和国土地管理法实施条例》(国务院令第256 号)、《基本农田保护条例》(国务院令第 257 号),并于 1999 年 1 月 1 日起施行。《土地管理法实施条例》明确,地方各级人民政府应当编制土地利用总体规划,对纳入基本农田保护区的耕地实行特殊保护,并提出按照土地利用总体规划推进土地整理,补充耕地和提高耕地质量,以满足我国未来人口和国民经济发展对农产品的需求;《基本农田保护条例》对基本农田的划定、保护、监督管理、法律责任等作了明确规定。为了确保基本农田,2008 年 10 月 9 日至 12

日,中国共产党第十七届中央委员会第三次全体会议审议通过了《中共中央关于推进农村改革发展若干重大问题的决定》,要求划定永久基本农田,落实永久基本农田保护目标任务,全面完成永久基本农田划定工作,加强特殊保护。从基本农田到永久基本农田,虽然是两字之差,表明了党和国家坚决保护耕地,特别是保护基本农田的决心。2009 年,原国土资源部、农业部印发《关于划定基本农田实行永久保护的通知》(国土资发〔2009〕167 号)明确提出要划定永久基本农田,建立保护补偿机制,确保基本农田总量不减少、用途不改变、质量有提高。

党中央国务院始终重视耕地保护,从耕地保护政策开始实施的那一天起,其不仅仅只是要求保护一定数量的耕地,而且也要求保护耕地质量。首先,《土地管理法》和《基本农田保护条例》都提出优先将优质耕地纳入基本农田保护区,在源头上保护优质耕地。土地管理部门也三番五次地发文件,强调耕地占补平衡的数量和质量双平衡,防止占优补劣,占水田补旱地。

保护优质耕地,第一是保护水热条件好的地区的耕地,因为那里可以一年多熟,气候生产潜力大;第二是保护平原集中连片的耕地,因为这里可以机械化规模化经营,耕地利用效率高,而且这里的耕地一般有灌溉条件,土层深厚;第三是保护土壤肥沃的耕地,因为土壤肥沃可以为作物提供良好的扎根立地条件和满足作物对水分和养分的要求;第四就是保护具有完善的道路、灌溉、排水等农田人工基础设施的耕地。

二、耕地质量建设

1.搞好生态环境建设,为农业生产创造生态屏障

未来保证农业可持续发展,必须加强生态环境建设,比如"三北防护林工程""太行山绿化工程""全国防沙治沙工程""沿海防护林体系建设工程"等林业工程,覆盖了全国主要水土流失、风沙危害和台风、盐碱区,其生态环境效益巨大。只有搞好了这些宏大的生态环境建设,才可为局部的农业生产创造生态屏障。

2.修建水利设施,建设旱涝保收田

受季风气候和地形影响,我国耕地既有地带性的干旱问题,也有区域性的渍涝问题。所谓干旱,通常指水分不足以满足作物生长发育的气候现象。一般发生在干旱、半干旱、半湿润区。即使在南方湿润区,也会有季节性干旱,特别是当一年多熟时,就得在干旱季节通过灌溉来补充水分的不足。发展灌溉,包括利用河流、水库等地面水灌溉和利用地下水发展井灌。所谓"渍",是指因地下水位过高,或土壤剖面中有黏重托水层段,造成水分下渗排水困难,土壤水分处于饱和状态,土壤通气性降低,土壤因为缺氧而产生大量还原有毒物质,如低铁、硫化物、有机酸等,造成根系呼吸困难,抑制根系对养分的吸收。"涝",是指由于降水或上游来水,造成季节性积水,并延续一定的时间,使作物遭受浸泡,影响正常的呼吸作用和同化作用,生理机能受到破坏。渍涝耕地改良,最关键的措施是通过健全排水系统,排除田间积水,降低地下水位,使土壤逐步脱渍。

新中国成立以来,我国农田建设主要围绕农田水利开展。"水利是农业的命脉",修建灌溉体系和排水体系对于农田来说是基础设施建设。因此,以灌溉体系和排水体系建设为中心的建设工程也就自然而然地称为农田基本建设。农田基本建设的目的是建设基本农田(高产稳产田或称旱涝保收田)。新中国成立后我国农田基本建设管理实践历程可划分为改革开放前和改革开放后两个时期。改革开放前我国农田基本建设管理重心在于农田水利建设、农田有

效灌溉面积提升,也包括新的土地垦殖(增加新耕地),奠定了我国农田分布的基本空间格局。改革开放后我国农田基本建设和政策随着社会经济快速发展不断进行调整和优化,逐步完善为土地整治和高标准农田建设。2004年中共中央一号文件提出"要着力支持粮食主产区特别是中部粮食产区重点建设旱涝保收、稳产高产基本农田"。2005年中共中央一号文件首次使用"高标准农田"的概念。2009至2013年,连续5个中央一号文件都强调要加快推进高产稳产基本农田建设、推进旱涝保收高标准农田建设。2008年,十七届三中全会提出"提高耕地质量,大幅度增加高产稳产农田比重"。在2008年的《政府工作报告》中首次提出了"要建设一批高标准农田",并将"要大规模建设旱涝保收的高标准农田"列入"十二五"规划。2012年,原国土资源部和财政部《关于加快编制和实施土地整治规划大力推进高标准基本农田建设的通知》(国土资发〔2012〕63号),明确大力推进土地整治特别是旱涝保收高标准基本农田建设,通过增加国家投入现有耕地的整治和建设提高耕地质量。2014年发布的《全国高标准农田建设总体规划》明确提出至2020年,全国要建成8亿亩旱涝保收、集中连片的高标准农田,粮食亩均综合生产能力要提升100 kg以上。目前全国已经完成建成8亿亩高标准农田的任务。2019年11月国务院办公厅印发《关于切实加强高标准农田建设提升国家粮食安全保障能力的意见》(国办发〔2019〕50号),确保到2022年全国建成10亿亩集中连片、旱涝保收、节水高效、稳产高产、生态友好的高标准农田,以此稳定保障1万亿斤以上粮食产能;到2035年全国高标准农田保有量进一步提高,不断夯实国家粮食安全保障基础。

几十年来,在党和政府的领导下,国家和农民投入了大量人力物力进行农田基本建设,取得了相当大的成绩。通过修建水库和灌溉渠道,疏挖排水沟道,平整土地等农田基础建设工程,建设了相当大面积的旱涝保收、高产稳产田。据统计,自1988年到2016年,新增和改善灌溉面积76 270.40万亩,新增和改善除涝面积29 537.56万亩。

3.改造坡耕地为梯田,保水保土

坡耕地的主要问题是水土流失及其引发的土壤瘠薄。试验证明,土壤水土流失与坡度和坡长成正比,因此,坡耕地的改造,一是降低坡度,二是减少坡长。把坡耕地修成水平梯田,将坡度降为零,改降水的坡面径流为垂直入渗,把原来的"三跑田"(跑水、跑土、跑肥),改造成"三保田"(保水、保土、保肥)。在坡度陡、土层薄,难以修成水平梯田的情况下,可以先修成坡式梯田,然后通过等高耕种和土壤风化,再逐步建成水平梯田。坡式梯田就是隔一定距离横坡挖浅沟,在沟的外侧培土起埂,并在埂上栽植灌木,以减少坡面长度,可以有效地拦截水土,拦截下的土淀积在沟中,反复多年,可以逐步建成水平梯田。

4.改良盐碱土

在开发利用盐渍土时,为了能够顺利地进行农业生产,必须消除土壤中过多的盐分。最有效的措施就是灌水淋洗。它可以把过多的盐分冲洗排除出区域或土体以外,消除盐分的危害。除淋洗措施以外,土壤除盐的措施还包括种稻、冲洗性灌溉、刮盐等。水稻生长期保持一定的水层,或在旱季作物生长期间加大水量的灌溉,都可以消除过多的盐分。但是伴随土壤脱盐,植物营养元素也同时处于淋失状态,因此,必须补充和提高土壤有机质和植物营养元素的累积量,才能真正达到改良和利用的目的。否则,土壤将伴随其脱盐而趋向贫瘠化。对于含碱性盐的盐碱土,洗盐时还要施用石膏、石灰等,以免脱盐时伴随碱化的发生。

另外,由于盐渍土紧实板结,通透性差,需要通过增施有机肥改善土壤结构,既有利于盐分下淋,又可减少地面蒸发,阻止盐分上升。土壤中的有机质还可以增强微生物的活动,缓冲盐碱危害。

5. 改造风沙土

一方面,风沙土颗粒较粗,容易漏水,而且持水性差,降雨后很容易变干;另一方面,风沙土因为是单粒,没有土壤结构体,遇风容易起沙。施用有机肥和客土掺黏土都是增加风沙土保水保肥的有效措施。风沙土改良的主要措施是生物措施,它是控制和固定流沙最根本的措施。可以说,在风沙地区,没有防风林带等生物防风固沙体系,是不可能进行开发的。在风沙区栽植固沙的草本、灌木和乔木,能起到长久固定流沙,防止风沙危害的作用。一般根据风沙区不同的部位选择不同生物治理措施,如防护林体系、护村林及防风固沙林等。当然,在治理之初,也可以利用沙障等工程措施,快速固定流沙,为生物固沙打下基础。

6. 防治土壤污染

耕地污染不仅影响作物生长发育,降低耕地的生态功能和生产能力,而且污染物在土壤中积累、在作物中残留,影响农产品质量安全。整治被污染耕地,包括环境治理势在必行。

相对水体污染和大气污染而言,土壤污染具有隐蔽性且难以去除。所谓隐蔽性是因为它不像水体污染会发臭,空气污染会刺鼻。土壤污染从作物或植物的生长状态上一般看不出来,而且往往被污染的土壤,作物或植物还看着生长茂盛。土壤污染难以去除,是因为污染物被土壤胶体(黏粒)吸附,特别是其中的某些重金属离子。因此,耕地土壤污染的防治重在预防。

一是深入开展耕地污染调查与监测监管。在现有生态环境、农业农村、自然资源等部门组织开展的土壤污染调查基础上,对耕地土壤分类别、分区域增设监测点位、污染因子及监测频次,定期开展耕地污染状况详查,彻底摸清我国耕地污染的面积、分布、主要污染物及污染程度、变化趋势等;构建耕地质量监测网络和预警体系,周期性监测耕地质量变化状况,预测变化趋势,及时发出质量恶化预警;建设耕地环境治理监测与督察体系,加强各级监测站点监测能力建设,实现对全国耕地环境质量科学化、精确化的管理和监测。

二是加快建立健全防治耕地污染的制度体系。加快完善土壤污染有关法律法规、标准和技术规范,不但宣传土壤污染的危害性,更要让人们知道有关土壤污染防治的法律法规和政策。建立和完善防治土壤污染的执法检查队伍,建立行政区域的土壤环境质量责任人制度。

三是强化源头控制。耕地土壤污染有多种原因,包括:①工业和大气沉降影响;②污水灌溉等不合理农业生产投入;③受地质高背景值和成土过程富集影响。因此,要严控工矿企业"三废"排放,强化垃圾堆放场和矿区尾矿库的防渗、防漏、防刮、防冲能力,防止污染物进入水体、大气和农田;加强农业生产过程环境监管,推行绿色生产模式,减少污水灌溉,减少化肥农药和农膜的不合理使用。而对于来自岩石风化物和土壤的,一般采取退耕;在新垦或补充耕地时,事先进行土壤污染测定,土壤污染的土地,无论是未利用地,还是废弃地,不开垦或复垦为耕地。

四是加强污染耕地的综合整治。目前无论是化学的、物理的,还是生物的修复手段,修复效果大都不理想,方法本身受到使用环境、经济成本等方面的限制,而且在处理与修复的过程中又极易发生二次污染。例如,去除挥发性和半挥发性有机物污染物的蒸气提取技术、去除重金属污染物的电动力学技术,利用酸或碱溶液、螯合剂、还原剂、络合剂等表面活化剂溶液去除有机物污染物的淋洗技术,以及利用某种嗜食有毒元素的生物修复技术等,都有这样那样的优点,但实施起来,其修复效率较低,成本很高,难以大面积应用。而且有些污染治理或修复措施还可能存在二次污染的风险,如电动力学技术将重金属离子富集的土壤挖出后再处理,嗜食有毒元素的植物的再处理,都存在二次污染的可能。

因此,治理耕地污染首先要考虑成本低、可预防二次污染及简便易行的技术措施。其中,客土覆盖和挖取污染土壤两种工程措施简单有效。客土覆盖即用干净的外来土源覆盖在受到污染的土壤上。客土覆盖技术有两个关键控制标准,一是保证覆盖土源清洁干净,二是覆盖厚度达到要求,避免作物从覆土下面的污染土壤中吸收到毒物。但不推荐所谓客土稀释污染土壤的技术措施。因为稀释被污染土壤到底稀释到多少,需要通过测定污染土壤中的有毒元素含量,换算出客土与原土的土方量比例,进行客土掺和,如果掺和不均或掺和深度不均匀,都会留下潜在危害,而且这种办法更费工、成本高。

将污染土壤挖取走,运到不会存在水土流失和渗漏风险的地方,栽种林木和草类,可能是最简单却最有效、最经济的措施。这种去除污染土壤的方式对于平原耕地最为有效。因为平原土壤土层深厚,表土被取走后,通过施用有机肥或化肥,常年耕种,底下的"生土"会慢慢熟化成为肥沃耕层。对于轻微、轻度污染的耕地,也可采取农艺措施、种植业结构调整来规避污染物进入食品。

三、耕地可持续利用

所谓耕地的可持续利用,就是在耕种过程中,防止耕地的退化和保护耕地质量。比如,等高耕种防止水土流失;秸秆留茬免耕防止水土流失和风蚀沙化;控制灌溉水量,防止土壤发生次生盐渍化;施用有机肥、化肥和秸秆还田,防止土壤板结和养分贫瘠化。

第十七章　园地

相对于耕地来说,园地是更集约化利用的土地。其人力物力投入都比耕地多,而且管理精细。因此,在农业大学,有"园艺学"专业,将栽培果树、蔬菜、花卉、茶树等当作是一门"艺术"。虽然与耕地相比,园地面积偏小,但其在国民经济中却占有重要地位。它不但丰富了人们的膳食结构,为人们提供了更多元化的营养,而且也为农民提供了"守家在地"的增收途径。

第一节　园地的概念

依据《土地利用现状分类》(GB/T21010—2017),园地指种植以采集果、叶、根、茎、汁等为主的集约经营的多年生木本和草本作物,覆盖度大于50%或每亩株数大于合理株数70%的土地,包括用于育苗的土地。园地面积占全国土地调查总面积的比例虽然很小,但在国民经济中占有重要地位。与耕地相比,园地的集约化经营程度和单位面积效益都比较高,因此,近二十年,很多耕地被调整为园地,种植经济作物。

在国外,园地与耕地统称为"农用地",即 farmland。

第二节　园地生态系统的结构

同耕地、林地、草地等一样,园地生态系统也包括气候、地形、土壤等环境要素和由园地植物、动物和微生物组成的生物要素。园地植物也是人工栽培的,因此,园地也是自然与人工复合生态系统的一种,而且有些园地的利用集约度高,即投入大量肥料、农药、灌溉等,较耕地受人类的影响更大。

一、环境要素对园地的影响

因为园地作物的株、行距远远大于耕地,而且不像耕地一样年年季季为播种准备苗床(疏松的土壤),园地对土壤的要求就没有耕地对土壤的要求那么高。比如,果树可以穴种,即使有地表岩石露头,土层浅,也可以在岩石露头之间挖穴客土来栽植果树。在沂蒙山区、太行山区,可以看到很多怪石嶙峋的石灰岩山区种植着花椒、核桃。果树等园地植物穴种,而且是多年生的,适宜于滴灌,不必年年移动滴灌管。滴灌相对于地面漫灌来说,对土壤质地的粗细要求也就没有那么高。但是,一些园地作物对土壤的 pH 要求还是严格的,比如,板栗和茶树不能栽培在石灰性或碱性、微碱性的土壤上;果树、茶树等要求较好的通气条件,因此,砂质土壤比黏质土壤更适宜园地用途。

　　果品采摘大多数都是手工,难以机械化,相对于耕地,园地生产是劳动力密集的农业生产。园地生产不需要大型机械,地块大小对劳动生产率的影响不大。因此,修造不了大地块的地形和坡度大的山地丘陵区适宜种植果树等园地作物。也就是说,相对于耕地来说,园地对地形的要求不高。这也是我们鼓励园地上山,而把平原规划为可以机械化、规模化种植的耕地的原因。这就是根据种植作物对环境条件要求的不同,因地制宜进行土地利用布局。

　　当然,气候条件对果树栽培很重要。园地对气候条件的要求要比作物苛刻。例如,玉米从热带到温带都可栽植,但是柑橘必须在北亚热带及其以南的地区才能够栽种,最适宜的地区是亚热带。这就是"橘生淮南则为橘,生于淮北则为枳"。

二、园地生态系统结构特点

　　园地植物与林地和草地植物也不同,因为有管理,一般不容许非生产目标植物生长。因此,园地生态系统的结构组成与耕地、林地和草地的不同。

　　果园是主要的园地类型,在此以果园为例,分析其生态系统结构。

　　果园生态系统是一个人工经济林生态系统,受生产目标导向,与森林,包括野生果树群落相比,生物种类和层次(树冠层和树冠之下的地被植物)较少,但比耕地的生物种类和层次性高。

　　果园生态系统内的层次,主要由不同高度、生长型和生活型的植物构成。一般分两个层次,上层是栽培的乔木(苹果、梨、桃等)层或灌木、藤本(枸杞、猕猴桃、葡萄等)层,下层是草本,一般是当地的"杂草"或是人工种植的有饲用价值的草类。因为果园树冠高大,而且是多年生,野生杂草和耕种草类"欺负"不了果树,所以,不像耕地种植一年生的农作物需要锄草,以防止其与作物争光争水,一般果园树冠之下有明显的一个草被层(图17-1)。农民有时在收获后,将杂草和落叶归集到一起就地填埋堆腐形成有机肥。现代果园提倡果园生草(自然生草和人工生草),来改善果园生态环境。

图17-1　果树树冠下有草被层

果园生态系统中动物的多样性高于耕地,低于林地和草地。例如,果园中的鸟类明显多于耕地,而且蝉、蝶、蛾、蜂等昆虫的成虫也明显多于耕地。但因为防治"病虫害",其动物多样性要低于森林,更没有森林中所具有的虎豹等猛兽。

现在大力提倡发展园地的立体农业和林下经济,如有在园地里养殖蘑菇的,有养蜂的等,形成了园地特有的立体生态结构。

果园地表之下的生态系统结构也与耕地与林地不同。较比耕地来说,直根、粗根多,而且根系深广。动物与微生物的多样性也比耕地的明显,最明显的是蚯蚓多,真菌(蘑菇)多。当然,园地因为有灌溉,上部土层经常是湿润的,根就不似天然林地树根一样向下深扎吸水,所以根系深度比林地的要浅。因为实施病虫害防治,地下的动物、微生物的多样性也不如林地。

作为一种人工生态系统,果园因为生产需要,依果树栽培密度、树形大小、耕作制度、栽培方式、整形方法不同而形成不同类型的地上结构,包括:①稀植大树型,其果树栽植密度稀、株行距大、树形大、树冠高。稀植大树型一般是传统型果园。②低矮密植型,其果树栽植密度大、树形小、树冠低。低矮密植型一般是现代果园,方便管理和采摘。③篱型,果树栽植株距小,株行距大,果树群体成为树篱。

第三节 园地的功能

一、园地的经济功能

园地植物,如果树、茶树、桑树等,它们利用太阳能通过光合作用制造有机物质,生产人们需要的产品。园地种植的是经济作物,其生产的果、叶、根、茎、汁等价格高,创造的经济效益一般比大田作物(耕地)高。例如,茶园经营见效快,培育 3～5 年就可以开始收益,收益时间长,少则十几年,多则达几十年甚至上百年,且在这样长的时间内每年茶叶产量都比较稳定。各种果品,如苹果、柑橘、荔枝、芒果等的直接产品价格就比耕地粮棉油的高。而且,现代果园多作为观光休闲的场所,通过提供观赏、品尝、采摘等,产生的附加收益就更高了。因此,农民将耕地改种果树等经济作物是市场机制作用下的经济行为,是增加农民收入的一条路径。

二、园地的生态功能

作为多年生植物,果园、茶园等园地在防风固沙、防止水土流失、保育土壤、净化空气、固碳制氧、调节微气候、维持生物多样性等生态功能上的作用基本等同于林地。例如,一个已经成型的茶园,其灌丛密度和灌层覆盖度与自然灌木林相比并不小,有些覆盖度能达 90% 以上。通过茶树冠层、冠层下的草本层和凋落物层对降水层层截留,避免雨水的直接冲击,以及强大的蒸腾作用和根系造成的良好的土壤渗透性,使地表径流减少,可起到减小洪水和延缓洪峰的作用,从而涵养了水源、稳定了水文。事实上,在干旱、半干旱区的枸杞园地,因为有投入和管理,其灌丛密度和灌层覆盖度比自然灌木林的要大,其在减少地表径流、净化空气、固碳制氧、调节温湿度等方面的作用比自然灌木林还要大。

当然,园地因为要获得经济学产量,也像耕地一样要进行杂草控制和病虫害防治等,要投入农药与化肥,其在地上植物、地上和地下动物以及微生物区系方面不同于林地。"熊掌和鱼

不能兼得",因此也不能要求园地与林地一样的生物多样性。

三、园地的社会功能

园地的社会功能具体表现为:①重要农产品有效供给的保障。我国人口众多,对瓜果、茶叶等农产品的数量和质量需求不断提升,一定数量和质量的园地才能保障这类农产品的供给。根据《中国居民膳食指南(2016)》,在均衡膳食模式下,蔬菜和水果所提供的能量占比应该在15%左右。因此,园地也是提高人民膳食营养水平需求的保障。②农民就业和收入的保障。因园地种植的作物基本是经济作物,田间管理,如疏果、采摘等,需要大量人力,为农民就业提供了比耕地更多的机会,比主要起生态功能的林地提供的就业机会多得多。另外,园地的单位面积产值高。一般而言,种植果树、茶树比种植粮食的经济效益要高几倍或十几倍,可作为种植户主要的收入来源。③科普教育功能和观光休闲功能。果园具有"窗口农业"的作用,可对城市居民进行农业知识教育,也为城乡居民提供了游憩场所。游人参与农作活动,体验农耕生活的点点滴滴,同时参与采摘、收获、加工、品尝等项目,可以产生愉悦感,放松身心。

第四节　中国园地分布与现状

一、园地面积

根据第三次全国国土调查结果,截至 2019 年 12 月 31 日,我国园地 2 017.16 万 hm²。其中,果园 1 303.13 万 hm²,占 64.60%;茶园 168.47 万 hm²,占 8.35%;橡胶园 151.43 万 hm²,占7.51%;其他园地 394.13 万 hm²,占 19.54%。

二、园地分布

从气候上看,园地要求较高的热量和积温。在寒温带,基本没有园地,温带地区的园地也不多,园地主要分布在暖温带以南地区。

虽然果树、茶树、橡胶树等生长需水量大,但这些植物对渍水缺氧条件的耐性很差。因此,园地主要分布在低山丘陵区和不受地下水影响的高平原上,而不会出现在低湿地上。

果树、茶树、橡胶树等园地植物的根系比小麦、玉米等农作物的根系发达,因此,要求深厚的土层。虽然表面上看,园地主要分布在山地丘陵区,但没有深厚土层的山地鲜见园地。无论是砂土、壤土和黏土,均可栽培园地植物,但因为园地植物要求通气透水,一般还是砂壤土和壤土最为适宜。

从区位上看,在大平原区,过去园地一般分布在临近村庄的土地上,因为这便于田间管理,可利用早晚时间到园子里劳动、看管。当然,因为园地收益高,农民不再考虑耕种方便与否或耕作距离。在华北平原、关中平原等原本种植大田作物的耕地,即使距离村庄远,许多也改成了果园。在南方山区,沟谷平川地一般可机械化,而且可能发生洪涝,因此一般种植大田作物,如水稻,园地主要分布在低山丘陵区。

1.柑橘

柑橘是我国栽培面积最大的果树,主要分布在亚热带湿润地区。土壤微酸性至中性(pH

5.5~7.0)都适宜栽植,过酸或过碱的土壤不利于柑橘树生长发育。我国有 20 个省份栽培柑橘,其中 9 个主产省份为福建、浙江、湖南、四川、广西、广东、湖北、重庆和江西,占总产量的96％。我国有 3 条柑橘优势产业带(以加工甜橙为主的长江上中游带、以脐橙为主的赣南湘南桂北带、以宽皮柑橘为主的浙南闽西粤东带)和一批特色基地。

2.苹果

苹果是我国栽培面积第二大的果树。我国是世界第一苹果生产大国,苹果栽培面积和产量均居世界首位,是我国加入世贸组织后为数不多的具有明显国际竞争力的农产品之一。苹果已成为我国北方农村经济的支柱产业之一。苹果有以下主要产区。

(1)渤海湾产区　该区包括辽南、辽西、山东的胶东和泰沂山区、河北省大部分和北京、天津 2 市,是我国苹果栽培最早、产量和面积较大、生产水平较高的产区。本区热量充足,光照好,降水适量,适宜苹果生长。

(2)西北黄土高原产区　该区涵盖陕西、甘肃、山西、宁夏、青海等 5 省份,主要包括山西中南部、陕西中部、甘肃南部、青海东部(湟水下游的循化、化隆、尖扎、贵德、民和、乐都等地)和宁夏的引黄灌区(以灵武、银川、青铜峡、中卫等地为主,也有部分分布在南部清水河流域的固原和彭阳)。本区光照充足,昼夜温差大(11.8~16.6℃),土层深厚,是苹果的优势产区。陕西的铜川、白水、洛川和甘肃的天水地区均已成为我国外销苹果的重要基地。

(3)黄河故道产区　该区在洛阳以东,以黄河故道为主体,包括河南、江苏和安徽 3 省。

(4)西南冷凉高地产区　该区涵盖四川、云南、贵州和西藏 4 省份,包括以四川阿坝、甘孜 2 个藏族自治州为主的川西产区,地处金沙江两侧的冷凉高地产区(包括四川南部凉山彝族自治州,云南东北部的昭通、宣威地区和贵州西北部的威宁、毕节地区)和西藏河谷产区(昌都以南和雅鲁藏布江中下游)。

3.梨

我国栽培面积第三大的栽培果树是梨。梨的种类繁多。华北地区是全国最大的梨产区,主要栽培白梨系统的品种,其栽培面积和产量占全国的 50％以上。长江以南主要栽培沙梨系统的品种。吉林、内蒙古、辽宁北部、河北北部主栽秋子梨系统的品种。西北、西南地区栽培沙梨和白梨系统的品种。

4.桃

桃树一般除极寒极热地区外,均可栽培,但以温暖气候条件下生长发育最佳。一般年平均气温 8~17℃(北方品种群为 8~14℃,南方品种群为 12~17℃)比较合适。桃树是比较不耐涝的果树。

桃树虽可在砂土、沙壤土、黏壤土上生长,但最适土壤为排水良好、土层深厚的砂壤土。在pH 5.5~8.5 的土壤条件下,桃树均可以生长。

桃有 3 个适宜栽培区域:华北平原桃产区、西北干旱桃产区、长江流域桃产区。

5.干果

中国国土南北跨度很大,海拔高度差异悬殊,形成了各地迥异的自然生态环境。因此,干果种类繁多。但主要的干果种类有核桃、板栗、榛子、枣、杏、龙眼等。

(1)中温带干果分布区　本区为湿润、半湿润和半干旱气候。冬季严寒,生长季较短,日照充足,雨热同季。本区主要包括辽宁、吉林、内蒙古通辽以东、黑龙江齐齐哈尔以东、内蒙古东南部、河北张家口及承德,甘肃平凉、陕西延安的北部。这里主要的干果树种有仁用杏、日本栗、榛、酸枣、山杏、辽杏、果松等,优势产区为辽宁、黑龙江和吉林西南部。

(2)暖温带干果分布区 本区主要包括山东、山西、陕西全部、河南、河北大部、江苏、安徽北部、北京,天津等地区。这一地区分布干果种类多,栽培面积大,是我国重要的干果生产区域。主要干果树种有核桃、板栗、枣、柿、仁用杏、银杏等,主要野生干果树种有榛、酸枣、君迁子、核桃楸、野核桃等。优势经济产区为河北、山西、河南的干制大枣,河北、山西、陕西的优质核桃,河南、山东、陕西、河北的柿,河北、北京、河南、陕西、山东的板栗,河北、山西、辽宁、北京的仁用杏等。现已基本形成干果树种的主栽品种和生产基地,而且干制加工产品种类多样,内销外贸市场繁荣。

(3)北亚热带干果分布区 本区主要包括江苏、安徽、河南南部、湖北、湖南、贵州、江西、浙江、四川、云南、广西及福建北部。主要干果树种有核桃、泡核桃、野核桃、长山核桃、中国山核桃、板栗、香榧、银杏、枣、柿等。主要经济栽培品种有:云南的大泡核桃,浙江和安徽的中国山核桃、香榧,湖北、河南的大果板栗,四川的核桃,浙江诸暨、嵊县的枫桥香榧、芝麻榧、大圆榧,浙江义乌大枣,湖北隋县大枣等。

(4)南亚热带干果分布区 本区主要包括广东、广西、福建及云南南部、台湾、香港、澳门等地。主要干果树种有龙眼、罗汉果、柿等。

(5)北热带干果分布区 本区主要包括海南,云南西双版纳、河口、德宏、思茅,西藏东南部,台湾南部等地。主要干果树种有腰果、龙眼、澳洲坚果、槟榔、椰子等。

(6)干旱温带干果分布区 本区主要包括内蒙古、新疆大部、甘肃北部、宁夏大部、青海西宁以东地区,属干旱荒漠气候。主要干果树种有核桃、扁桃、制干杏、制干葡萄、枣、无花果、沙枣等。优势经济产区和主要经济栽培干果有新疆阿克苏、和田的薄皮早熟核桃,喀什的扁桃和制干杏,吐鲁番的葡萄干,宁夏的仁用杏和枸杞,甘肃的核桃、仁用杏、黑枸杞等。

(7)高原温带干果分布区 本区主要包括西藏中东部、青海大部、四川北部阿坝地区。主要经济栽培干果树种有核桃、板栗、藏杏、石榴、无花果、葡萄等。

6. 茶

1)茶树生长条件

从气候上看,茶树具有喜温怕寒的特性。中国茶区年活动积温大多在 4 000℃ 以上,主要在亚热带地区。我国大部分茶区的年降水量在 1 200～1 800 mm,年降水量最少的茶区是山东半岛的茶区,只有 600 mm,而年降水量多的四川峨眉山可达到 7 600 mm 左右。

虽然茶树也必须光合作用才能够生长生产,但总体上说,茶树是耐阴植物,具有喜光怕晒的特性。因此,山区茶园由于受山体、林木的遮蔽,日照时数比平地茶园少,尤其是生长在谷地和阴坡的茶树,春茶期间每天至少要少 1～2 h 的日照,加上山区多云雾等妨碍日射的因子,光照时数更少。因此,山区是茶叶优质产区。茶树喜湿(度)但怕涝,这也是茶树主要在山地丘陵区分布的原因。

从土壤条件看,适宜茶树生长的土壤应该是疏松、土层深厚、排水良好的粗骨土壤和砂质土壤。凡砂岩、页岩、花岗岩、片麻岩和千枚岩风化物所形成的土壤,都适宜种茶,因为这些土壤的通气、透水性能好,不易积水内涝。如果底土有黏土层或硬盘层会阻滞降雨的入渗,或者地下水位高,都对茶树生长不利。

茶树有喜酸特性,在碱性土或石灰性土壤中不能生长或生长不良。种植茶树的土壤要求有一定的酸碱度范围,适宜种植茶树的土壤 pH 大致都在 4.0~5.5。

云南、福建、浙江、安徽、湖北、四川、湖南、广西、贵州、广东、河南、江西、江苏、重庆、陕西、甘肃、山东、海南、山西和西藏等省份均有茶树分布,其余 11 省份没有茶园。

2)我国主要茶叶种类及产区

(1)华南茶区 本区是我国最南部的茶区,包括福建、广东省中南部、广西壮族自治区南部、云南省南部、海南省及台湾地区。本区内茶树品种丰富,大山区内存在野生乔木型大茶树,与其他常绿阔叶树种混生。栽培品种主要为乔木型大叶种,小乔木和灌木型中小叶种也有分布。本区生产的茶,种类繁多,主要有红茶、普洱茶、六堡茶和乌龙茶等,著名的有乌龙茶、铁观音等。

(2)西南茶区 本区位于我国西南部,是我国最古老的茶区,包括贵州、重庆、四川、云南中北部以及西藏自治区的东南部等。区内的茶树品种丰富,既有小乔木、灌木型品种,也有乔木型品种。生产茶类众多,有红茶、绿茶、沱茶及花茶等。

(3)江南茶区 本区是我国茶叶的传统主产区,包括广东和广西北部、福建中北部、安徽、江苏、湖北南部以及湖南、江西和浙江等。区内茶树品种主要是灌木型品种,小乔木型也有少量分布。生产的茶类有绿茶、红茶、乌龙茶、白茶、黑茶和花茶等,是全国重点绿茶区。这里生产的茶,种类繁多,其中最著名的有西湖龙井、洞庭碧螺春、黄山毛峰、太平猴魁、武夷岩茶、庐山云雾、君山银针等。

(4)江北茶区 本区是目前我国最北茶区,包括甘肃、陕西、河南南部、湖北、安徽和江苏北部,以及山东东南部等。本区茶树品种多为灌木型中小叶种,如紫阳种、信阳种、歙县群体种等,抗寒性较强。全区主要生产绿茶,有炒青、烘青、晒青等。名茶有六安瓜片、信阳毛尖、紫阳毛尖等。

7.橡胶

橡胶树对热量条件要求高,主要分布在我国热带湿润地区,包括海南和云南南部。橡胶树对土层的深度要求也高,至少 1 m,地下水位在 1 m 以内或雨季积水的土壤不宜植胶。

8.其他园地

其他园地是指种植桑树、可可、咖啡、油棕、胡椒、药材等其他多年生作物的园地。截至 2019 年 12 月 31 日,全国其他园地总面积为 5 911.93 万亩。其他园地在各省份分布普遍但不均匀,面积最大的是云南和海南两个省;其次是广西、江苏、四川、广东、湖南、浙江、河北、陕西、山西、重庆、甘肃、福建、山东、安徽、湖北等省份;其余各省份面积较小。

第五节 园地布局与可持续利用

一、园地布局

园地布局的总体原则是"适地适树"。从宏观气候上来说,不同气候带有其适宜的果树、茶树等。虽然现在利用温室技术可以建设人工小气候进行跨气候带或反季节种植,但毕竟这种种植比田间种植成本高得多。如本章第二节所述,园地生产不需要大型机械,因此,山地丘陵区不能开垦成大块耕地的,却可以开发为园地。因此,要将平原区土地留给可以机械化、规模

化种植的耕地,让园地上山上丘。各级政府在编制国土空间规划时,要以各级农业区划和国家农产品基地建设综合规划为依据,合理划定适宜园地生产的用地。应充分利用宜园荒地荒山发展园地,不得随意把现有耕地改为园地。

二、园地可持续利用

园地产品是经济作物,市场需求波动比耕地生产的粮棉油的波动大。因此,要了解市场需求,不能盲目生产。比如大枣和杏都出现过挂在树上无人摘,任其烂掉的情况。

进行绿色生产。为了保水、防治杂草,果园大量使用塑料薄膜;为了使果品着色,果园还大量使用反光膜。这些塑料残留在农田土壤里,不仅会影响田间耕作,而且会破坏土壤结构,降低土壤的通透性,影响作物水肥吸收,阻碍根系生长。残留地膜中的增塑剂、抗氧化剂等有机物质还可能释放到土壤中成为有机污染物。因此,必须进行地膜回收。为了防治病虫害,园地使用农药也是较多的,应该多利用生物防治虫害。园地多是乔灌木,是鸟类很好的栖息地,有着很好的生物防治优势,应加以利用。

加强园地建设。园地也要进行灌溉、排水、道路以及水土保持工程等基础建设,要多施用有机肥,增加土壤的通透性和土壤肥力。

第十八章　林地

林地或森林相对于耕地和园地来说,受人为干扰或控制少得多,是相对更自然的陆地生态系统。我国林地更多地分布于偏远的山区,人类干预或利用少,许多仍处于自然状态。传统上,人们认为林地的主要功能是提供木材等林产品,今天,人们更看重的是林地的生态功能。

第一节　森林与林地

一、林地的官方概念

根据《土地利用现状分类》(GB/T 21010—2017),林地指生长乔木、竹类、灌木的土地,及沿海生长红树林的土地。

二、森林的大众概念

木,林,森,按照中国字的意思,单木为树,双木为林,三木为森,森林就是大面积的茂密的树木集合体。稀稀拉拉的树木,不能称为森林。

森林以面积大和具有一定密度的树木为特点,也就是说,只有当一地块上的树木达到足够的密度,而且覆盖足够面积的地表,并且具有局域气候特点时,这样的以林木为主的群落才称得上是森林。森林形成之后,林内的温度、水分、光照、风、湿度和植物种类,乃至森林土壤的性质等,或多或少都会发生一些改变。这里应该注意的是,只有当树林面积足够大,而且林内的温度、湿度与周围的土地存在差异时,才称得上是森林。

三、森林的官方概念

依据联合国 2020 年全球森林资源评估规范,森林定义为:面积超过 0.5 hm²,树木高于 5 m,林冠覆盖度在 10% 以上,或者能够在原生境达到这些阈值的土地,不包括主要用于农业或城市用途的土地。感觉上,0.5 hm² 的林地并不足以称得上是森林,这个最小面积的确定,主要是为了量算森林覆盖率。

《联合国气候变化框架公约》(UNFCCC)将森林定义为:最小面积为 0.5~1.0 hm²,林冠覆盖度(或等效蓄积水平)超过 10%~30%(各国标准不同),树木在原生境成熟时最小高度可达 2~5 m 的林地。包括天然幼林和所有尚未达到 10%~30% 林冠覆盖度或 2~5 m 树高的人工林,以及由于人为干预(如砍伐)或自然原因暂时无立木,但预计将恢复为森林的林地。

我国《森林资源术语》(GB/T 26423—2010)把森林定义为:"由乔木、直径 2 cm 以上的竹子组成,且郁闭度 0.20 以上,以及符合森林经营目的覆盖度 30%以上的灌木组成的植物群落。包括郁闭度 0.20 以上的乔木林、竹林和红树林,国家特别规定的灌木林、农田林网以及村旁、路旁、水旁、宅旁林木等。

2019 年 12 月 28 日,十三届全国人大常委会第十五次会议审议通过的《中华人民共和国森林法》第八十三条规定:"森林包括乔木林、竹林和国家特别规定的灌木林"。所谓"国家特别规定的灌木林"包括:①经济灌木林(柑橘、油茶、茶叶等);②降水量 400 mm 以下地区的灌木林;③乔木生长界线以上地区的灌木林;④西南岩溶地区的灌木林;⑤干热河谷地区的灌木林。

红树林也是一种特殊的森林类型,只因我国红树林面积小,就按其是乔木还是灌木属性分别归入了乔木林和灌木林。红树林在我国森林资源清查中计入森林面积,但在第三次全国国土资源调查中已经不计入林地面积,而是计入湿地面积。

《中华人民共和国森林法实施条例》第二十四条规定:"森林法所称森林覆盖率,是指以行政区域为单位,森林面积与土地面积的百分比。森林面积,包括郁闭度 0.2 以上的乔木林地面积和竹林地面积、国家特别规定的灌木林地面积、农田林网以及村旁、路旁、水旁、宅旁林木的覆盖面积。"该规定中的森林内涵多了"农田林网以及村旁、路旁、水旁、宅旁林木的覆盖面积"。

中国有多少森林,也需要调查,并进行面积量算。我国林业部门提出的森林定义为:面积大于或等于 667 m²(1 亩)的土地、郁闭度等于或大于 0.2,以树木为主体的生物群落,包括达到以上标准的竹林、天然林或人工幼林(未成林幼林),2 行以上、行距小于或等于 4 m 或树冠幅度等于或大于 10 m 的林带以及特别规定的覆盖度 30%以上的灌木林。也就是说,面积 1 亩以上的农田林网和"四旁"[道路旁、水(沟渠)旁、宅旁、村旁]树计入乔木林,只有 1 亩以下的零星林地未计入。以最小面积累加而成的我国森林面积或覆盖率并不意味着有那么大面积的真正意义的森林。

第二节　森林生态系统的结构

森林生态系统由气候、地形、土壤等环境要素和林木,与林木具有共生、竞争、保护等相互作用的其他植物,采食并栖息于植物下层的动物,以及直接或者间接分解林木或其他有机体的微生物等生物要素组成。

一、环境要素对林地的影响

我国森林分布广泛。从水平分布看,北起大兴安岭,南到南海诸岛,东起台湾地区,西到喜马拉雅山,都有森林分布。从垂直分布看,森林在低纬度地区分布海拔可以高达 4 200～4 300 m,比如太白山国家森林公园的海拔为 3 700 m;下可抵滨海沼泽,如海南清澜港红树林。由此可以看出,森林有很强的空间生存能力。我国现有森林分布是在人类长期开垦后形成的,因此在空间格局中,林地主要分布在山地丘陵区。因为不像耕地和园地一样需要耕翻、锄草等田间管理,因此,即使地表岩石露头多,也可以成为林地。植物根系会钻入岩石裂隙,通过吸收岩石裂隙中土壤含有的水分和养分来生长(图 18-1)。因此,即使石头缝里长树,只要树冠覆盖地面,也是森林景观。但这并不意味着树木喜爱严酷的气候、地形、土壤条件,只是"适者生存"。事实上,优越的气候、地形、土壤条件更有利于树木生长。

图 18-1　生长于岩石裂隙中的树林(贵州大七孔景区;中国农业大学吕贻忠教授供图)

二、森林生态系统的特点

　　森林植物以乔木为主,也有少量灌木和草本植物。特别是在湿润的热带地区,乔木树冠之下还有灌木与草本,地表基本为植被覆盖,很多是百分之百的覆盖度,而且是多层。不过,在半干旱半湿润地区,树冠层之下的植物种类及其覆盖度就少得多。森林中还有种类繁多的飞禽走兽。森林中的动物由于在树上容易找到丰富的食物和栖息场所,因而树栖和攀缘生活的种类特别多,如猴、树蛙、松鼠,乃至长臂猿、豹等。而草原与耕地就没有或很少有树栖和攀缘动物。森林地表有地衣、藻类、真菌等,土壤中有真菌、放线菌、细菌等微生物和原生动物、线虫、环节动物、节足动物,乃至鼠类等哺乳动物等。因此,森林生态系统具有丰富的物种多样性、结构多样性、食物链、食物网以及功能过程多样性,形成了分层、分支和交汇的复杂的网络特征,是一个复杂的巨生态系统。

　　与园地和耕地相比,森林生态系统之所以更复杂,生物多样性更高,是因为其具有天然性。深山老林,人迹罕至,森林动物得到最大的保护。森林没有锄草打药等管理,森林中动植物乃至依靠动植物残体生存繁衍的微生物种类种群基本不受伤害,因而也最丰富。当然,人工林,特别是人工用材林,因为栽植时的地表清理和扰动以及栽种树种的单一性,其生物多样性就比天然林低,如果日后有管理,生物多样性就不会与邻域的天然林相同,一般会低于邻域的天然林。

第三节　森林的功能

一、森林的气候调节功能

树冠在夏季能吸收、散射和反射掉一部分太阳辐射，同时，树叶的蒸腾作用也有降温的作用，所以，森林或林地里，夏季温度低于周边的其他地类，尤其低于沙地和裸地；湿度大于周边的其他地类，尤其高于沙地和裸地。冬季树木叶子虽大都凋落，但枝干仍能削减近地面的风速，使空气流速减少，起到保温保湿作用。由于林木根系深入地下，源源不断地吸取深层土壤里的水分供树木蒸腾，使林区常形成雾气，增加了降水。

但是，当我们说林地对气候有调节作用时，一定是有足够大的面积，也就是我们心目中的森林。一小片林地或稀稀拉拉的几棵树，没有气候调节作用；把它当"氧吧"，只是心理作用。

二、森林的涵养水源功能

由于林木根系的作用，森林土壤形成涵养水能力很强的孔隙，当森林土壤的根系空间达 1 m 深时，每公顷森林可贮水 $500 \sim 2\,000$ m³，所以森林被喻为"绿色水库"。在湿润区，林木把地面径流转为地下径流，减少了地面径流，因此在雨季可以大量储蓄水分，减缓洪水流量；干旱季节又可补充河水流量，减轻或防止旱灾。复层森林、异龄林、针阔混交的天然林等是涵养水源的最佳林分。但在半干旱半湿润区，因为降水稀少，上游的林木增长，也会过多地耗水，使得无论是地面径流还是地下径流都减小，导致上游的来水量减少。因此，半干旱半湿润区并非是林地越多越好，要统筹上下游各种土地生态系统的用水。

森林还可减少水中的泥沙，降低水的硬度，提高水的质量。森林也具有消化土壤污染的作用。

三、森林的保持水土功能

森林的树冠层除拦截降水和消除侵蚀动能外，还能增加糙率、阻延流速、减少径流与冲刷量。林地下强壮且成网络的根系将土壤牢固地盘结在一起，从而起到有效的固土作用。各种植物的根系都有固持土壤的作用，其中以木本树种为好。乔灌木树种依靠其深长的垂直根系和扩展较广的侧根系，能以相当大的深度和宽度固持土体，加之树木之间根系相互交错，盘根错节，构成地下"钢筋"，固土作用就更大，可以防止滑坡、塌方和泥石流的发生。

树冠之下的枯枝落叶层对保持水土也起到了重要作用，不但防止雨滴的直接冲击，而且有很大的吸收水分的作用。在热带湿润地区树冠之下还有灌木层、草本层等，形成层层"防护网"，即使再大的降雨也只流出清水。

四、森林的防风固沙功能

森林是风沙运动的重大障碍，可降低风速、稳定流沙、增加和保持田间湿度，减轻干热风危害，在风沙为害地区保护农业的作用十分显著。因此，森林是农业生产的屏障。

五、森林的养分循环功能

森林生态系统的养分在系统内部和系统之间不断进行着交换。每年都有一定的养分随降雨和灰尘进入森林。活的植物体产生的酸和死的植物体分解过程产生的酸,溶解土壤矿物或下层岩石的矿物,释放的养分被植物吸收,植物通过光合作用生产根茎叶等有机物。森林中的多种微生物依靠自身或与固氮植物结合可获取空气中的游离氮(这种氮不能被植物直接吸收利用),并把它转化成有机氮。

生长充满活力的森林生态系统,其被降水径流淋失的土壤矿物质养分要小于被植物吸收固定的矿物质养分,处在养分积累阶段。但当森林受到火灾、病虫害或采伐等干扰后,养分循环就发生了逆向变化,养分被淋失量超过了植物吸收固定量。而当森林生态系统进入恢复阶段,再生植被可重建、保存和积累养分的能力。即使没有受到火灾、病虫害或采伐等干扰,在老龄阶段,也不存在有机物质的净积累,与幼龄林及生长旺盛的森林相比,老龄林吸收固定的矿物养分要少。从这个角度看,砍伐成熟林,是将有机物及其矿物质养分带离地球大循环轨道的最有效方式。而且,砍伐成熟林,也可让幼苗成长、积累养分更快。

六、森林的固碳释氧功能

森林生态系统的固碳释氧功能是指森林生态系统通过森林植被、土壤动物和微生物固定碳素、释放氧气的功能。森林生态系统是陆地生态系统的主体,也是陆地碳库中最大的一个,其有机碳储量占整个陆地植被碳储量的76%~98%。而森林生态系统每年的碳固定量约占整个陆地生物碳固定量的2/3。在调节全球碳平衡、减缓大气中CO_2等温室气体浓度上升,以及维护全球气候等方面具有不可替代的作用。

实际上,森林可通过光合作用制造有机产物。其中的树干,只有被砍伐了,作为建材才真正起到固碳的作用。因为作为建材,可能几百年甚至上千年都不会腐烂。而如果留在林地里,自生自灭,腐烂被微生物分解,碳又被释放出来。从这个角度看,用材林的固碳作用比生态林的大。当然,对于那些自然保护区的林木,绝不能够采伐,自然保护区的目的就是要保护一个"原生态"。但作为用材林,无论是人工的,还是天然的,成熟的林木还是可以砍伐的。不过砍伐的形式最好是择伐,或带状采伐,这样可以最大限度地不破坏森林生态系统。

七、森林的生物多样性功能

森林是物种宝库。森林分布广,在不同地域的森林环境里,生长着众多的森林植物种类和动物种类。有关资料表明,地球陆地植物有90%以上存在于森林中,或起源于森林;森林中的动物种类和数量,也远远大于其他陆地生态系统。而且,森林植物种类越多,发育越充分,动物的种类和数量也就越多。多层林、混交林内的动物种类和数量,比单纯林要多得多;成熟林比中幼林又多。研究资料表明,在海拔高度基本相同的山地森林中,混交林比单纯林的鸟类种类要多70%~100%;成熟林中的鸟类种类要比幼林多1倍以上,其数量却要多4~6倍。

在森林分布地区的土壤中,也有着极为丰富的土壤动物和微生物。主要的生物种类有藻类、细菌、真菌、放线菌、原生动物、线虫、环节动物、节足动物、哺乳动物等。据统计,1 m²表土中,有数百万个细菌和真菌,数千只线虫。在稍深的土层中,1 m³土体中就有蚯蚓数百条以至

上千条。

八、森林的提供林产品功能

城郊森林在改善城乡自然生态环境的同时,也为城乡市场提供了各种果品和多种林副产品,如木材、竹材、药材、各种菌类等林区蔬菜、盆景花卉等。郊区森林资源丰富,通过正常的更新和抚育间伐,每年还可向城市提供大量的木材原料。通过发展薪炭林,可以满足郊区农民柴烧的需要。在树木的枝、叶中,氮磷钾的含量很高,是潜力很大的肥料来源。许多树木的枝叶和果实,还含有丰富的营养物质,是牲畜的良好饲料,可以促进养殖业的发展。因此,城乡森林的营建,解决了郊区农村生产、生活所必需的木料、燃料、饲料、肥料等问题,满足了城市绿化的需要,促进了地方经济的繁荣。

九、森林的游憩康养功能

生活在现代文明社会的人们对孕育人类文明的大自然有着向往。以森林植被及自然环境为主体的自然风光,靠其自然的形态、色彩、气息和神韵等创造出多层次、多功能的自然情趣和艺术魅力,使游客在进行森林生态旅游时接受大自然的熏陶,获得美的享受。因此,依托森林资源进行以享受、娱乐、保健为目的的游憩活动,以及野营、野餐、垂钓、漂流、登山、滑雪、探险等活动已经成为越来越火爆的第三产业。

走进森林,了解植物、动物和微生物构成的生态链条,观察环境条件与植被的关系,也是生态系统科普教育。因此,森林还具有科普教育功能。

第四节　中国森林分布与现状

据记载,四五千年前的史前时期(即农耕前时期),在中国目前的国土范围内,约有 60% 的面积为森林所覆盖。在湿润的东南半壁,森林覆盖率可达到 80%～90%;在半湿润半干旱的中部地区(黄土高原),森林覆盖率达到 40%～50%;但在干旱半干旱的大西北地区及高寒的青藏高原,只是在高山带或河谷部位才有森林分布,森林覆盖率只有 10%～20%。据中国林学会的回推与分析(中国林学会,1997),由于大规模的农业垦殖侵占了大量林地,加上历代战乱的破坏,到 2 000 多年前的汉朝时,森林覆盖率下降到 50% 以下,到大约 1 000 多年前的唐宋年间,森林遭到更大破坏,森林覆盖率下降到 40% 以下,到 300 多年前的明清初期,森林覆盖率进一步降至 12.5%。1948 年国民政府农林部推算全国森林面积为 8 280 万 hm^2,森林覆盖率为 8.6%。其中经过勘测调查的主要林区森林面积为 5 033 万 hm^2,蓄积量 58 亿 m^3。新中国成立时,中国已经成为一个贫林国家。

刚刚建立起来的新中国一穷二白,国内社会主义建设所急需的木材主要依靠自己生产。从 1949 年到 1978 年,林业的主要使命就是多生产木材以支援国家建设,因而相对于保护和培育,森林处于过量采伐阶段。同时,也为解决温饱问题,砍伐森林造田。随着 1981 年国务院作出《关于保护森林发展林业若干问题的决定》,以及第五届全国人民代表大会第四次会议通过的《关于开展全民义务植树运动的决议》,植树造林、绿化祖国的热潮在全国迅速掀起,这对遏制森林资源锐减的势头、扭转资源危机的局面起到了重要作用。1981—1997年,尽管人们意识到了保护森林资源的重要性,并且不断加大人工造林的力度,但森林资源总体增长缓慢。1998年特大洪灾之后,党中央、国务院果断作出了"封山育林、退耕还林、恢复植被、保护生态"的决策,决定在政策上和资金上对林业进行重点扶持。为落实党中央、国务院的战略部署,林业管理部门立即启动了"天然林保护工程""退耕还林工程"等重点生态建设工程,实施封山育林和退耕还林,让森林休养生息。这无疑是一次历史性的转变,体现在:①实现由以木材生产为主向以生态建设为主的转变;②实现由以采伐天然林为主向以采伐人工林为主的转变;③实现由毁林开荒向退耕还林的转变;④实现由无偿使用森林生态效益向有偿使用森林生态效益的转变;⑤实现由部门办林业向全社会办林业的转变。

一、面积

1.林地面积

根据第三次全国国土调查结果,截至2019年12月31日,全国林地28 412.59万 hm²。其中,乔木林地19 735.16万 hm²,占69.46%;竹林地701.97万 hm²,占2.47%;灌木林地5 862.61万 hm²,占20.63%;其他林地2 112.84万 hm²,占7.44%。87%的林地分布在年降水量400 mm(含400 mm)以上地区。四川、云南、内蒙古、黑龙江等4个省份林地面积较大,占全国林地的34%。

2.森林面积

根据第九次全国森林资源清查结果(2014—2018年),全国森林面积(未含港澳台)21 822.05万 hm²,其中,乔木林17 988.85万 hm²,占82.43%;竹林641.16万 hm²,占2.94%;特殊灌木林3 192.04万 hm²,占14.63%。

全国乔木林面积按优势树种(组)排名,位居前10位的为栎树林、杉木林、落叶松林、桦木林、杨树林、马尾松林、桉树林、云杉林、云南松林、柏木林,面积合计8 329.20万 hm²,占全国乔木林面积的46.30%。

全国乔木林蓄积按组成树种(组)排名,位居前10位的为栎树、冷杉、桦木、云杉、杉木、落叶松、马尾松、杨树、云南松、山杨,蓄积合计1 149 748.81万 m³,占全国乔木林蓄积的67.40%。

全国3 192.04万 hm²特殊灌木林中,按起源分,天然特灌林1 201.21万 hm²,占37.63%;人工特灌林1 990.83万 hm²,占62.37%。可见,大部分特殊灌木林是人工栽植的。我国在北方有很多"造林"工程,因为降水量少,不适宜栽植乔木,只能种植耐旱的灌木,把这种"人工特灌林"纳入"森林"统计,对我国"森林覆盖率"不断提高有一定贡献。因为《森林资源连续清查技术规程》(GB/T 38590)或《森林资源规划设计调查技术规程》(GB/T 26424),给出的森林覆盖率的计算公式是:森林覆盖率=(乔木林地面积+竹林地面积+特殊灌木林地面积)/土地总面积×100%。当然,我国森林覆盖率的提高主要还是靠天然林保护和大面积人工造林。

按起源分,全国森林面积中,天然林面积13 867.77万 hm²,占63.55%;人工林面积7 954.28万 hm²,占36.45%。我国是世界上人工林面积最大的国家。

按林种分,全国森林面积中,防护林10 081.92万 hm²,占46.20%;特用林2 280.40万 hm²,占10.45%;用材林7 242.35万 hm²,占33.19%;薪炭林123.14万 hm²,占0.56%;经

济林 2 094.24 万 hm²，占 9.60％。将防护林和特用林归为公益林，用材林、薪炭林和经济林归为商品林，全国公益林与商品林的面积之比为 57:43。

第三次全国国土调查的乔木林地面积，与第九次全国森林资源清查结果在乔木林和竹林面积上有所不同，原因有在调查认定方面的差异，更主要的是调查时点差异造成的。第三次全国国土调查所用卫星影像底图晚于第九次全国森林资源清查所用卫星影像底图，近几年又有不少退耕还林和生态建设使得我国林地面积又有所增加。

二、分布

第三次全国国土调查的林地面积和第九次全国森林资源清查林地面积略有差异，但在林地分布上是基本一致或完全一致的。下面以第九次全国森林资源清查结果来描述各类森林资源的分布。

受自然地理条件、人为活动、经济发展和自然灾害等因素的影响，中国森林资源分布不均衡。从地貌上看，林地主要分布在山区，因为平原区开垦率高。从气候带看，林地主要分布在湿热区，因为干寒的气候条件不能支撑林木生长。东北的大、小兴安岭和长白山，西南的川西、川南、云南大部、西藏东南，南方低山丘陵区，以及西北的秦岭、天山、阿尔泰山、祁连山，青海东南部等区域森林资源分布相对集中；而地域辽阔的西北地区、内蒙古中西部、西藏大部，以及人口稠密经济发达的华北、中原，以及长江、黄河下游地区，森林资源分布相对较少。

1. 按气候区分布

根据湿润、亚湿润、亚干旱、干旱、极干旱 5 个气候大区中，森林面积和蓄积以湿润区最多，分别占全国森林面积和蓄积的 68.95％和 78.80％；以极干旱区最少，仅占全国森林面积和蓄积的 1.73％和 0.42％（表 18-1）。

表 18-1　各气候大区森林资源

统计单位	森林覆盖率/%	森林面积/万 hm²	面积比率/%	森林蓄积/万 m³	蓄积比率/%
湿润区	50.82	16 648.71	68.95	1 344 213.30	78.80
亚湿润区	23.87	4 235.25	17.54	282 790.70	16.58
亚干旱区	10.98	2 194.30	9.09	62 541.06	3.67
干旱区	4.66	648.74	2.69	9 060.17	0.53
极干旱区	3.68	418.31	1.73	7 214.36	0.42
合计	—	24 145.31	100.00	1 705 819.59	100.00

注：表中森林面积合计包含未计入全国森林面积的 2 323.26 万 hm²特灌林。

各气候大区中，无论是天然林面积，还是人工林面积，都是以湿润区最多，虽然湿润区占整个国土面积的比例小。这再次说明，森林适宜生长在气候湿润地区。

亚干旱区、干旱区和极干旱区的人工林面积占比比这些区域的天然林地面积占比大（图 18-2），说明，我国在亚干旱区、干旱区和极干旱区，为防止荒漠化作了巨大努力。尽管如此，无论是天然林面积，还是人工林面积，亚干旱区、干旱区和极干旱区都是最少的。这也说明，干旱地区不适宜森林生长，植树造林要因地制宜，不能蛮干；生态修复，还是要以自然修复为主；自然修复才是可持续的。

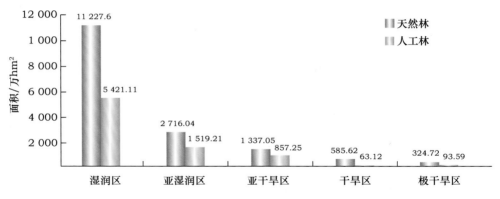

图 18-2　各气候大区天然林和人工林面积

2.按主要山脉分布

我国的山脉包括东西方向的天山山脉、阴山山脉、大别山山脉、大巴山山脉、昆仑山脉、燕山山脉、秦岭、南岭等;东北—西南走向的大兴安岭、长白山脉、太行山、巫山、雪峰山、武陵山脉、武夷山脉、罗霄山脉、五指山脉等;南北走向的横断山脉、六盘山脉、贺兰山脉等;西北—东南走向的小兴安岭、阿尔泰山脉、祁连山脉等;以及弧形山脉的喜马拉雅山脉等(图 18-3)。

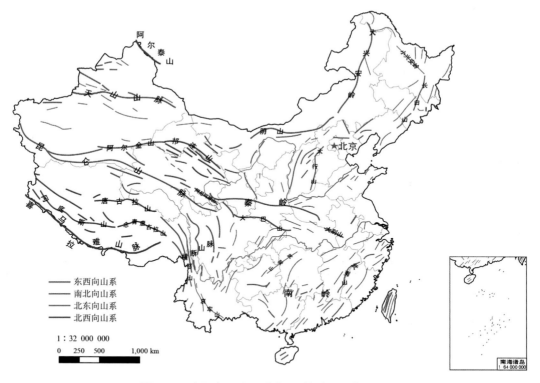

图 18-3　中国主要山系分布(王静爱和左伟,2010)

大兴安岭、长白山、横断山等 20 个山脉的面积占国土面积的 35.78%,森林面积 15 588.99 万 hm²,占全国的 64.56%,森林蓄积 1 347 868.89 万 m³,占全国的 79.01%(表 18-2)。这个数字说明,我国林地/森林主要分布在山区,山区的森林覆盖率要比平原区的森林覆盖率高。这不难理解,因为平原区垦殖率高,再就是城市和村庄都主要分布在平原区。一般来说,山区虽然土层薄,甚至多有岩石露头,但森林并非像耕地那样需要耕种,因此,山区对耕地不合适,但可生长树木。也正因为如此,山区的森林覆盖率高。

表 18-2　我国 20 个山脉的森林资源

山脉	森林覆盖率/%	森林面积/万 hm²	面积比率/%	森林面积/万 m³	蓄积比率/%
大兴安岭	67.15	2 080.28	8.62	177 070.27	10.38
小兴安岭	67.71	746.60	3.09	66 850.2	3.92
长白山	62.52	1 680.14	6.96	185 542.27	10.88
阴山	14.47	94.52	0.39	1 001.57	0.06
燕山	50.93	387.59	1.61	11 461.06	0.67
太行山	22.75	269.07	1.11	9 657.51	0.57
秦岭—大巴山	53.80	1 084.68	4.49	69 566.02	4.08
桐柏山—大别山	37.94	327.79	1.36	13 985.69	0.82
天目山—怀玉山	65.96	504.31	2.09	27 899.55	1.64
武夷山—戴云山	68.27	1 211.58	5.02	91 701.01	5.38
罗霄山	63.15	459.94	1.90	21 914.74	1.28
南岭	63.00	1 177.50	4.88	60 640.46	3.55
雪峰山	64.08	621.19	2.57	38 422.16	2.25
武陵山	52.03	739.06	3.06	36 377.29	2.13
无量山—哀牢山	66.84	439.06	1.82	40 955.56	2.40
横断山	43.86	2 524.16	10.45	315 726.14	18.51
喜马拉雅山	20.95	805.08	3.33	145 413.08	8.52
祁连山	14.70	125.74	0.52	3 413.18	0.20
天山	6.97	199.60	0.83	20 165.51	1.18
阿尔泰山	23.26	111.10	0.46	10 105.62	0.59
合计	—	15 588.99	64.56	1 347 868.89	79.01

注:表中"面积比率"栏数据为各山脉森林面积占 31 个省森林面积合计的百分比,表中"蓄积比率"栏数据为各山脉森林蓄积占 31 个省森林蓄积合计的百分比。

3.按主要林区分布

我国林区主要有东北内蒙古林区、东南低山丘陵林区、西南高山林区、西北高山林区和热带林区五大林区。东北内蒙古林区地处黑龙江、吉林和内蒙古 3 省,包括大兴安岭、小兴安岭、完达山、张广才岭、长白山等山系,森林资源丰富,是中国森林资源主要集中分布区之一。东南低山丘陵林区包括江西、福建、浙江、安徽、湖北、湖南、广东、广西、贵州、四川等省份的全部或部分地区,是中国发展经济林和速生丰产用材林基地潜力最大的地区。西南高山林区位于中国西南边疆,青藏高原的东南部,包括西藏全部、四川和云南两省部分地区,林区地形复杂,植物种类繁多,是最丰富、最独特的野生植物宝库。西北高山林区涉及新疆、甘肃、陕西 3 省份,包括新疆天山、阿尔泰山,甘肃白龙江、祁连山等林区,以及陕西秦岭、巴山等林区。热带林区包括云南、广西、广东、海南、西藏等 5 省份的部分地区,热带季雨林是热带林区典型的森林类型,其他森林类型还有热带常绿阔叶林、热带雨林、红树林等。

五大林区的土地面积占全国国土面积的 40%,森林面积占全国的 69.63%,森林蓄积占全国的 88.20%。森林覆盖率以东北内蒙古林区最高,达 70.19%,以西南高山林区最低,仅 25.22%。森林面积以东南低山丘陵林区最多,达 6 362.81 万 hm^2;以西北高山林区最少,仅 562.29 万 hm^2。森林蓄积以西南高山林区最多,达 567 189.33 万 m^3;以西北高山林区最少,仅 64 298.32 万 m^3(表 18-3)。

表 18-3　五大林区森林资源

统计单位	森林覆盖率/%	森林面积/万 hm^2	面积比率/%	森林蓄积/万 m^3	蓄积比率/%
东北内蒙古林区	70.19	3 759.84	15.57	396 395.25	23.23
东南低山丘陵林区	57.69	6 362.81	26.35	358 045.51	20.99
西南高山林区	25.22	4 754.20	19.69	567 189.33	33.25
西北高山林区	51.54	562.29	2.33	64 298.32	3.77
热带林区	50.68	1 372.73	5.69	118 626.65	6.95
合计	—	16 811.87	69.63	1 504 555.06	88.20

注:表中"面积比率"栏数据为各林区森林面积占 31 个省森林面积合计的百分比,表中"蓄积比率"栏数据为各林区森林蓄积占 31 个省森林蓄积合计的百分比。

五大林区的天然林面积合计为 12 233.67 万 hm^2,占全国天然林面积的 75.56%;天然林蓄积 1 286 476.82 万 m^3,占全国天然林蓄积的 94.11%。天然林面积以西南高山林区最多,达 4 105.00 万 hm^2,占全国天然林面积的 25.35%。五大林区的人工林面积合计为 4 578.20 万 hm^2,占全国人工林面积的 57.56%;人工林蓄积为 218 078.24 万 m^3,占全国人工林蓄积的 64.38%。人工林面积以东南低山丘陵林区最多,达 2 888.84 万 hm^2,占全国人工林面积的 36.32%。

三、质量状况

衡量森林质量的指标一般包括单位面积蓄积、生长量、单位面积株数、平均郁闭度、平均胸径、平均树高、树种组成结构等。

单位面积蓄积量是指一定面积森林中现存各种活立木树干材积的总量,以立方米为计算单位。"蓄积量"一词,只限于尚未采伐的森林,有继续生长和不断蓄积之意。森林蓄积总量通常用于统计较大范围(如一个国家、一个地区)内各种林木的蓄积总量。其计算方法是:首先在森林调查中进行各树种的单株调查,得出单株材积,然后将单株材积乘以一地森林中各树种的株数。

林木生长量是指一定时期内林木增长的数量。其计算指标有树高生长量、直径生长量、材积生长量等。通常所说的林木生长量一般是指材积生长量和蓄积生长量。影响林木生长量的因素很多,不同树种的生物学特性、树木的不同年龄、森林的不同密度和不同的立地环境,都会直接影响林木的生长。

在这些质量指标中,单位面积生长量和树种组成结构等一般反映了气候、地形、土壤等林地的环境,即自然禀赋。因为,单位面积生长量和树种组成结构主要是由水热条件决定的。单位面积蓄积量、单位面积株数、平均郁闭度、平均胸径、平均树高等则不仅受环境条件影响,也还受林龄和人类活动影响。比如,一个采伐不久的次生林,其单位面积蓄积、平均郁闭度、平均胸径、平均树高等肯定是低的。这些质量指标中,单位面积株数、平均郁闭度、平均胸径、平均树高等是"元指标",而单位面积蓄积则是根据单位面积株数、平均郁闭度、平均胸径、平均树高等计算出来的复合指标。

现在衡量森林质量的指标中,还有单位面积生物量和单位面积碳储量,这也都是根据单位面积株数、平均郁闭度、平均胸径、平均树高等计算出来的。

生态文明时代,生物多样性是一个常用的生态质量指标。生物多样性越高,林地的质量越高。但这还是决定于自然环境条件,如湿热区的林地其生物多样性肯定高于干旱地区的。

也有的用珍稀树种种类和数量来衡量林地质量,这并非符合科学。"物以稀为贵",但有珍稀树种,不一定就是林地质量高,林地质量还是要从林地的气候、地形、土壤等自然条件,以及地上林木的蓄积量、多样性上去衡量。有珍稀树种,只是从物以稀为贵的经济规律进行衡量。但是,从地理学角度或"山水林田湖草沙生命共同体"思想去衡量,每一个地带或地域的林地有其自己的生态位,并没有好坏之分、贵贱之分。

乔木林是森林资源的主体,森林质量通常采用乔木林的质量指标反映。全国乔木林每公顷蓄积 94.83 m³,每公顷年均生长量 4.73 m³,每公顷株数 1 052 株,平均郁闭度 0.58,平均胸径 13.4 cm,平均树高 10.5 m,混交林面积比率为 41.92%。

全国乔木林面积按优势树种(组)排名,位居前 10 位的,其每公顷蓄积从大到小依次为:云杉林 221.39 m³、云南松林 117.68 m³、落叶松林 103.64 m³、桦木林 88.88 m³、栎树林 85.63 m³、马尾松林 77.84 m³、杉木林 74.83 m³、杨树林 74.19 m³、柏木林 62.57 m³、桉树林 39.44 m³。

我国滇西北、川西、藏东南、青海东南部、天山、阿尔泰山、长白山等林区,乔木林每公顷蓄积较高。林区省份的乔木林每公顷蓄积明显高于全国平均水平,其中西藏 258.30 m³、新疆 182.60 m³、四川 139.67 m³、吉林 130.76 m³、青海 115.43 m³、云南 105.89 m³。这是因为,这些地区人为干扰较少,天然林比重大,成熟和过熟林多。事实上,我国人工林,特别是平原地区的人工用材林的单位面积生长量要比山区的天然林的大,其成熟林的单位面积蓄积量更大。这不难理解,因为平原的水热土条件比山地的好。不过,平原我们主要用于粮食等农产品的生产,解决"吃饭问题",不能把平原这样的优质土地资源用于造林。

第五节　森林保护与建设

新中国成立后,特别是改革开放 40 多年来,中国政府高度重视森林资源培育和保护工作,实现了林业以木材生产为主向生态建设为主的历史性转变,中国的森林面积从 17.25 亿亩增加到 31.2 亿亩,增长了 80%,森林覆盖率从改革开放初的 12% 增加到 2018 年的 21.66%,尤其是人工林建设达到了 11.8 亿亩,为人工林面积世界之最,我国森林资源发展取得了举世瞩目的成就。但要再上一个台阶,还必须加强林地保护和建设工作。

一、科学推进国土绿化

根据我国"十四五"林业草原保护发展规划纲要,到 2025 年,森林覆盖率达到 24.1%,森林蓄积达到 190 亿 m³,乔木林蓄积达到 99.52 m³/hm²。规划到 2035 年,森林生态系统的质量和稳定性全面提升,森林碳汇明显增加,建成以国家公园为主体的自然保护地体系和坚实牢固的国家生态安全屏障。

要做到科学绿化造林。首先,要组织开展宜林地立地质量调查评价,划定森林发展空间。按照"宜乔则乔、宜灌则灌,乔灌草结合、人工与自然相结合"的原则,科学制定林地保护利用、造林绿化等规划,探索总结森林植被恢复模式和机制,切实提高造林绿化成效。习近平总书记说:"有些地方种树还林,把农耕地改了,有些地方不适合改造沙漠,反而花高成本去改造,这些都不行。首先要做好研究、搞好规划,朝科学的方向去改造,不顾实际就会南辕北辙,赔了夫人又折兵、竹篮打水一场空。"植树造林,绿化国土很重要,但科学造林更重要。对干旱半干旱地区以及立地条件差、造林难度大的地区,不能不切实际,滥造林。比如,在干旱区戈壁上造林,必须进行灌溉;苗木成活了,如果不继续灌水,最终还是得枯死。本来戈壁表面有砾石覆盖,已经不能扬尘;造林挖坑把下面砾石夹杂的细土翻上来,成了新的风沙源(图 18-4)。

图 18-4　戈壁上造林(地点:内蒙古额济纳,图中细管是滴灌管)

要因地制宜、分区施策。西南地区注重治理水土流失和石漠化,加快推进天然林保护和石漠化治理;北方地区注重与防沙治沙相结合,进行防护林、退化草原治理,进一步加强农田防护林建设;中部地区加快推进荒废受损山体治理的林地修复等。

城市绿化建设要充分利用城乡废弃地、边角地,因地制宜推进城乡绿化。要遏制大面积占用耕地建造"森林城市"的风气,更要严禁占用永久基本农田绿化。严禁挖掘天然大树进城绿

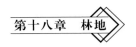

化,避免使用奇花异草过度打造人工绿化景观,绿化也要力戒奢侈化。

开展乡村绿化美化,鼓励在路旁、沟旁、渠旁和宅旁"四旁"植树,保护古树名木,严禁占用耕地绿化。

退耕还林还草要以适宜性评价为基础,规划先行,稳步有序开展。

二、修复退化土地,提升生态功能

很多退化土地,是人类不合理开发利用造成的,如由于坡地开垦造成的石漠化土地。南方雨水多,湿度大,可以利用林木可以在石头缝隙中生长的优势,植树造林,修复这种生态受损土地,提升其生态功能。但退化土地的修复,应坚持保护优先、自然修复为主,自然修复与人工促进相结合,避免不计成本的和不可持续的修复。如北方交通建设留下的道路两侧的破损坡面,打钢钎挂土篮子进行绿化;干旱区戈壁道路两侧的取土坑,人工灌溉栽树绿化等。概而言之,退化土地的修复,一定要进行自然适宜性和经济适宜性评价,修复方向应该是自然适宜,经济可行。

三、构建以国家公园为主体的自然保护地体系

第一,根据《关于建立以国家公园为主体的自然保护地体系的指导意见》,合理布局国家公园,把自然生态系统最重要、自然景观最独特、自然遗产最精华、生物多样性最富集的自然生态区域纳入国家公园候选区。按照成熟一个设立一个的原则,设立国家公园。

第二,健全国家公园管理体制机制。出台《国家公园法》。实行中央政府直接管理、委托省级政府管理两种管理模式,整合组建统一、规范、高效的国家公园管理机构和执法队伍。研究制定国家公园自然资源资产管理权责清单,建立国家公园资源保护利用制度体系,结合中央与地方财政事权和支出责任划分,建立财政投入为主的多元化资金保障机制。要开展国家公园自然资源资产调查、确权登记和勘界立标,建立"天空地"一体化监测体系,为国家公园管理提供监管平台。

第三,建设提升国家公园。实施国家公园的自然生态系统保护修复,确保国家公园内的自然资源及其承载的生态、景观、文化以及科研价值得到有效保护,健全公共服务设施设备。

四、全面加强森林经营,提升森林质量

全面加强森林经营工作,将森林质量的提升放在更加重要的位置。通过制度创新,加快建立符合我国林情的森林经营制度,确立森林经营方案的法律地位;通过机制创新,完善森林经营的投入、监测、激励机制,加强重点国有林区和国有林场的森林经营,积极引导经营大户、林业合作社等经营主体参与森林经营的积极性;通过科技创新,加强森林经营科技示范和基础理论研究,科学编制并严格实施森林经营方案,不断提高森林经营工作的专业化水平。

人工林与天然林的生态价值差距很大,尤其在生物多样性方面,只有天然林能够行使原生态的生物多样性功能。我国天然林保存面积小,要像保护大熊猫一样保护天然林。要编制全国天然林保护修复中长期规划,落实全面保护、系统修复、用途管控、责权明确的天然林保护修复制度,加快受损天然林的修复和管理,使其恢复到原森林生态系统的功能。

五、加大森林资源监管力度,确保森林资源安全

采取最严格的保护措施,制定最严格的保护制度,加大林地保护力度。加快推进新一轮林地保护利用规划编制工作,落实林地用途管制和林地定额管理制度。从严落实森林限额采伐与凭证采伐制度,坚持全覆盖、常态化开展森林督查,加大执法力度,坚决制止和惩处破坏生态环境行为。

六、建立监测评价体系,增强监测服务能力

根据《深化党和国家机构改革方案》总体要求,在统一调查体系下,坚持森林资源连续清查制度,构建天空地相结合、国家和地方一盘棋的森林资源"一体化"监测评价体系,加强高新技术应用,建设国家和地方互联互通的森林资源保护管理大数据监测信息平台,实现全国森林资源"一张图"管理、"一个体系"监测、"一套数"评价,满足森林保护经营和决策管理的需要。

第十九章　草地

草原生态系统是以各种多年生草本植物占优势的生物群落与其环境构成的功能综合体，为最重要的陆地生态系统之一。了解草原生态系统是人类合理利用草原和保护草原的基础。人类在草地上的农牧业生产经营活动，干扰了草原动物类群的原生状态，放牧生态系统中家畜代替了野生动物成为主要的消费者。在草原自然生态系统中引入大量家畜，为我们提供了一个从更深层次视角审视初级生产和草原利用关系的可能。因此，从生态系统的综合观点来看待草原问题，是比较符合客观需要的。

第一节　草地与草原

什么是草地？就是生长草的土地啊。这是大众心中的草地。草地有大有小，可以是自然的，也可以是人工的。城市里一块草坪，人们一般也认为是草地。

我国自然资源管理部门制定的《土地利用现状分类》(GB/T 21010—2017)关于草地的定义是：草地指生长草本植物为主的土地，包括天然牧草地、沼泽草地、人工牧草地和其他草地（但不包括城市中的草坪）。天然牧草地指以天然草本植物为主，用于放牧或割草的草地，包括实施禁牧措施的草地，不包括沼泽草地。沼泽草地指以天然草本植物为主的沼泽化的低地草甸、高寒草甸。人工牧草地是指人工种植牧草的草地。其他草地主要指树木郁闭度<0.1，表层为土质，不用于放牧的草地。而在第三次全国国土调查中，已经将沼泽草地归入湿地类。

畜牧学认为草地是用来饲养草食家畜，给草食家畜提供饲料的土地。我国草地学家贾慎修认为："草地是草和其着生的土地构成的综合自然体，是人类经营利用的对象。"在生产实践上，我国北方传统的草地畜牧业，自古以来采用逐水草而居的游牧方式，按季节或草地水资源状况更换放牧场地，将草地视为放牧的场地而称之为"草场"或"草牧场"。其中，牧民用来打草贮草的草地，称为打草场。在我国的南方地区，由于草地主要分布在山地的山原地带，或者由于当地的原生植被，如温带落叶阔叶林或常绿阔叶林受到干扰，使植被稳定在暖性或热性灌草丛阶段，因此当地农民又称之为"草山""草坡"。可见，从作为饲草资源的角度，可将"草地""草原""草场""草山""草坡"视为同义词。

但草原不同了，草原在人们眼里是那么辽阔，而且是天然的。"草原"是地理学名词，草原被认为是温带、热带干旱、半干旱区的一种特定的自然地理景观。按照植物生态学的定义"草原与稀树草原属于旱生植被，是以多年生旱生禾草为主组成的群落类型"。

国际上对草原的认识也不尽相同，美国草原管理学会对草原的定义是："以禾草、类禾草、杂类草或灌木建群的天然植被为特征，用来放牧饲养家畜的一种土地利用类型"。《世界资源报告》和联合国粮农组织（FAO）定义的永久性草地包括天然放牧地、永久休闲地、5 年以上生产草本饲料作物的耕地、疏林地、矮木林、疏灌丛、荒漠、冻原、沿海滩涂、湿地沼泽和草甸。

《中华人民共和国草原法》规定草原的范围是指天然草原和人工草地。天然草原包括草地、草山和草坡，人工草地包括改良草地和退耕还草地，但绝对不包括城镇绿化草地。

草地和草原在名称上有交叉重叠，在词义上有广义和狭义，在所难免。因为世界各地的草地或草原，有各自的自然特点，在认识上会产生差异。此外，随着社会经济的发展，草原作为单一的畜牧业生产基地向多种用途发展，其含义也会向生态系统服务方面发生延伸和扩展。

世界各国和学术界对草地有着不同的认识和定义。因此，草地的概念具有多种含义，也有多种词汇表达。在我国，草地、草原、草场、草山、草坡、牧地、牧野混合并用；在英语国家中，grassland、range、rangeland、pasture、tussock 等也交叉使用。

综上，草地和草原在名称上有交叉重叠，特别是从作为饲草资源的角度，"草地"和"草原"是为同义词。因此，在很多描述中，草地和草原出现混用，不足为怪。

第二节　草原生态系统的结构

相对于森林，草原一般处于干旱、寒冷地区。因此，虽然草原生态系统组成也包括气候、地形、土壤等环境要素和由植物、动物、微生物组成的生物要素，但其系统结构的复杂程度不如森林。因此，其更容易受到干扰和破坏，破坏了更难恢复。因此，草原生态系统是相对脆弱的。

草本植物对土壤条件的要求比木本植物更低；石头缝里可以长树，更能够长草；再浅薄的土壤也足以让小草生长（图 19-1）。

图 19-1　草地（地点：西藏当雄）

与森林不一样,草原生态系统中的有机物生产者是绿色草本植物,主要是禾本科、豆科、菊科、蓼科、藜科等。其他绿色植物如阔叶杂类草和灌木,也能在某些草地群落中占居一定地位。有机物的直接消费者基本上是食草动物。植食性动物属于草原的优势类群,在草原食物链的底层。例如,非洲的热带稀树草原有数百万头的羚羊,坦桑尼亚西部塞伦盖蒂天然动物园大型植食性兽类数量居全世界首位。小型啮齿类动物体积小、繁殖力强,对干旱有特殊的忍耐力。在草本植物极为丰富的草原上,这些草食性小兽与其他哺乳动物相比占有绝对优势,在种类和个体数量上,超过该地区哺乳动物的各个类群,约占三分之二。它们所消耗的绿色植物总数高达草原可利用食物的75%,其本身又是许多肉食性动物的基本食物,在生态系统中占有极其重要的地位。另外,热带稀树草原上的植食性昆虫的数量很大,其中以白蚁、蚁和蝗虫最多。飞蝗大量繁殖时,一群能达数万亿只个体,重可达 4.4×10^7 t,飞行时像云层一样笼罩天空,所到之处,植物被啃食殆尽。草原生态系统的另一类重要的草食动物是家畜,这也是与森林的食草动物不一样的地方。草原生态系统中人工放牧的牛羊马等家畜甚至可能比野生植食性动物还多。森林的树叶和树冠下的草灌也是食草动物的食料,但是,人们并不在原生的森林中放牧牛羊马等家畜。因为,这些家畜进入森林,脱离开人的视野很容易走失,也容易被食肉动物猎食。草原的食肉动物也不同于森林,草原上没有老虎,只有狼豺等小型的食肉动物。大家都说非洲草原上的狮子大,但非洲草原是热带稀树草原,与温带草原的景观不同,也即在广袤的草原中散布着乔木和灌丛。

草原上的动物可以是家养的牲畜,也可能是野生的哺乳动物。初级消费者的反刍动物包括牛、绵羊、山羊和鹿,非反刍动物包括马、驴、兔子和草地野鼠。还有多种昆虫、鸟类、啮齿动物和其他一些动物。次级消费者有蛇、野狗、狼及杂食性鸟类等。

不同地区和不同类型的草地生态系统各有其不同的特点,但是它们的结构都是一致的。内蒙古的温带草原生态系统与青藏高原的高寒草甸生态系统,它们的植物、动物种类、土壤、气候等都不同,但是从生态系统的结构来讲却是相似的,即环境要素为植物生长提供光热水养分,植物和以吃食植物生存的动物,以及分解动植物残体的微生物构成生态系统的生物部分。

草原的有机物分解者有两个重要组成者,即微生物区系和动物区系,包括土壤中腐生性微生物、昆虫、无脊椎动物和其他原生动物。蚯蚓和粪甲虫是草原生态系统中常见的重要分解者。这些分解者常常不被重视,但它们通常在茂盛草地上出现,对分解植物残体具有重要作用。

草原生态系统的各个组成部分是紧密地完全联系在一起的,各组分之间有物流、能流的交换。草接受日光能利用土壤中的无机养料生产绿草,动物(主要是家畜)吃食人类不能直接食用的草来生产畜产品,满足人类生活的需要,这是一系列紧密相连的食物链和能量链。从草原放牧业来看,虽然表面上看各类草地放养的都是牲畜,但实际上牲畜的种类、头数、放牧季节、牲畜的分布和迁徙等都深刻地影响着草地的状态。草原上的绿色植物种群构成了家畜充足的营养源和良好的营养组合。"离离原上草,一岁一枯荣,野火烧不尽,春风吹又生"的诗句,形象地说明了,千百年来,草原生态过程自然和谐的演替状态。所以,了解草原生态系统是人类合理利用草原和保护草原生态系统的基础,必须从生态系统的综合观来看待草原、善待草原。

第三节　草原的功能

一、草原的畜产品供给功能

草原畜牧业是充分利用天然的草地资源进行畜产品生产的基础产业之一,历史悠久,在世界经济结构中具有不可取代的重要地位。草地给家畜提供了种类多样、适口性好的植物性饲料。全世界的草地为约 30 亿头各类草食家畜提供了饲料。中国草地有饲用植物 6 352 种,约占全国植物总种数的 26%,其中至少有 25% 的种可供作牧草饲料。世界上发达国家畜牧业占农业的比重大,如美国占 60%,德国占 74%,法国占 57%,加拿大占 65%,且畜牧业产值中 60% 以上是由牧草转化而来。美国 82% 的羊和 52% 的牛依靠放牧,用全部青草来生产肉产品。在我国草原资源中,内蒙古、甘肃、青海、新疆、西藏为中国五大草原牧区,约占全国草原总面积的 69.3%。

二、草原的生物多样性功能

草原跨越多种水平和垂直气候带,自然条件复杂,形成了丰富多样的植物物种和植物群落,因此草原生态系统蕴藏着丰富的生物种质资源,是人类重要的天然物种基因储存库。我国北方草原是欧亚大陆草原的东翼,地理气候跨度大,跨越了温带半湿润区、半干旱区及干旱区 3 个气候区。在温带草原生物区之内构成了完整的气候湿润系数与景观生态结构相吻合的梯度系列。东起松辽平原,经阴山南北,西至贺兰山,随着气候湿润度的下降和热量增高,草原类型、景观结构和土地利用格局都有分异,因而为不同层次生物多样性的产生提供了基础条件。草原除了有广袤无垠的牧草和牧民饲养的大量牲畜以外,还是许多飞禽走兽安居的乐园。据统计,在我国 1 200 多种鸟类,400 多种兽类以及 500 多种两栖类、爬行类动物中,有 150 多种珍贵的野生动物生活在草原上。

草地上各种生命形式,包括所有植物、动物和微生物物种和它们所拥有的基因,不仅为人类提供了许多独特的生物材料和产品,更是培育动植物新品种、发展农业生物工程最宝贵的基因库。农耕文明产生后,草原不仅为人类提供了小麦、燕麦、大麦、谷子、穈子、黑麦和高粱等几乎所有的谷类作物,绝大部分栽培的优良饲用植物品种也来自草地。草地还是有蹄类动物的故乡,几乎所有家养草食畜禽——牛、羊、马、骆驼、鹿、猪、兔、鹅等都原产草地。今天,草地仍在持续地为人类培育新的医药和工业材料、改良现代农作物的种质资源、培育新的牧草和家畜新品种提供宝贵的基因。面对新的害虫、疾病和其他压力,凭借野生相关物种的优势基因的移植,可提高作物的产量、品质和抗病力。草地资源直接或间接地为人类的生存和发展提供必要的生产和生活资料,它在社会、经济和科学的发展中具有不可低估的重要作用。长期以来,草地为人类提供了大量植物性和动物性原材料,如食物、燃料、医药、纤维、皮毛和其他工业原料等。

由于草类强大的再生能力,草地作为一种重要的、可利用的自然资源,在我国的经济建设和国民生产与生活中一直占据重要的地位。重视草地生态保护和建设,确保草地生态系统的可持续发展也是保护我国这一重要可更新资源的重要措施。我国是世界上草原资源最丰富的国家之一,有大量珍贵的动植物遗传资源。建立草原自然保护区是保护草原动植物资源的重要举措,通过保护具有典型意义的草原生态系统、珍稀濒危物种,可以有效维持生物多样性,保护草原资源的持续利用和草原生态系统的良性循环,保证草原畜牧业的健康发展。

为了保护草原的生态功能,国家在草原地区建立自然保护区,如三江源自然保护区。作为全国草原面积最大的省份,内蒙古全区建成 19 处以草原作为主要保护对象的自然保护区,其中国家级自然保护区有 5 处,占内蒙古境内国家级保护区数量的 35.7%,其中锡林郭勒国家级自然保护区还在 1987 年被联合国教科文组织接受为国际生物圈保护区。

三、草被的固土防水蚀功能

草地植物贴地面生长,能很好地覆盖地面。草原上的许多植物根系较发达,根部一般是地上的几倍乃至几十倍,它能深深地植入土壤中,牢牢地将土壤固定。土地在植被稀疏,地表径流的冲刷下,会出现风蚀、水蚀,这不仅能带走土壤中的有机质和各类营养物质,而且对生态的破坏也极大。研究表明,草地的含水量比裸地高 20% 以上,在大雨状态下草原可减少地表径流量 47%～60%,减少泥土冲刷量 75%。根据黄土高原水土流失区测定资料,农田比草地的水土流失量高 40～100 倍,种草的坡地与不种草的坡地相比,地表径流量可减少 47%,冲刷量减少 77%。天然草地不仅能截留可观的降水量,而且比空旷地有较高的渗透率。根据美国的试验,兰茎冰草对降水的截留量可达 50%。我国三江源区的草地对涵养水源起到了重要作用。

在河滩、湖边上的低地草甸和沼泽植物,如苔草、芦苇等能消纳洪水,抗御洪水对堤岸的冲刷。

草地的保持水土作用与森林不同,草地没有森林的树冠层,即使有落叶,比起林下的枯枝落叶层也很稀薄。因此,草地的保持水土作用与森林相比,缺少了树冠和枯枝落叶层的作用,草地保持水土主要靠根系结成的网固土。

四、草被的防风固沙功能

在干旱半干旱的沙地区,草被可防止沙被风吹扬。草地植被可以增加下垫面的粗糙程度,消耗风能,降低近地表风速,从而可以减少风蚀作用的强度。不同盖度的草被植物对风蚀作用的发生具有控制作用,当植被盖度为 30%～50% 时,近地面风速可削弱 50%,地面输沙量仅相当于流沙地段的 1%。对内蒙古后山地区草地和农田的土壤风蚀问题进行对比研究表明,以 50 年作为该区的平均开垦历史,得出草原农垦区平均年增加风蚀厚度为 0.1～0.3 cm。在我国北方农牧交错区,夏季存在风蚀风速,当平均风速大于 5.5 m/s 时,在裸地上会发生土壤风蚀现象,而当植被盖度＞17% 时,风速达到 8 m/s 以上才能产生风蚀现象。在美国干草原地带,建立与风向垂直的高草草障,能够有效地降低风速,对防风固沙有明显作用。两草障之间风速比无草障风速降低 19%～84%。另外,我国内蒙古自治区阿拉善盟应用沙蒿和沙拐枣固定流动沙丘,也取得了世界瞩目的成绩。

草本植物是绿色植被的先锋。随着流动沙丘上草本植被的生长,植被盖度逐渐增大,沙丘地形逐渐变缓、沙面变紧,地表形成薄的结皮,成土特征明显,沙丘逐渐由流动向半固定、固定状态演替,最终形成固定沙地,土壤表层有机质逐渐增加,物理、化学性质显著变化。防治荒漠化的技术措施中植物治沙是最自然有效的,在干旱、风沙、土瘠等条件下,林木生长困难,而草本植物却可生长。干旱区天然草原在其漫长的生物演化过程中,已成为蒸腾少、耗水量少、适于干旱区生长的主要植被类型。我国新疆有 4.23×10^5 km² 的沙漠,其中 25.43% 为草灌形成的半固定和固定沙丘。

草地植被抗风沙的作用表现在草原和荒漠植被低矮,每丛植株的背风面都能阻挡留下很多的流沙,能有效降低近地面的风沙流动。例如,甘肃民勤县没有植被的沙地,每年断面上通过的沙量平均为 11 m³/m,在盖度为 60% 的有草地过沙量只有 0.5 m³/m,只占前者的 1/22。草地植被减少和避免土壤破碎和吹蚀,形成结皮,促进成土过程。风沙地区的干旱草原植被,通过降尘、枯枝落叶、分泌物、苔藓地衣等的作用,增强了固沙能力。

五、草地的旅游产品功能

在解决了温饱问题之后的今天,草原成为人们的旅游对象。草原景观以其辽阔、坦荡、悠扬、蕴含天人合一的文化而著称,它与数以千计的草原植物、动物及传统游牧文化、风土人情相结合,极具旅游价值,构成一类旅游目的地。因此,草原旅游是草原地区以草原自然、人文、历史等各类特色资源发展起来的一类特殊旅游业。最近一段时期,草原地区以其独具特色的自然景观、社会人文景观与历史遗迹景观而逐渐成为旅游的热点地区。我国丰富的草原资源是发展草原旅游的物质基础与前提。我国的草原,类型多样,组成复杂,自然景观独特,景色美丽,十分诱人。广阔的温带草原是欧亚大陆草原的东部延伸,七八月间,百花盛开,蓝天白云,微风轻拂,景色之美,非言语所能表达,置身其中,你会忘却一切。青藏高原的高寒草地,在世界上独具特色,许多人以能到此旅游为人生难得的快事。草原地区温凉的气候、许多少数民族具有的衣食住行以及婚丧嫁娶和悠久的历史文化更是难得的旅游资源。草原自然景观与草原文化的结合,是草原旅游最深厚的基础。内蒙古自治区拥有我国温带草原的主体部分,素以"大草原"以及生活在草原上的蒙古民族闻名于世。内蒙古草原成为全国人民的主要草原旅游目的地。

第四节　中国草原分布与现状

一、草地面积

从第三次全国国土调查调查结果看,全国草地 26 453.01 万 hm²。其中,天然牧草地 21 317.21 万 hm²,占 80.59%;人工牧草地 58.06 万 hm²,占 0.22%;其他草地 5 077.74 万 hm²,占 19.19%。草地主要分布在西藏自治区、内蒙古自治区、新疆维吾尔自治区、青海省、甘肃省、四川省,6 个省份的草地面积之和占全国草地总面积的 94%。

二、各类草原分布

不同的环境形成不同的草原类型。我国国土辽阔,不同的气候带,复杂的地形,形成了各种各样的草原类型。大体上从东北大兴安岭起,经燕山、恒山、吕梁山、秦岭到青藏高原东麓,沿着这条线,可以将我国分为西北和东南两部分。西北属于干旱和半干旱地带,目前是草原的主要分布区,草原集中分布于内蒙古、冀北、晋西北、陕北、甘肃、川西北、滇西北、西藏、青海和新疆,为我国的牧区。而在半湿润地区的温带,即东北,过去曾经是"风吹草低见牛羊"的草原,因为粮食需求压力大,过去的最好的草原基本上已经开垦完,成为今天的"北大仓"。

1. 温性草甸草原

温性草甸草原分布在我国温带半湿润地区,是由草原向森林的过渡地区,集中分布于东北松嫩平原和内蒙古东部大兴安岭东西两侧及南端的丘陵平原上,在新疆的阿尔泰山和伊犁地区也有分布。温性草甸草原总面积仅仅 1 451.9 万 hm^2。其中内蒙古的面积最大,占全部草甸草原类草地面积的 59.81%,其次是新疆,占 15.96%,黑龙江占 9.45%,吉林占 7.97%。

温性草甸草原地区属半湿润气候,年降水量 350～550 mm,≥10℃的年积温在 1 800～2 200℃。植物种类组成丰富,以多年生丛生禾草和根茎禾草占优势。土壤为黑钙土、暗栗钙土及草甸土,土壤腐殖质含量一般在 2% 以上,比较肥沃。

因为雨热同期,正常年份能够满足一茬作物的水热需求,加之土壤肥沃,所以温性草甸草原在我国大部分已经被开垦,特别是东部地区。因此,目前所剩不多的温性草甸草原是我国最好的天然草地之一,草地生产力高,载畜能力较强,应该禁止进一步开垦,发展草地畜牧业。

2. 温性草原

温性草原是在温带半干旱气候条件下发育形成的,是以典型旱生的多年生丛生禾草占绝对优势的一类草地,分布在北纬 32°～45°,东经 104°～115°的半干旱气候区内,基本呈东北—西南的带状分布。内蒙古呼伦贝尔高平原西部到锡林郭勒高平原的大部分地区,以及相连的阴山北麓察哈尔丘陵区、大兴安岭南部低山丘陵到西辽河平原是我国温性草原的典型分布区。在狼山、贺兰山、龙首山、祁连山、昆仑山、天山、阿尔泰山等山地垂直带上有分布。在青藏高原的雅鲁藏布江中游及其支流的河谷和藏南盆地也有分布。温性草原总面积为 4 109.7 万 hm^2,以内蒙古分布范围最广,面积最大,占全国温性草原类总面积的 66.86%,其次为新疆和甘肃,分别占 7.83% 和 7.52%。

温性草原区的年降水量 250～450 mm,≥10℃的积温 1 700～3 500℃,土壤以栗钙土为主。代表草地型有大针茅草地、克氏针茅草地,其次是根茎型的羊草草地。在沙地上发育形成以褐沙蒿为优势种的代表草地型。所处地理位置不同,分布区的气候、土壤、地形及草地植物种类组成都有一定的地区差异。温性草原区草地生产力中等。

现在的温性草原区已经成为农牧交错区,特别是靠东部降水量稍多的暗栗钙土地区,开垦较多。而西部的淡栗钙土区鲜有开垦。虽然典型栗钙土地区可以开垦,但"十年九旱",产量不稳,且开垦后风蚀沙化严重,应该退耕还草。

3. 温性荒漠草原

温性荒漠草原分布在温性草原往西的北纬 37°～47°,东经 75°～114°的狭长区域内,呈东北—西南走向,属于温带干旱气候,由多年生旱生、丛生小禾草为主,并有一定数量旱生、强旱生小半灌木、灌木参与组成的草地类型,集中分布于内蒙古中西部高平原上、宁夏北部、甘肃中部、新疆全境山地以及西藏南部山地部分地段。温性荒漠草原面积为 1 892.2 万 hm^2。内蒙古分布面积最大,占温性荒漠草原总面积的 46.61%,其次为新疆,占 33.90%。

温性荒漠草原区具有强烈的大陆性特点,年降水量平均为 $150\sim250(300)$ mm,干燥度 $2.5\sim3.0$ 及以上。土壤的共同特征是质地粗,含盐分,pH $8.5\sim9.0$,有机质含量在 1% 以下。温性荒漠草原的草群外貌呈现低矮、稀疏、季相单调的特征,其植物类型的丰富度、草群高度、覆盖度及生物量均低于温性草原。由于降水量少,温性荒漠草原区没有灌溉靠天然降水不能种植作物,是放牧区。

4.高寒草甸草原

高寒草甸草原是高山(高原)亚寒带、寒带半湿润、半干旱地区的地带性草地,由耐寒的旱中生或中旱生草本植物为优势种组成的草地类型。主要分布在我国的西藏、青海和甘肃境内,常占据海拔 $4\,000\sim4\,500$ m 的高原面、河流高阶地、冰渍台地、湖盆外缘及山体中上部等地形部位。高寒草甸草原面积为 686.6 万 hm^2,西藏境内分布面积最大,占该类草地面积的 81.36%,其次为甘肃,占 18.06%。

分布区气候寒冷,较干旱,年降水量 $300\sim400$ mm。一般年平均温度 $-4\sim0℃$,$\geqslant10℃$ 的年积温 $800\sim1\,000℃$。因此,一般不能种植作物,是高山高原牧区。土壤具薄而松的草毡层和淡色腐殖质层,有机质含量 3% 左右。土壤质地以砾石质和砂砾质为主,黏粒少。草群普遍低矮稀疏,一般草层高 $3\sim10$ cm,盖度 30%~50%。在草地中起重要作用的是丛生禾草、根茎苔草和嵩草,它们常在草地中成为优势种,丝颖针茅、穗状寒生针茅和窄果苔草草地为该类的代表性草地型。

高寒草甸草原因为气候寒冷,不能种植,只适于放牧,是我国高寒地区少数民族的牧场。

5.高寒草原

高寒草原是在高山和青藏高原寒冷干旱气候条件下,由抗旱耐寒的多年生草本植物或小灌木为主组成的草地类型,集中分布在青藏高原的中西部,即羌塘高原、青南高原西部、藏南高原。此外,在我国西部温带干旱区各大山系的垂直带上也有分布,青藏高原北部和新疆北疆多分布于海拔 $3\,000\sim4\,500$ m,阿尔泰山分布下限为 $2\,400$ m,西藏中西部分布在海拔 $4\,300\sim5\,000$ m 的范围内。高寒草原面积 4\,162.3 万 hm^2,西藏的分布面积最大,占该类草地的 76.74%,其次为青海,占 13.98%。

高寒草原分布区平均气温 $-4.4\sim0℃$,年降水量 $100\sim300$ mm,土壤土层薄,砾质化,有机质含量为 0.5%~1.7%。覆盖度小,草群矮小,牧草生育期短,生物产量偏低,草层平均高 $5\sim15$ cm,盖度一般为 20%~30%。草群中起优势作用的主要是矮生禾草和嵩类半灌木;固沙草草地、紫花针茅草地、青藏苔草草地以及藏沙嵩草地成为代表性草地型。

与高寒草甸草原一样,高寒草原因为气候寒冷,不能种植,只适于放牧,也是我国高寒地区少数民族的牧场。

6.高寒荒漠草原

高寒荒漠草原是在高原(高山)亚寒带、寒带寒冷干旱气候条件下,由强旱生多年生草本和小半灌木组成的草地类型,是高寒草原向高寒荒漠的过渡类型。集中分布于西藏、新疆和甘肃境内,在帕米尔高原分布于海拔 $3\,800\sim4\,000$ m 的山地半阴坡和半阳坡,在昆仑山分布在海拔 $4\,500\sim5\,300$ m 的高原湖盆外缘、山间谷地、洪积扇、高原面及高山山地。高寒荒漠草原面积为 956.6 万 hm^2,西藏境内分布面积最大,占该类草地面积的 90.72%。

分布区气候寒冷、干旱、风大。年平均温度低于 $0\sim4℃$,$\geqslant10℃$ 年积温不足 $1\,000℃$,年降水量 100～200 mm,年蒸发量 2 000 mm,年平均风速 3 m/s。土壤质地粗疏,多为砂砾质、粗砾质或壤质,表层有弱腐殖质层。草地植物组成简单,每平方米内有植物 5～10 种,草层高 5～10 cm,盖度 10%～30%,草地生产力很低。草地中较多的为矮生丛生禾草、蒿类半灌木、根茎苔草、垫状半灌木。具垫状驼绒藜的紫花针茅草地、具变色锦鸡儿的紫花针茅草地和具垫状驼绒藜的青藏苔草草地为其代表性草地型。

高寒荒漠草原因为气候寒冷,不能种植,只适于放牧,也是我国高寒地区少数民族的牧场。

三、草地现状问题

1.天然草地质量低

我国东部湿润和半湿润地区优质的草甸和草甸草原基本上都已开垦为农田,所剩天然草地基本上都是处于干旱和半干旱地区的荒漠草原和干草原、山地草甸以及青藏高原上的高寒草原和高寒草甸。因此,我国天然草地中优质高产草地面积小,质量和产量均低的草地面积大。如处于山地亚寒带、寒带,气候寒冷,牧草低矮,生产力低下的高寒草地占全国草地总面积的 33.8%,分布于南方和东部热带、亚热带、暖温带中牧草品质欠佳的次生草地占全国草地总面积的 19.3%,再加上北方温带草地中干旱缺水的荒漠草地,生产力不高的中、低、劣等草地占全国草地总面积的 61% 以上。品质和生产力较高的温性草甸草原类和山地草甸类草地只占全国草地总面积的 18.5%。而像松嫩草原、呼伦贝尔草原、锡林郭勒草原东部的羊草草地、贝加尔针茅草地、大针茅草地和伊犁谷地中的鸭茅草地,这些品质好的天然草地在全国草地中占的比重很小。

2.草地自然灾害多

我国草地主要分布在西北、东北、华北北部和西南高原地区。或气候寒冷,生长季短促;或雨量稀少,干旱缺水;受季风气候影响,经常受自然灾害的侵袭,其中最常见的自然灾害是干旱(也称黑灾)和雪灾(也称白灾)。

旱灾是最常见灾害之一,受灾面积大,持续时间长。伴随高温天气,牧草枯萎,河水干枯,家畜因缺草、缺水,体质瘦弱,甚至死亡。如 1957 年春夏季内蒙古遭受了历史上罕见的干旱,涉及全区 10 个盟(市)的 40 多个县(旗),受灾家畜 900 多万头(只),占全区总家畜数的 40.8%,因灾死亡家畜 60 万头(只)。

雪灾是危害最大的自然灾害之一,主要分布在东北和西北,以及青藏高原。草地经大雪覆盖后,家畜往往因无草可食而冻饿而死。如 1977 年 10 月 26—29 日内蒙古锡林郭勒盟和乌兰察布盟连续 4 天 4 夜降雪,涉及 10 个县(旗),受灾牲畜 871 万头(只),其中死亡 448 万头(只)。

除了旱灾和雪灾外,草地的鼠害和虫害也很严重。我国干草原、高寒草原及高寒草甸草原类型区,被鼠类破坏的草地面积占这些地区草地总面积的 30%。新疆每年蝗虫虫害发生面积就达 400 万 hm²,蝗虫为害的草地上,虫口密度每平方米达 200 头,牧草损失 30%～50%,严重为害时,牧草全部被吃光。

3.人工饲草料地比例低,调蓄能力差

人工饲草料地无论是其干草产量还是质量(蛋白质总量),都比天然草地高得多。但是,我国人工饲草料地总面积仅占全国草地面积的 2.4%。天然草地面积较大,且草地畜牧业经营水平较高的美国、俄罗斯、澳大利亚等国,人工饲草料地面积占草地总面积的比例均达到 10%

以上。我国牧区面积虽大,但对国家畜产品贡献却很低,牧区畜牧业缺乏高产优质的人工饲草料以及其他农副产品的支持是主要原因。

4.草地退化严重

按照生态学理论,草地退化是指当干扰强度超出草地生态系统自我调节和修复能力时,草地生态系统的功能下降甚至消失。

大部分人判断草原退化程度,都依据地面植被的变化,而忽视了土壤和地下水的变化。草地退化程度应该从3方面衡量:①植物变得低矮稀疏,产草量下降,或是豆科、禾本科等优良牧草数量减少,有毒有害、适口性差和营养价值低的植物增加,牧草质量下降,但这只是轻度退化;②地表土壤砂砾化,甚至是岩漠化(土没了),这是重度退化;③地下水没了,这很可能是永久性退化。

有一句耳熟能详的诗"野火烧不尽,春风吹又生"。为什么草被烧得一干二净,来年还会再生呢? 就是因为有土壤。土壤里存储了植物种子、根茎、养分、水分、微生物……火能烧掉地面枯草,但是烧不掉土壤下面的生命,只要土壤保存完好,来年植物照样生长。地面植物就像羊毛,土壤就像羊皮。羊毛剪了没关系,只要羊皮不受损,照样长出新毛。草被牲畜啃了也没关系,只要啃食适度,土壤保持良好,照样会长出新草。

草依靠土壤生长,同时也保护土壤。草原上的草常年被啃得干干净净,土壤失去保护,被风吹走、被水冲走,地面砂砾化,甚至岩漠化,失去了能够蓄纳水分和养分的土壤,草就再也不能茂盛生长。中国有句古话:"皮之不存,毛将焉附?"。对于草地来说也一样,草和土壤相互滋养、相互保护、相依为命。要想年年有草可以用,就得有节制、有规划地放牧,不能一年四季给草场"剃光头"。

有些草场是依靠地下水补给土壤的,如草甸和沼泽草地。但是如果大量开采抽取地下水或抽地下水灌溉大面积的人工植被,会使得地下水下降甚至消失。有研究团队调查发现1987—2010年30年间,内蒙古湖泊减少了1/3,主因是过分抽取地下水。土壤因为没有地下水供给而干燥,最终导致本来茂盛的草场变成死寂沉沉的大荒原。

草场退化的第一大原因是草场上超载牲畜过度啃食。这种超载过牧造成退化的特征是面广量大,但是逐步的。在草场是公家的、羊群是自家的年代,草场超载过牧非常严重。草场超载过牧,一方面使得草地植株变得低矮稀疏,产草量下降;另一方面表现为豆科、禾本科等优良牧草数量减少,有毒有害、适口性差和营养价值低的植物增加,牧草质量下降。草地植株变得低矮稀疏后,土壤易遭受风蚀,土质变粗,直至荒漠化。

草场退化的另一个原因是滥采。滥采是指农牧民为了增加副业收入,无计划、无节制地掘挖药材、发菜等草场植物。干旱地区甘草、琐阳、肉苁蓉、发菜等易采集,而且价格高,一些邻近草原地区的农民以挖药材、搂发菜作为脱贫致富的捷径,常年采挖贩卖,特别是宁夏一些地区,由于采挖时铲掉草皮,挖土刨坑,翻动土层,严重破坏草场,大大加速了风蚀沙漠化过程。滥采造成草场退化的特征是局部的,但造成的退化速度快,而且退化的部分向周边扩散。

我国草地退化最为严重的地区是处于我国北方半干旱和半湿润区的毛乌素沙地、浑善达克沙地、科尔沁沙地和呼伦贝尔沙地四大沙地。之所以这里退化严重,是相对于其原始草原而言的。本来这里地处温带北方半干旱和半湿润区,降水量在现有草原区中是比较多的,生长着最为茂盛的草原。但由于草被下的土壤大多数是砂质沉积物,没有结构,呈单粒状,抗风蚀的能力差。当大量内地移民到此开荒种田,失去草被保护的土地,土壤很容易被冬春(此时也没

有庄稼覆盖)大风吹蚀,形成了今天的沙丘连连。风蚀后的耕地土壤贫瘠且干旱,被无奈撂荒;撂荒后次生的以沙蒿为主要建群种的植被代替了羊草和针茅为建群种的植被,而且还留下不少流动沙丘。虽然西部荒漠草原的植被盖度更低,更荒凉,但那是因为气候条件更干旱,过去的景观也不会比现在好多少。

第五节　草原保护与合理利用

中国草原地理分布广阔,自然条件各异。面积虽大,但总体质量不高;受季风气候条件影响,冷暖季草场分布不平衡,自然灾害多发;管理不善,利用不当造成了草原严重退化等问题。相对于森林,草原是较脆弱的生态系统,首先要保护好。在保护好的前提下,合理利用。在保护中利用,在利用中保护,促进草原的生态、经济、社会的协调发展,让草原在"山水林田湖草沙生命共同体"中发挥其应有的生态作用。

一、草原保护

草原保护建设是实现可持续发展战略的紧迫任务,是推进西部大开发战略的重要举措,对国家的生态安全,促进草原畜牧业可持续发展,增加农牧民收入,实现牧区全面建设小康社会的目标,具有十分重要的战略意义。

为了保护草原,国家及相关部门先后颁布实施了一系列法律法规,如《中华人民共和国草原法》《中华人民共和国野生植物保护条例》《中华人民共和国自然保护区条例》《国务院关于禁止采集和销售发菜制止滥挖甘草和麻黄草有关问题的通知》等,都对草原野生动植物的保护作出了具体、明确的规定。2002 年 9 月国务院制定了《关于加强草原保护与建设的若干意见》(国发〔2002〕19 号),对加强草原保护与建设作出了一系列明确规定:尽快改善草原生态环境,促进草原良性循环,维护国家生态安全,实现经济社会和生态环境的协调发展。2021 年国务院办公厅又下发了《关于加强草原保护修复的若干意见》(国办发〔2021〕7 号),提出保护优先、自然恢复为主的方针,加强草原保护管理,推进草原生态修复,促进草原合理利用,改善草原生态状况,推动草原地区绿色发展,到 2035 年,基本实现草畜平衡,退化草原得到有效治理和修复,草原综合植被盖度稳定在 60% 左右,草原生态功能和生产功能显著提升。

草原保护首先是严禁开垦草原。为了解决温饱问题,历史上,特别是 20 世纪"以粮为纲"的年代,我国开垦了大面积草原,这也是我国现状草原质量不高和退化严重的主要原因。秉承生态优先的价值观和伦理观,中国共产党第十八届中央委员会第三次全体会议提出"划定生态保护红线"的战略举措,划定草原生态保护红线是这一国家战略的具体举措。划定草原保护红线是最有效的草原保护措施,也是兼顾草牧业发展、牧民增收与生态保护的重要保障。红线保护的范围应为目前用于放牧、割草和生态保护的天然草原。草原红线内为严格保护区,不许用作草牧业以外的任何用途。要整合优化建立草原类型自然保护地,实行整体保护、差别化管理。在自然保护地核心保护区,原则上禁止人为活动;在自然保护地一般控制区和草原自然公园,实行负面清单管理,规范生产生活和旅游等活动,增强草原生态系统的完整性和连通性,为野生动植物生存繁衍留下空间,有效保护生物多样性。对于严重退化的草原,要实行禁牧封育。

保护现有草原的主要举措有禁止滥采等直接人为破坏草地的行为和严控过度放牧，以防草地有毒有害植物增加、适口性好的优质牧草减少、草地沙化等草地退化现象的发生（图 19-2a）。从保护草原的饲用价值来说，保护草原还包括防治对草地有害的害鼠、害虫。

图 19-2 自然放牧退化草场（a）和围栏割草场（b）（地点：河北省沽源县）

进行草地基本建设也是保护措施。草地基本建设是改善和提高草地畜牧业生产条件和草地生产力的基础措施。草地基本建设包括围栏、棚圈、人畜饮水点、草地水利设施、药浴设施等。草地围栏不仅是防止草地退化，恢复草地生产力的一种有效措施，也是培育建立人工草地、半人工草地、草地放牧管理（轮牧）的有效手段（图 19-2b）。建立草场边界围栏，也有利于落实有偿承包责任制，固定草地使用权。草地兴修水利工程是解决人畜饮水、灌溉人工草地与饲料地的有效措施，可大幅度地提高草地的产量和质量。棚圈建设是北方草原地区家畜越冬度春寒的必要条件，可有效地减少家畜冷季的体能消耗，增加成畜的存活率和羔羊的成活率，减少家畜的掉膘损失。

为了提高草地生产能力，促进草地畜牧业稳定、优质、高效地发展，可采取一定的农业技术措施，调节和改善草地生态环境中土、水、肥、气、热和植物等，进行天然草地改良。可利用补播技术增加草地的植物种类成分、草地的盖度，提高草地的产量和质量；利用封育技术使草地得以复壮。我国低产草地和退化草地面积大，改良草地应在经济可能的前提下因地制宜地进行改良。

为了保护好草原，必须建立草原调查和监测体系，全面查清草原类型、权属、面积、分布、质量以及利用状况等底数，建立草原管理基本档案，并充分利用遥感卫星等数据资源，构建"空天地"一体化草原监测网络，随时了解草原动态。

为了保护好草原，按照因地制宜、分区施策的原则，依据国土空间规划，编制全国草原保护修复利用规划，明确草原功能分区、保护目标和管理措施。合理规划牧民定居点，防止出现定居点周边草原退化问题。地方各级人民政府要依据上一级规划，编制本行政区域草原保护修复利用规划并组织实施。

当然，无论是草地建设，还是草地改良，都需要国家、地方政府和草地经营者共同投入。这也是新时代乡村振兴的重要任务。

二、合理利用

在今后相当长的一段时间内,天然草地仍然是发展食草家畜的主要饲料来源。事实上,草地植物在放牧采食情况下,才能发新芽和复壮,完全不利用还有可能造成草地植物的衰败。因此,合理利用天然草地,是保持草地生产力持续、稳定的基础,也是保持畜牧业持续发展的基础。

1.依法治草,落实有偿承包责任制

1985年6月18日,全国人民代表大会常务委员会第十一次会议颁布了我国第一部草原法规,即《中华人民共和国草原法》,以法律的方式解决了我国草原的权属、利用、占有和管理责任问题。根据《草原法》确定的原则,各有关省区结合地方特点,普遍制定了《草原管理条例》及其实施细则,开始将草原的利用、管理、保护、建设纳入了法制轨道,为我国草地畜牧业现代化的发展提供了法律上的保证。

随着《草原法》的贯彻和执行,在我国牧区深化经济体制改革的过程中,在固定草场使用权的基础上,逐步推行了草场"承包到户、有偿使用"的有偿承包责任制,这理顺了人、畜、草三者之间的关系,使草地的"管、建、用"与"权、责、利"结合,是适应现阶段家畜私养形式的有力措施,从根本上破除了草地无偿使用和重畜轻草、靠天养畜的传统观念,有利于加强对草地的科学管理,推进以法治草的进程,也有利于克服头数畜牧业的旧思想,加快了周转,提高了效益,促进了畜牧业商品经济的发展。

2.因地制宜开发利用草地资源

草原具有地域性。由于它们所处的地理位置不同,各自的环境条件,特别是气候条件中的水热条件不同,造成了草原在数量、质量及其利用特征方面都有很大差异。必须根据草原的地域性特征合理配置家畜种类和数量,如东北的西部和内蒙古东部的温性草原,地势比较平坦,水热条件好,牧草生长高大,适于放养绵羊和肉牛;再向西的温性荒漠草原稀疏,干旱缺水,适于放养骆驼;青藏高寒草原地势高,气候寒冷,牧草生长低矮,适于放养耐寒的牦牛和藏羊;南方水热条件较好的草山草坡,草地分布虽零散,但生长季较长,产量较高,再生性强,具有很大的潜力,经改良,是发展肉牛、奶牛和山羊的良好牧场。只有按照草原的自然地域性特征来合理配置家畜种类和数量,草地生产力才会得到充分发挥,才能取得较高的经济效益。

3.确定合理的载畜量

载畜量是指一定时间内单位面积草地上能够饲养家畜的头数。载畜量对牧民而言,意味着家畜数量的多少或畜产品的高低,它直接关系到牧民的经济利益;对于草地而言,意味着草地可以承受的放牧强度的高低和放牧压力的大小,它直接影响到草地的再生能力。合理的载畜量,一方面要尽可能满足放牧家畜对饲草的营养需要,另一方面又必须将放牧强度控制在草地承受的范围内,载畜量过高,放牧强度过大,采食过于频繁,会使牧草光合组织损失增加,再生能力受阻,严重时导致牧草死亡。我国西部和北方草地大部分载畜量过高,利用过度,沙化、退化的草地面积达1/3。因而调低载畜量是我国草地畜牧业持续发展的关键措施,应根据当地各类草地的生产力,规定合理的载畜量,既能够获得最大经济效益,又可避免草地的退化,使草地得以持续利用。

在制定载畜量时还必须考虑草地生产力在年际和季节间的动态变化。在干旱、灾害年份

以及冷季要及时调整、压缩载畜量,处理过多的家畜,既可减轻对草地的压力,达到保护草地的目的,又避免了不必要的经济损失。

4.实行科学的放牧制度

在适宜载畜量的基础上对草地制定科学的放牧利用制度才能做到充分、均匀、合理地利用草地。在条件好的地区,采取科学的划区轮牧制度,可充分地利用草地,使草地得到系统的休闲,保证家畜在整个放牧季得到均衡的高质量饲草供应,既保持了草地生产力,又提高了家畜生产能力。在条件较差的地区,也应根据当地的水源、地形和气候等自然条件和管理条件,因地、因草、因畜制宜地进行四季、三季、两季营地的季节牧场的划分,随季节的更替,按顺序轮流利用季节牧场,并在季节牧场内实行分段(大区)轮牧。在选择、配置季节牧场的过程中,要着重解决好冷季牧场面积小和冷暖季牧场比例失调的问题,扩大冷季牧场面积,或家畜即时出栏以减轻冷季牧场超载的压力。自然灾害频繁的地区,应在季节牧场内,特别是冬春牧场内留有一定面积的备荒放牧地,平时禁止放牧,在灾害袭击时启用。

5.加强牧区冬春饲草贮藏,减少家畜的冷季损失

草地生产力在时空上的差异和变化,是放牧型草地畜牧业饲草供需的基本矛盾。放牧家畜需要有持续稳定的饲草供应,而草地生产力在不同地区、不同年份的变化很大。这种供需之间的不平衡集中反映在灾害歉收年份,特别是每年的冬春季节。冬春饲草不足,家畜体质弱,易受灾害的袭击造成重大损失。解决灾年减产及冬春家畜掉膘和死亡损失问题,必须贮草备料,通过草料补饲来满足家畜的营养需求。

利用天然草地夏秋刈割,调制干草是最经济的贮草途径,也是我国牧区采用的最普遍的贮草方法,它可部分解决灾歉年及冬春的饲草不足,减轻灾害造成的损失。但因为质量高的天然草地很有限,特别是在荒漠草原区,仅靠天然割草地打草、贮草不能完全满足冷季家畜对饲草的需求。因此,要建立一定面积的人工饲草料地。将农牧交错区那些不稳定的耕地退耕还草,建设成人工草地,不但产量高、优质,而且可以防止风蚀沙化。另外,可以在农区,利用农区的精饲料和秸秆等副产品,建成广大牧区牲畜的异地育肥基地,不但减轻牧区牲畜对草场的压力,而且可以实现农区的农牧结合,提高农民收入。同时,牲畜圈养产生的有机肥,可以发展有机蔬菜种植,可以进一步增加农民收入。

三、完善草原生态补偿机制

传统意义上的草原是畜牧业基地,为人类提供畜产品。但草原还有生态价值,而且其生态价值可能更大。要提升对草原生态价值的尊重,把主要以经济增长作为衡量草原价值的标准改为以其生态功能、生态安全和经济价值并重的价值衡量标准。对于禁牧草场,实行生态补偿。建立草原生态补偿机制,遵循切实保护牧民利益与草原生态恢复并举的方针,把生态补偿资金列入国民经济和社会发展的预算,以保障草原生态补偿资金的投入与合理运行。

第二十章　湿地

　　湿地是地球上一种重要的土地生态系统,处于陆地生态系统与水生生态系统之间,是二者之间的过渡带。湿地不仅是一种重要的土地资源,而且具有重要的生态功能。中国地域广阔,湿地分布广,类型多,但由于发展的需要,在过去的几十年中,湿地被开垦了相当多的面积,现存的自然湿地已经不多,且正在受着被破坏的威胁。我们要在认清湿地生态系统功能和演变规律基础上,从可持续发展的角度,妥善地处理好湿地开发利用与保护的关系,实现人与自然的和谐可持续发展。

第一节　湿地概念

　　顾名思义,湿地就是因水分过多而过湿的土地。由于湿地本身具有的复杂性和边界模糊性,国际上对于湿地的定义尚未形成统一的认识。世界许多国家、组织和个人,根据湿地保护、管理、利用和研究的不同目的和需要,对湿地概念进行界定。目前,关于湿地的定义有 50 多种,基本上分为广义和狭义的两类。

　　广义的湿地定义是 1971 年 2 月 2 日各国代表在伊朗里海之滨的拉姆萨尔共同签署的《关于特别是作为水禽栖息地的国际重要湿地公约》(简称《湿地公约》,又称《拉姆萨尔公约》)中提出的。《湿地公约》将湿地定义为:“湿地是指天然或人工的、永久性或暂时性的沼泽地、泥炭地和水域,蓄有静止或流动、淡水或咸水水体,包括低潮时水深浅于 6 m 的海水区”。按照这个定义,湿地包括沼泽、泥炭地、湿草甸、湖泊、河流、滞蓄洪区、河口三角洲、滩涂、水库、池塘、水稻田以及低潮时水深浅于 6 m 的海域地带等。《湿地公约》在 1982 年对湿地定义又进行了增补,湿地还包括临近湿地的河滨和海岸地区,包括岛屿或湿地范围内低潮超过 6 m 的海域。这个补充把原定义的湿地周边土地和湿地内水深超过 6 m 的区域归为湿地范围,使湿地的内涵更加丰富,范围更为宽泛。

　　狭义的湿地定义一般仅包括沼泽、滩涂等水陆过渡地带。比较有代表性的是美国、加拿大、澳大利亚等国家采用的湿地定义。“湿地(Wetland)”一词最早是由美国渔业和野生动物管理局(U. S. Fish & Wildlife Service)于 1956 年提出来的,他们将湿地定义为:被间歇的或永久的浅水层所覆盖的低地。

　　湿地的定义无论是广义还是狭义,都满足水文、土地、生物三要素,即湿地是一个水土交汇的特殊生态系统。

　　我国于 1992 年加入《湿地公约》,成为《湿地公约》的缔约国之一,具有履行国际公约的义务和责任。国务院决定由原国家林业局负责组织和协调履行《湿地公约》的具体事宜。国家林业和草原局采用了广义的湿地定义。

2017年11月1日,由原国土资源部组织修订的国家标准《土地利用现状分类》(GB/T 21010—2017)发布实施,将土地利用现状分类中分属其他一级类型的14个二级地类,即水田、红树林地、森林沼泽、灌丛沼泽、沼泽草地、盐田、河流水面、湖泊水面、水库水面、坑塘水面、沿海滩涂、内陆滩涂、沟渠、沼泽地,以附录B的形式规定这些二级地类可归入"湿地类"。可以看出,这个"湿地类"近似于广义湿地的概念。但以附录B的形式归类的"湿地类"并不作为与农用地、建设用地和未利用地并列的土地大类。

为了突出生态文明时代对湿地保护的重视,《第三次全国国土调查工作分类》作出了重大改变,把红树林地、森林沼泽、灌丛沼泽、沼泽草地、盐田、沿海滩涂、内陆滩涂和沼泽地提取出来,归入湿地类,作为与农用地、建设用地和未利用地并列的第四大类土地。这个湿地类包括的湿地近似于狭义的湿地概念。但并没有给出明确的湿地定义,只是在"含义"一栏指出"湿地指红树林地,天然的或人工的,永久的或间歇性的沼泽地、泥炭地、盐田、滩涂等"。

2020年12月,自然资源部发布《国土空间调查、规划、用途管制用地用海分类指南(试行)》(以下简称《用地用海指南》),其中湿地中包含了7种二级类,即除去《第三次全国国土调查工作分类》湿地中盐田外的红树林地、森林沼泽、灌丛沼泽、沼泽草地、沿海滩涂、内陆滩涂和沼泽地,这更近似于狭义的湿地概念。

本文以下所述湿地均指国土"三调"中狭义的湿地范围。

第二节 湿地生态系统的结构

湿地生态系统的环境和生物两大部分与耕地、林地和草地有着很大的区别。

一、湿地生态系统的环境要素

1.地貌

湿地处于相对低洼的地貌,或者是湖泊周边,或者是河流两侧,或者是海滨,对应的地貌是湖滩、河滩、海滩。地貌类型影响湿地生态系统的水文和面积大小,从而影响湿地生态系统的动植物类型和结构。不同地貌类型里发育的湿地,其生态系统结构和功能也有所不同。

2.水

湿地的水文条件创造了独特的物理、化学环境,使湿地生态系统既不同于排水条件好的林草陆地系统,也不同于深水系统。降水、地表径流和潮汐通过水的流动为湿地输送或从湿地中带走能量和营养物质。水文输入和输出形成的水位变化、水流模式和洪水泛滥的持续时间及频率都会影响土壤的生化条件和湿地植物分布,从而形成了湿地生态系统的复杂性和特殊性,构成了陆生与水生动植物之间的过渡地带。

按水分的来源,湿地可分为地表积水造成的湿地和地下水浸润造成的湿地。地表积水而成的湿地是由于大气降水及其落到地面之后重新分配所造成的,包括大气降水直接补给水(南方俗称"坐堂水")和江、河、湖洪水泛滥,以及海洋潮汐影响所形成的湿地(南方俗称"过堂水")。地下水包括河湖浸润水、坡地串皮水、出露的地下水,地下水浸润造成的湿地主要分布在江河两岸及湖泊的漫滩地、牛轭湖、古河道、带状洼地及坡积裙等地下浸润水汇集的地方。

3. 土壤

不同湿地类型的土壤在质地、土壤氧气含量和土壤有机质含量上存在差异。

1）土壤质地

湿地的土壤类型多为水成土或半水成土，由水文过程作用形成，特别是沉积作用，因此湿地土壤的质地多受上游土壤质地和基质的影响。

沼泽土壤的形成多与地下隔水层（岩石、黏土层、永冻层）相关。沼泽内水体流动性差，沉积物多是静水沉积，因此土壤颗粒组成以黏粒和粉砂为主，质地较为黏重，土壤的渗透性很弱，为上层滞水创造了条件，进而又加重了土壤的沼泽化程度。

滩涂的土壤除受上游土壤质地和基质影响外，受水体流速影响也较大，流速大的沉积物颗粒较粗，流速小的沉积物颗粒较细。根据滩涂所处的位置，滩涂又分为湖滩、河滩和海滩。一般来说，水体流入湖泊后，流速减缓，水文稳定，因此，湖滩的质地是 3 种滩涂中质地最细的，以壤土或砂壤土为主。河水流速较快，河滩地的水流不稳定，沉积物较粗，一般以砂砾为主。海涂虽受风浪冲击大，但其泥沙来源本来就是经河流长途搬运后进入大海的，物质较细，海浪只是将其再次分选，因此，海涂的土壤质地一般较细。但海涂的土壤质地与海岸类型和距河口位置关系密切。一般平原型海岸，海涂面宽，质地较细，为粉砂至砂壤，如渤海湾到江苏启东市的沿海滩涂。位于河流入海主干流附近的滩涂，受到水流冲积，则质地较粗。山地型海岸海涂较窄，质地较粗，分砾石和砂两种，土壤多为砂质，故海滨浴场一般选择在山地型海岸的滩涂上。

2）土壤氧气含量

沼泽中水体的流动性差，溶解氧含量低，且沼泽长期淹水，土壤处于缺氧状态，沼生植物生长耗氧，造成土壤氧气进一步不足。相对而言，滩涂，尤其是河滩和海滩，水体是流动的，流水中溶解氧含量较高，且滩涂为季节性积水，土壤中的氧气含量相对较多。因为缺氧，沼泽土壤氧化还原电位低，土壤中变价态的铁和锰呈低价态，使得土壤呈灰蓝色，而河滩和海滩的土壤则有棕色铁锈。

3）土壤有机质含量

在缺氧条件下，土壤中的呼吸作用减弱，植物残体的分解受到抑制，因此沼泽土壤中的有机质含量比滩涂土壤有机质含量高。海滩上由于水体含盐量高，只能在较高潮位上生长耐盐植物，低潮位区域的土壤几乎没有维管植物生存，有机质多来自底栖动物残体。

位于高纬度或高海拔地区的沼泽，气温低，微生物活性降低，在低温缺氧的环境下，有机质分解异常缓慢，植物合成的有机物量大于分解量，沼泽植物残体不断累积，如此则形成有机质含量较高的泥炭。

4. 气候

湿地的形成除与地貌、水文有关外，受气候条件影响也较大。气候对湿地生态系统结构的影响主要包括降水和温度，水热条件直接影响湿地植物生长和植物残体的分解速度。实际上，湿地水文受降水影响很大，降雨时空分布格局影响洪泛频率和持续时间，尤其对湿地水文周期产生重要作用。温度对湿地的影响主要表现在植被区系和类型上。同时，受温度的影响，湿地土壤中有机质分解的速度不同，寒冷地区的湿地更容易产生泥炭积累。

二、湿地生态系统的生物要素

1.湿地植物

湿地植物,泛指生长在湿地环境中的植物。由于地面淹水或地下水位高,湿地中植物以沼生、水生以及中生植物为主,它们生长在地表经常过湿、常年淹水或季节性淹水的环境中。根据植物和水分关系,可以将湿地植物分为耐湿植物(如水杉、垂柳、胡杨等)、挺水植物(如芦苇、蒲草、荸荠、莲等)、浮叶植物(如睡莲、芡实等)、漂浮植物(如浮萍、水葫芦等)、沉水植物(如金鱼藻、车轮藻、狸藻和篦齿眼子菜等)。湿地植物具有特殊的生态特征,都是通气组织发达,以利从淹水环境中获取氧气。

2.湿地动物

湿地动物包括兽类、鸟类、爬行类、两栖类和鱼类,如狸、鹤、鸥、龟、蛇、鱼等。根据动物在生命周期中对湿地的依赖程度可以将湿地动物分为 6 个类群:①常年居住在湿地中;②定期从深水生境迁移过来;③定期从陆地迁移进来;④定期从其他湿地中迁入;⑤偶尔进入湿地;⑥非直接依赖湿地的动物。

3.湿地微生物

微生物是湿地生态系统的分解者,它对湿地生态系统物质循环、能量流动起着重要作用,对湿地区污染物及有毒物质具有降解净化作用。湿地微生物包括细菌、真菌以及一些小型的原生生物、显微藻类等。

第三节　湿地的功能

一、水文调节功能

湿地的水文调节功能是指湿地在蓄水、调节径流、减缓洪水和水流侵蚀、补给或排出地下水及截留沉积物等方面的作用。

(1)蓄水、调节径流和均化洪水功能　湿地是蓄水库,可以在暴雨和河流涨水期储存过量的降水,均匀地把径流放出,起到削减洪峰、延长水流时间等作用,从而减弱危害下游的洪水。因此,湿地就是天然的储水系统。

(2)补充地下水　在雨水丰沛期,湿地接纳雨水并渗入地下含水层,调节地下水的供给能力。

二、生物地球化学循环功能

湿地的生物地球化学循环可分为两种,一种是通过各种转化过程进行系统内循环,如水质净化功能;另一种是湿地与其周围环境之间进行化学物质交换,如碳汇功能。

1.水质净化功能

当含有毒物和杂质(农药、生活污水和工业排放物)的流水经过湿地时,流速减慢,有利于截留和沉淀毒物和杂质。而且一些湿地植物像芦苇、水湖莲等能有效地吸收和降解有毒物质。在现实生活中,湿地可以用作小型生活污水处理地,这一过程能够提高水质。流水流经湿地时,其中所含的营养成分被湿地植被吸收,或者积累在湿地泥层之中,净化了下游水源。湿地中的营养物质在养育鱼虾、树林、野生动物和湿地农作物的同时,也削减了水体的富营养化程度。

2.“碳汇”功能

由于湿地土壤水分过多,通气不良,氧气少,每年进入土壤的大量有机物料在嫌气性分解过程中,分解矿化作用较弱,有利于有机物质的积累。在温度低的地区以泥炭累积为主,在年均温高的地区多转化为腐殖质和较高的生物量。据估计,地球表面泥炭覆盖面积达 5 亿 hm^2,泥炭是湿地永久性贮存碳的重要形式。

三、调节气候功能

湿地通过植物的光合作用吸收和固定大量 CO_2,在缺氧环境中有机物分解缓慢,大量的有机碳存储在湿地中,减少了空气中 CO_2 温室气体的含量,有助于减缓全球气候变化。

湿地同时可以影响区域小气候。湿地水分通过蒸发成为水蒸气,然后又以降水的形式降到周围地区,可以降低局部区域温度,保持当地的湿度和降水。

四、防风固堤功能

湿地生长着多种多样的植物,如红树林、柽柳等。红树林根系极其发达,支柱根、呼吸根纵横交织,盘根错节,形成一道密结的栅栏。这些湿地植被可以抵御海浪、台风和风暴的冲击,保护沿海工农业生产。同时,它们的根系可以固定、稳定堤岸和海岸,防止对海岸的侵蚀。

五、维持生物多样性功能

由于湿地生态系统特殊的水、光、热等条件,其植物初级生产力高,为许多野生动物,特别是许多珍稀鸟类、鱼类和两栖动物提供了丰富的食物来源,并为它们营造了良好的避敌场所。湿地生态系统内具有复杂的食物链,支撑着丰富的生物多样性,储存着大量的遗传物质。例如,在鄱阳湖越冬的白鹤占世界总数的 97%;中国有淡水鱼类 50 多种,其中包括许多洄游鱼类,它们借助湿地系统提供的特殊环境产卵繁殖。

六、产品生产功能

湿地可以给我们提供多种多样可用的产品,包括牧草、芦苇、茭白、莲藕等植物资源,也包括鱼、虾、蟹等水产资源。

七、美学和社会功能

(1)景观与旅游休闲　湿地因蕴涵着丰富秀丽的自然风光,具有观光、旅游、娱乐等美学方面的功能,而成为人们观光旅游的好地方。一些著名风景区除了可以创造直接的经济效益外,还具有重要的文化价值。

（2）教育和科研　复杂的湿地生态系统、丰富的动植物群落、珍贵的濒危物种等，在自然科学教育和研究中都具有十分重要的作用。

（3）文化传承　有些湿地保留了具有宝贵历史价值的文化遗址和以湿地为主的文化，是历史文化传承和研究的重要场所。

第四节　中国湿地分布与现状

一、湿地面积

根据第三次全国国土调查结果，截至 2019 年 12 月 31 日，全国共有湿地 2 346.93 万 hm^2；其中：红树林地 2.71 万 hm^2，占 0.12%；森林沼泽 220.78 万 hm^2，占 9.41%；灌丛沼泽 75.51 万 hm^2，占 3.22%；沼泽草地 1 114.41 万 hm^2，占 47.48%；沿海滩涂 151.23 万 hm^2，占 6.44%；内陆滩涂 588.61 万 hm^2，占 25.08%；沼泽地 193.68 万 hm^2，占 8.25%。湿地主要分布在青海、西藏、内蒙古、黑龙江、新疆、四川、甘肃等 7 个省份，占全国湿地的 88%。

二、湿地分布

我国湿地横跨热带、亚热带、温带，乃至寒温带，分布极为广泛，从沿海到内陆，从平原到高原，几乎全国各地都有，包括从东北大兴安岭针叶林间的沼泽到南方的热带沿海红树林；从东部的黄河三角洲的滩涂，到西部青海湖畔的滩地；从"世界屋脊"西藏的那曲湖到新疆吐鲁番盆地低于海平面 154 m 的艾丁湖。

我国地域广阔，各地自然条件不同，从而形成了多种多样的湿地类型。受气候、地形地貌、水文地质等众多因素的影响，我国各地湿地类型、性状等方面的差异性明显。寒温带、温带湿润、半湿润气候条件下的东北地区（如大兴安岭、小兴安岭、长白山地和三江平原、松嫩平原等地）有大面积的沼泽湿地，包括森林沼泽、灌丛沼泽、草本沼泽、藓类沼泽，以及植物茂密的河边滩涂、湖边滩涂和盐碱滩涂等。暖温带、亚热带半湿润和湿润气候条件下的华北平原和长江中下游平原降水量大，地势低平，地下水和地表水资源丰富，淡水湖泊众多，我国著名的几大淡水湖群（南四湖、江汉湖群、鄱阳湖区、洞庭湖区和太湖等）均分布于此，内陆滩涂和沼泽地较多。亚热带湿润气候条件下的江南丘陵和云贵高原降水丰富，但受地形影响，湿地面积较小，主要分布在湖滨洼地、湖边浅水水域和山间谷地，分布零星。热带湿润条件下的滇西南山间谷地和华南丘陵、雷州半岛、海南岛、台湾岛，湿地类型具有热带特点，有沿海红树林、水松、野牡丹、猪笼草等湿地植被分布。青藏高原地区地势高、气候寒冷，由于冻土发育以及冰雪水的补给，局部区域地表过湿或常年积水，形成大面积的沼泽草地和湖泊，其中川西北若尔盖高原的沼泽草地面积最大，泥炭储量最多。而西北地区气候干旱，降水量少，水分不足，不利于湿地的形成，仅在一些山麓平原的潜水溢出带、沿河滩地、湖滩洼地和浅水湖边的常年积水地段零星分布有湿地，湿地类型也少，主要为草本沼泽湿地和滩涂湿地，如新疆的博斯腾湖、乌伦古湖湖边有大面积芦苇沼泽，艾丁湖滨有盐碱滩地。

根据湿地资源的类型和性状，我国自然湿地大致可以分为 8 个区：①东北沼泽区；②黄河中下游区；③长江中下游淡水湖泊区；④沿海滩涂及红树林区；⑤云贵草甸湿地区；⑥西北干旱湿地区;⑦东南华南湿地区;⑧青藏高原高山湖泊和沼泽区。

三、我国湿地面临的问题

1.湿地面积持续萎缩

1)沿海沿湖围垦导致湿地面积缩小

20世纪50—60年代,我国沿海地区掀起围海造田的热潮,使沿海湿地遭受一次较大规模的破坏。20世纪80年代以后,沿海地区海水养殖业大发展,再次造成沿海湿地大面积的毁坏。进入21世纪,沿海城乡经济的发展,港口建设和耕地"占补平衡"等一系列活动,也在不断地侵吞着沿海湿地资源。

内陆湖泊的围垦更为突出,如江汉平原面积在50 hm² 的湖泊,20世纪80年代与50年代相比,总面积减少了43.67%,洞庭湖被围去17万 hm²,鄱阳湖被围去8万 hm²,太湖在1969—1974年间被围去约1万 hm²。

2)水资源过度利用导致下游湖泊萎缩

盲目在河流的上中游兴建水库,导致中下游河道和湖泊干涸。例如,河北省在流入白洋淀和文安洼的几条河流,即拒马河、唐河、潴龙河的上游修建太行山山地水库,导致文安洼湿地的消失和白洋淀的萎缩;黑河中游不断扩大耕地面积,农田灌溉超载使用流域水资源,使得黑河下游的内蒙古阿拉善盟的居延海在20世纪末干枯。

2.盲目开发湿地导致生态环境恶化

海涂围垦引起堤外滩面生态环境的急剧变化,影响贝类的繁殖与生长,以致有的贝苗产地绝产,有的传统产地无法再继续生产。河口、港湾的海涂围垦后,蓄纳潮量显著减少,潮流变弱,沿岸泥沙流不断发展,港口航道日趋变浅,水产资源也遭到破坏。这种盲目的不合理围垦,不仅破坏了海涂湿地生态系统,而且还蒙受经济损失。

长江中游平原湖区涝渍不断,人民生命财产损失惨重。究其原因主要是长江上游植被破坏,水土保持能力降低,水土流失严重,泥沙淤积导致长江中游平原湖泊变浅,同时围湖造田致使湖面减小,湖泊萎缩,调蓄能力下降所致。

沼泽地的土壤有机质含量高,水肥充足,开垦条件较好,但过度地开垦会导致生态环境的不可持续。在我国最大的沼泽区三江平原,从20世纪50年中期起进入了迅速开垦时期,随着森林和沼泽植被的破坏,垦建失调,造成生态环境恶化,如区域地下水下降,耕地土壤风蚀加重,土壤有机质含量下降,土壤理化性质变坏,野生动植物资源显著减少。

在内陆干旱半干旱地区,在没有对本地区地下水资源进行调查研究的情况下,湿地开垦连续种植数年后,水源枯竭,土壤发生次生盐渍化,成为不毛之地。

许多泥炭地已经或正在被排干用于农业,或为获取泥炭作为燃料或作为花卉营养土为目的。湿地被开垦变为农田后,湿地水分被排干,泥炭地通气条件改善,则储存的有机质分解速率增强,向大气中释放二氧化碳气体,泥炭地由碳汇转向碳源。

3.过度污染导致湿地环境质量恶化

中国河流、湖泊已遭受了不同程度的污染。据20世纪90年代调查,532条(个)河(湖)中受污染的占82.3%,某些局部水域的污染十分严重,超出了湿地自身的净化能力,导致环境恶化。昆明市的生活污水流入滇池,水体富营养化,造成藻类和水葫芦大量生长,使水体缺氧,鱼类死亡,水浊污臭,昔日滇池的辉煌渔业不复存在。太湖流域是我国经济最发达的地区,但大量工业废水和生活污水的排入,造成太湖的严重污染。

随着沿海地区工农业生产的发展以及城乡人口的急剧增加,大量工农业废水和生活污水排放入海。20世纪80年代初期,每年排入沿海海域的工业废水达45.5亿t,生活污水约15亿t,农药10万t,主要污染物是石油、各种有机物、挥发性酚和重金属等。这些废水和污水对沿海湿地的生态环境造成严重的影响,某些沿海海域受到污染后,不仅引起鱼类、贝类的死亡,而且还污染了海涂土壤,使海涂的生产力下降。近几年,我国渤海、黄海发生大面积"赤潮",给沿海对虾养殖业造成巨大损失。

4.湿地生物多样性受到威胁

湿地生物多样性受到威胁主要来源于人类非理智的经济活动。

过度捕捞会降低湿地的生物多样性。例如,洪湖是湖北省最大的湖泊,总面积为7.6万hm²,具有丰富的渔业资源,但过度捕捞不仅使湖中鱼类种群呈现年龄结构的低龄化和个体小型化,有些物种甚至消失。过度利用水生植物和过度捕捞鱼虾还会使赖以取食和栖息的鸟类资源减少,湿地的生物多样性降低。

水体的污染超出湿地净化的能力后,环境恶化,也使水生生物的种类减少或部分物种绝迹。

第五节　湿地保护与生态建设

我国湿地被开发利用已经过度,所剩湿地面积不大。因此,应贯彻落实习近平总书记关于"全面保护湿地"的重要指示精神,强化湿地保护修复,增强湿地生态功能,保护湿地生态系统及其物种资源。

一、全面保护湿地

首先,应对现有湿地应保尽保。在总量管控的基础上,要优化湿地保护体系空间布局,加强集中连片的高生态价值的湿地保护,逐步提高湿地保护率,形成覆盖面广、连通性强、分级管理的湿地保护体系,确保湿地总量稳定和有所提升。要提升重要湿地生态功能,强化江河源头、上中游湿地和泥炭地整体保护,减轻人为干扰。加强江河下游及河口湿地保护,改善湿地生态状况,维护生物多样性。

二、做好湿地保护规划

以地理科学的理论来认识湿地在"山水林田湖草沙"等陆地生态系统中的地位,搞清楚湿地生态系统与耕地、林地、草地、水域、城镇、村庄等生态系统的关系、它们之间发生的物流与能流,要以"山水林田湖草生命共同体"的思想来指导做好国土空间规划,给予湿地在国土空间中的合理位置。

三、修复退化湿地

开展退化湿地的修复。采取近自然措施,增强湿地生态系统的自然修复能力。重点开展生态功能严重退化湿地生态修复和综合治理。组织实施湿地保护与恢复、退耕还湿、湿地生态效益补偿等项目。

加强重大战略区域湿地的保护和修复。重点开展长江、黄河、京津冀等区域湿地保护和修复,实施湿地保护和恢复工程。

实施红树林保护修复专项行动。严格保护红树林,逐步清退红树林自然保护地内养殖塘等开发性、生产性活动。科学开展红树林营造和修复,扩大红树林面积,提升红树林生态功能。

四、加强湿地管理

完善湿地管理体系。建立健全湿地分级管理体系,发布重要湿地名录,制定分级管理措施,推动政府与社区、企业共管。

统筹湿地资源监管。建立湿地破坏预警系统,制定湿地保护约谈等管理办法,加强破坏湿地行为督查。开展国际重要湿地、国家重要湿地的生态状况、治理成效等专题监测。

第二十一章　沙地

　　人们对沙地的印象就是连绵不断的几乎没有植被的沙丘景观以及"风沙遮日"的景象。不少人也希望沙漠变成森林、草原、耕地和不再有沙尘暴的发生。那么，人们的这种美好愿景是否能够成为现实？本章介绍沙漠、沙地的地理环境条件和成因，沙漠、沙地生态系统的特征，提出我国沙地治理开发和保护的规划和措施。

第一节　沙漠与沙地

　　《辞海》中对沙漠是这样定义的："沙漠：①荒漠的通称；②荒漠的一种，指沙质荒漠。地表覆盖大片流沙，广泛分布各种沙丘，在风力的推动下，沙丘不时移动，往往造成严重危害。"一般来说，沙漠就是荒漠。那何谓荒漠呢？荒漠指的是气候干燥、降水稀少、蒸发量大、植被贫乏的地区。按地表物质组成，荒漠分沙漠、砾漠、岩漠、泥漠、盐漠等。也就是说，荒漠概念的外延大于沙漠，沙漠只是荒漠的一种类型，即沙质荒漠。

　　砾漠，在蒙语中又称戈壁，是干旱气候条件下荒漠的一种类型，分布于内蒙古北部、河西走廊及准噶尔、塔里木、柴达木等盆地边缘。地表几乎完全为砾石覆盖，无土壤发育，植物稀疏。砾石表面常有"荒漠漆"，呈黑色。构成戈壁的砾石为山区洪积物或古代河流冲积物，或基岩风化后的残积物，这些粗细颗粒混杂的物质在强劲风力作用下，细粒物质被吹走，留下砾石。根据物质来源戈壁分为两类：①剥蚀戈壁，指基石经过长期风化，就地残积或通过坡积作用在附近堆积而成，砾石一般棱角分明；②堆积戈壁，主要通过流水的洪积或冲积作用搬运堆积而成，砾石具有较好的磨圆度。

　　岩漠，也叫山地荒漠，主要分布于干燥的山地地区，岩石裸露，植物稀少，多蜂窝石、风蘑菇等风蚀现象，在我国昆仑山脉、祁连山脉的山前地带分布较广。

　　泥漠，分布于荒漠中较低处，如湖沼洼地，冲积、洪积扇的前缘等。地面平坦，因为沉积物主要是黏粒，龟裂发育，植物稀少。局部地表有盐分聚积，形成盐漠。在我国新疆罗布泊、青海柴达木盆地分布较广。

　　盐漠，又称"盐沼泥漠"，盐水浸渍的泥漠。分布于荒漠的低洼部分，干涸时可形成龟裂地，仅生长盐生植物。

　　另一个与沙漠有关的概念是沙地。按照地理学的概念，沙地分布于气候半干旱地区，地表物质组成是沙，通常以流动沙丘、半固定沙丘和固定沙丘的形态存在：

　　①流动沙地（丘）：指植被盖度小于10％的沙地或者沙丘。

　　②半固定沙地（丘）：指植被盖度在10％～29％，分布均匀，风沙流活动受阻，但流沙纹理

依然普遍存在的沙地或者沙丘。

③固定沙地(丘)：指植被盖度大于30％，风沙活动不明显，地表稳定或者基本稳定的沙地或者沙丘。

由于气候—水文过程的分异，地球上各地区的蒸发与降水不平衡。简单地讲，当蒸发超过降水，形成"缺水的干旱地区"，反之形成"富水的湿润地区"。通常将年降水量在200 mm以下的地区称为干旱区，年降水量在200~400 mm之间的地区称为半干旱区。地理学将分布在干旱区的表层为沙覆盖、基本无植被的土地称为沙漠，将分布在半干旱区的表层为沙覆盖、基本无植被或植被稀疏的土地为沙地。

但按照《土地利用现状分类》(GB/T 21010—2017)，沙地是指表层为沙覆盖、基本无植被的土地。但不包括滩涂中的沙地。按照这个定义，只要是表层为沙覆盖、基本无植被的土地都是沙地，沙地并无区域限制。不过，毋庸置疑，在东部湿润区，即使沙质土壤不保水，因为水热条件好，也是会有植被覆盖的。因此，《土地利用现状分类》(GB/T 21010—2017)所指沙地既包括地理学上的沙漠，也包括地理学上沙地中的流动沙地(沙丘)，主要分布在干旱区和半干旱区。因为，按照《土地利用现状分类》(GB/T 21010—2017)进行土地调查，只有当植被盖度小于10％的流动沙丘才可能被调查认定为沙地，而植被盖度大于10％的半固定沙地、固定沙地则根据地表植被类型认定为其他土地，生长着灌木的被认定为林地，生长着草的被认定为草地。

第二节　沙地生态系统的结构

前面讲的耕地、林地、草地、湿地等生态系统，不但气候条件不同，其土壤也存在差异，即土壤质地既有黏质的，也有壤质的，还有沙质的。但沙地存在一个共性，就是土壤质地是沙性的，因为都是沙性土，也就具有单粒结构，抗风蚀水蚀能力差，水分和养分的保蓄能力差，养分贫瘠等共性。关于沙地生态系统的结构，这里只介绍其不同之处，即因为地处不同的气候带其植被状况的差异。因为沙地的植被状况的不同，又使得动物、微生物群落不同。

一、沙漠生态系统

沙漠植被以藜科、柽柳科、菊科、豆科为主。沙漠植物以各种不同的生理—生态方式适应干旱的气候条件。有的叶面缩小或退化，成无叶类型，以减少蒸腾；有的具肉质茎或叶，用于贮藏水分；有的茎具有发达的保护组织，茎叶披被白色茸毛，或茎具光亮白色皮部，以抵抗灼热；它们大多数有发达的根系，以便从土层深处吸收水分；还有一些植物在春季或夏秋降水期间，迅速发芽、生长和结实，到旱季或冬季来临之前，完成生命生活周期，以种子或根茎、块茎和鳞茎存活，迎接下一个生命周期。

沙漠植物的特点是根部的生物量大于地上部茎叶的生物量，通常干旱群落中生物量的50％以上在它的根系中。

沙漠植被太稀疏，不可能成为刈割草场或放牧牛马，其中大多数植物粗糙有刺，仅适于山羊和骆驼啃食，但放牧地的载畜量非常低。沙漠植被生产量很低，生物物质积累缓慢，因此，土壤腐殖质含量也很低。也正因为如此，土壤动物和微生物群落数量与密度也远远比森林、草地的少,甚至少于耕地的。当然,植被低矮、稀疏,沙漠中也就少见动物。许多荒漠动物特别是小啮齿类,白天在自然或挖掘的洞穴内生活,晚间出来活动。善于跳跃和奔跑的动物种类虽不少,但因生态系统脆弱而生物繁殖量很低,故数量很少。在最干旱的移动沙丘地区,也有地下昆虫和啮齿类动物生活,有的不饮水也能存活,它们从食物中通过分子转换获得水分。

虽然沙漠植被的生产量很低,平均每年每平方米只有 90 克左右,但在为沙漠动物群提供食物和庇护,参与沙漠生态系统的能量转化和物质循环,以及防止风蚀和固定流沙等方面仍有重要作用。

二、沙地生态系统

沙地原本的植被是草原植被,今天的沙地植被是草原被破坏后的次生植被。沙地植被群落分为三类,第一类禾草,第二类杂类草,第三类小半灌木。因为沙地的植被覆盖度要比沙漠的高,因此,沙地植物可放牧牛马羊,其放牧地的载畜量也比沙漠的高。而且,因为降水量多,只要保护得好,植被也比较容易恢复。因为沙地植被生产量比沙漠高,其土壤腐殖质含量也较高,土壤动物和微生物也比沙漠的多。

综上,沙漠与沙地的共同点是土壤是砂质的,呈单粒状态,所以容易被风吹扬起来;其差异是沙漠是干旱区的,沙地是半干旱区的。另外,沙漠的沙粒比沙地的沙粒也要稍许粗一些。

第三节 沙地的功能

毋庸置疑,"风沙肆虐""沙尘暴"等这些词给我们留下的都是沙的副作用或危害。由风沙活动造成的人畜伤亡,村庄、粮田、牧场被沙埋压,交通通信设施被破坏,尤其风沙造成的大气环境质量恶化,不但给当地人民带来危害,也给更广大的下风向地区带来危害。风沙危害有以下几个。

(1)扬沙 由于风力较大,将地面沙尘吹起,使空气相当混浊,水平能见度在 1～10 km 的一种沙尘天气。

(2)浮尘 在无风或在风力较小的情况下,尘土、细沙均匀地浮游在空中,使水平能见度小于 10 km 的一种沙尘天气。

(3)沙尘暴 指强风把地面大量沙尘卷入空中,使空气特别混浊,水平能见度低于 1 km。

扬沙,特别是浮尘天气将土壤中的细颗粒吹扬走,留下粗颗粒,造成土地的沙化。扬沙还造成下风向的土地被沙掩埋而沙化,甚至使流动沙丘前移入侵林地、草地,使得原来固定沙丘活化,植被盖度降低,出现沙漠景观。

可是,辩证地看,风沙活动也不全是副作用,也有其积极的一面。我国东南部的细土是哪里来的?大多数是第一、第二阶梯的土壤在流水作用下冲积沉积下来的。华北平原的土壤多来自黄土高原。而根据黄土的形成,黄土高原的粉砂质土壤则来自更西北的今天的沙漠区。砂粒在热胀冷缩的物理风化作用下,崩解为粉砂和更细的土,在西北风吹扬下向东南偏移,粉砂沉积在黄土高原称为马兰黄土;更细的土粒沉积在苏浙沪闽,称为下蜀黄土;还有的翻过秦岭落在成渝,也属于下蜀黄土类。这些漂移的沙尘,沉降下来带来矿质,为南方湿润地区酸化贫、瘠化的土壤带来矿质养分。当然,北方很多石质山丘地区,岩石风化以物理风化为主,风化物为粗碎屑,但土壤中还有很多粉砂级的细土物质,主要是来自西北风吹来的黄土。沙地还为其他邻域土地节省水分。沙区虽然降水量少,但其渗漏快,降水迅速渗漏到深厚的沙层之下,又因为毛细管水上升高度极低,很少有水分通过毛细管被土面蒸发;渗漏的水形成地下水借助地形坡度流入更低洼的区域,或在沙区形成湖泊,或在沙区之外成为河流水、地下水。

毋庸置疑,沙地的功能作用总体上是负面的。因此,我们才有一系列的治沙改沙活动。但我们要认识到,荒漠是一个独特的生态系统,能产生重要的生态系统服务。生态文明时代,要树立一个新理念,沙漠也是一种资源,沙漠也是一种美丽景观,正是这种荒凉的美丽,使其成为重要的旅游资源。

第四节 中国主要沙漠和沙地

根据第三次全国国土调查结果,截至 2019 年 12 月 31 日,沙地共计 4 387 万 hm²。

按照地理学划分,我国有八大沙漠、四大沙地。八大沙漠是:塔克拉玛干沙漠、古尔班通古特沙漠、库姆塔格沙漠、柴达木盆地沙漠、巴丹吉林沙漠、腾格里沙漠、乌兰布和沙漠、库布齐沙漠。四大沙地是:科尔沁沙地、毛乌素沙地、浑善达克沙地、呼伦贝尔沙地。下面介绍这八大沙漠和四大沙地的分布与特征。但需要指出的是,下面所提的八大沙漠和四大沙地是区域土地景观的概念,在这些区域内并非都是植被稀少、土壤沙质的沙地,可能还有农田、林地、草地、湿地等土地类型,沙地只是该区域的主要代表性景观。

1. 塔克拉玛干沙漠

塔克拉玛干沙漠位于我国最大的内陆盆地——塔里木盆地,气候极端干旱,大部分地区年降水量低于 100 mm,部分地区低于 50 mm,干燥度在 24～64 或以上。它是我国最大的沙漠(占全国沙漠面积的 43%),也是世界上第二大流动沙漠,流动沙丘占整个沙漠面积的 85%,而且在东北风和西北风两大风系作用下,沙丘主要朝昆仑山北麓的山前平原方向运动,使那里成为塔里木盆地风沙危害最严重的地区。固定、半固定的柽柳灌丛沙堆仅占整个沙漠面积的 15%,主要分布在沙漠边缘和河流沿岸。流动沙丘中高度在 50 m 以上的占沙漠总面积的 62%,巨大的流动沙丘一般高度为 100～150 m,有的高达 200～300 m。沙丘形态复杂,有延伸很长的垄状复合型沙丘链、新月形沙丘、金字塔沙丘及穹状沙丘等。新月形沙丘及沙丘链多分布于沙漠边缘,而且邻近绿洲,沙丘低矮,前移速度很快。因此,防止风沙危害,重点在于固定这些低矮沙丘,因为它靠近绿洲。

2. 古尔班通古特沙漠

古尔班通古特沙漠位于新疆北部的准噶尔盆地,是我国第二大沙漠。其主要特色是固定、半固定沙丘占绝对优势,其面积占到整个沙漠面积的 97%,是我国面积最大的固定、半固定沙漠。沙漠形态主要为沙垄,占固定、半固定沙丘面积的 80%,沙丘一般不移动,仅有半固定沙丘的顶部脊线有摆动。在沙漠的南部有蜂窝状和梁窝状沙丘分布,也都属于固定、半固定形态。固定沙丘植被覆盖度可达 40%～50%,半固定沙丘上为 15%～25%。牧草资源丰富,是该区域较好的冬季牧场。

3. 库姆塔格沙漠

库姆塔格沙漠位于新疆东部,处在罗布泊低地以南,阿尔金山以北,向东可以延伸到甘肃敦煌西部。其主要特点是沙丘全部为流动沙丘。沙丘除覆盖在湖积冲积平原及洪积扇上外，还有一部分覆盖在海拔 1 250～2 000 m 高的石质山坡上，受下伏地形的影响，沙漠被一些南北方向的沟谷切割。沙丘形态复杂，在邻近山脊线一带多为金字塔沙丘，山脊线两侧有沙垄，垄上分布有低矮沙丘。在山前地带的沙垄受东北风作用，沿东北—西南方向顺着山坡向上延伸，沙垄之间为一些沙梗所分割，从而构成特殊的羽毛状沙丘。该沙漠虽为流动性沙漠，风沙活动强烈，但因其远离居民点和交通线，所以危害不大。

4. 柴达木盆地沙漠

柴达木盆地沙漠位于青海省西北部，海拔 2 500～3 000 m，是我国沙漠分布最高的地区。盆地东部为荒漠草原，西部为干旱荒漠。地表呈风蚀地、沙丘、盐湖和盐土平原相互交错的景观。从风成地貌来看，主要特点是新月形沙丘与沙丘链零散分布于山前洪积平原，固定、半固定沙丘呈带状断续分布在山前洪积平原前缘地带。

5. 巴丹吉林沙漠

巴丹吉林沙漠主要分布于内蒙古自治区西部阿拉善高原，气候极端干旱，是我国第三大沙漠。主要特点是高大沙山密集分布，其面积约占该沙漠的 68%，集中分布于沙漠中部，其一般高度 200～300 m，有的高达 500 m，多为复合型链状沙丘，其次为金字塔沙丘。低矮的沙丘链和灌丛沙堆分布于沙漠边缘。在高大沙山之间的丘间低地分布着一些内陆小湖，主要集中分布于沙漠东南部，北部和西部分布较少。由于蒸发强烈，盐分不断积累，湖水的矿化度很高，多为咸水湖。丘间低地及湖盆边缘的草滩可为牧业利用。

6. 腾格里沙漠

腾格里沙漠位于贺兰山两侧山前平原与石羊河下游之间，是我国第四大沙漠。其显著特色是沙漠内部沙丘、湖盆、山地残丘及平原等交错分布，其中湖盆面积占整个沙漠面积的 6.8%。除部分为泉水补给及临时性集水洼地外，大部分是古湖盆逐渐退缩、干涸而形成的残留湖。沙丘形态较为简单，以格状沙丘链及新月形沙丘链为主，复合型沙丘链及灌丛沙堆分布面积较小。腾格里沙漠流沙分布零散，多为固定沙丘、半固定沙丘、湖盆及山地残丘等所分割，有利于沙漠治理。

7. 乌兰布和沙漠

乌兰布和沙漠位于黄河中游后套平原的西南，介于黄河与狼山之间。其主要特征是各种类型沙丘的分布具有明显的区域差异。大致在磴口—敖龙布鲁格—吉兰太一线的东南，主要为连绵起伏的沙丘链，我国风沙危害最为严重的乌吉铁路（乌海西站至吉兰泰盐池）就位于该地域。这条线以西为半固定沙垄及白刺灌丛沙堆，而在磴口—沙拉井一线以北则为古代黄河冲积平原，呈现沙丘链、灌丛沙堆、古河床洼地与平坦的土质平地相间分布的特征，该地区具有引黄灌溉的条件。

8. 库布齐沙漠

库布齐沙漠位于鄂尔多斯高原北部，黄河中套平原以南。以流动的新月形沙丘链占绝对优势，固定、半固定灌丛沙堆仅分布在边缘地段。由于该沙漠以流沙为主，并且大致作西北往东南方向移动，因此对穿越沙漠南北走向的包神铁路造成风沙危害。但由于这里年降水量在 200 mm 左右，有利于植物固沙，可以防止风沙对铁路的危害。

9.科尔沁沙地

科尔沁沙地分布于西辽河下游干支流沿岸的冲积平原,也有一部分位于冲积洪积阶地。其显著特点是坨(沙丘)甸(洼地)地形相间。固定、半固定的梁窝状沙丘占绝对优势,流动新月形沙丘及沙丘链仅占 10%。因为年平均降水量可达 300～400 mm,有利于植被恢复,只要封育,就可由现在以灌草植被为主的植被自然恢复为禾草为主的草原植被。

10.毛乌素沙地

毛乌素沙地位于内蒙古鄂尔多斯市南部和陕西省北部。年降水量 200～500 mm,具备良好的植被生长条件,因此,以固定、半固定沙丘为主。流沙(以新月形沙丘链为主)存在是由于长期以来不合理的土地利用,草原植被遭到破坏后形成的固定、半固定和流动沙丘相互交错分布的格局。近 20 年来的治理和自然恢复,目前流动沙丘已经很少。毛乌素沙地的沙丘除分布在基岩梁地和黄土丘陵外,绝大部分分布在河谷阶地及河流滩地上。丘间地水分条件较好,大部分为草甸或沼泽。另外,在沙地内部有不少湖盆、河流滩地、河谷阶地将沙地分割成片。

11.浑善达克沙地

浑善达克沙地分布于内蒙古东部,其特点是固定、半固定沙垄及梁窝状沙丘占整个沙地面积的 98%,流动新月形沙丘及沙丘链仅占 2%。越往东固定程度越好,西部以半固定沙丘为主,流动沙丘零星分布,而东部则以固定沙丘为主。丘间地非常广阔,并有不少湖泊分布其间,形成独特的景观。

12.呼伦贝尔沙地

呼伦贝尔沙地分布于内蒙古东北部大兴安岭以西的一些河流沿岸及其下游的沙质平原上,也有一部分分布于湖滨平原,其特点是地表受到剧烈的吹蚀作用,植被一旦遭到破坏,即受风蚀成为沙漠化土地。沙丘以半固定的蜂窝状沙丘为主。

第五节　科学保护、利用和治理沙地

一、差异化保护、利用和治理沙地

为治理沙漠化,中国投入巨大。我国于 1978 年开始建设"三北防护林工程",之后又制定《全国防沙治沙规划》。2000 年 3 月 17 日,沙尘暴侵袭京津冀,覆盖了大半个中国,还漂洋过海,远走日韩。当时,人民日报发表了一篇题为《风沙紧逼北京城》的记者来信。时任国务院总理朱镕基亲自率领有关部门主要负责人到河北、内蒙古等地进行实地考察,部署全国防沙治沙规划,并把加快生态环境建设作为国民经济和社会发展第十个五年计划的重要内容。二十年来,在党中央、国务院的领导下,北方防沙治沙工程不断加力。2004 年以来,我国荒漠化和沙化土地面积连续 3 个监测期均保持缩减态势。但 2021 年,华北地区又发生了 4 次大范围沙尘暴。人们不禁要问,沙尘暴可以被根治吗? 从地理科学的角度看,沙尘暴是个自然现象和自然过程,沙尘暴是不可能被根治的。我国北方干旱、多风、植被稀疏、地表物质为沙的自然地理环境没有变,因此,沙尘暴还会发生。

但是,沙漠和沙地的气候条件是不同的,因为气候条件的不同,其植被以及由植被支撑的动物和微生物区系也不同。因此,对于沙漠和沙地的保护、利用和治理应该有不同的策略与措施。沙地治理要保持清醒的头脑,要有所为,有所不为。

要树立一个概念,沙漠也是重要的土地资源和生态系统,要以保护为先,局部利用,无为而治。沙漠是干旱气候下造就的一种土地生态系统,不是想改造就改造得了的。现在成为旅游打卡地的额济纳胡杨林,只是广阔沙漠中的一个点。胡杨林和绿洲只是出现在沙漠区地下水溢出带和河流、盆地附近。如果要在其他更广大的沙漠区域种田、造林,那就得灌溉。如图18-4滴灌戈壁造林,不可能把整个沙漠成为绿洲,不仅是因为土壤保水性差,主要障碍因素是缺水。灌溉沙漠建造人工绿洲,很可能就导致原先的自然绿洲成为沙漠。巴丹吉林沙漠西北缘的内蒙古阿拉善盟的居延海,在20世纪末干枯,就是因为发源于祁连山的黑河中游甘肃不断扩大耕地面积,农田灌溉截留了流入居延海的河水造成的。2000年起,国家对黑河实施水资源统一管理调度,也就是减少黑河中游的灌溉用水,才让东居延海重新碧波荡漾。因此,沙漠地区开发种田也好,植树造林也好,必须灌溉,因此,就必须以水定地,搞局部的。我们可以在道路两侧搞点林带,防止流沙淹埋道路,但水资源的有限性使得我们不能把整个沙漠都造成林。

进入生态文明时代,更要树立一个新理念:沙漠是一个独特的生态系统,也有其特有的生态功能;沙漠是资源,也是风景。维持沙漠系统的稳定也是维持整个陆地生态系统的平衡,因此,不是要治理沙漠,而是要保护沙漠。

从自然条件看,我们不能改造沙漠,只能改造沙地。因为沙地属于半干旱区,在这种气候条件下,原本的土地类型是草地,是草原,现在的沙地是因为开发利用不当造成的。

在第二次全国国土调查的大约66亿亩的沙地中,可以治理的是在半干旱区的沙地,面积占比不大。而绝大部分沙地是干旱区的自然形成的原生沙漠,应避免人为干预。要治理的是距今一万年以来新增的沙地,或称之为"人造沙地",这些"人造沙地"是过度开垦和放牧造成的。

二、沙地综合治理

沙地综合治理的基础是要做好规划。做好规划的前提是科学评价,即从沙地的气候和地形条件评价其适宜性,宜耕则耕,宜草则草,宜沙则沙。所谓宜沙则沙就是不能改造的,就保留其沙地形态。

第一,划定封禁保护区。即将规划期内不可能改造的以及因保护沙地生态不宜开发利用的连片沙化土地,划为沙化土地封禁保护区,实行封禁保护。

第二,划出重点防沙治沙区。这些重点防沙治沙区包括国家公园、生态保护红线区、重点江河、交通主干道路、城市周围等。

第三,根据区域自然条件,对防沙治沙区的治理措施提出工程设计,比如是采用机械固沙,还是化学固沙,还是生物固沙。

第四,提升沙尘暴灾害监测能力。即提升沙尘暴监测预报预警、信息报送、决策指挥、灾情评估等沙尘暴应急监测能力。建立沙尘暴灾害应急技术规范和标准体系。

第二十二章 统筹布局土地利用空间，科学利用土地

可以说，当今一切土地退化和生态环境问题都是不断增长的人口及其需求对土地的压力造成的。今天，中国不仅没有了绝对贫困问题，还全面建成了小康社会，但是，在我国很多地区，人民的生活水平与发达国家相比还有不小差距。进入生态文明建设时期，既要为全体人民提供更丰富的生活物资，又要提供更好的生活环境和保护自然生态系统，任务艰巨。中华民族历来是一个爱好和平的民族，我们建设美丽富饶的中国，既要开发利用好，还要保护好我们自己的国土资源，实现人与自然的和谐与可持续发展。

第一节 正确处理土地资源开发利用和保护的关系

人类对地球陆地的改变是从农业开始的。农业必然改变地球陆地的原始状态。如果这种改变不造成土地退化，就不能说这是破坏。什么是土地退化？土地退化就是土地的植物生产功能、生物环境功能、水文学功能、储备功能、废物与污染控制功能的减弱或丧失。如果人们改造利用土地，不但没有使土地的上述功能减弱或丧失，而是增强了这些功能，虽然土地原有的状态改变了，但这并非是土地退化，甚至可以说这是土地进化。我们不能够说，土壤健康而且有完善的灌溉与排水系统的高产稳产田，相对于其原来的利用类型，比如草地或湿地，是退化了。人类开发利用土地的目的就是期望这种进化的发生。

我们不可能以保护生态或恢复生态的名义将地球退回到原始状态，重新回到那种茹毛饮血的时代。我们人类也要发展，而人类发展空间与其他生物发展空间肯定是存在竞争重叠的。解决之道在于因地制宜合理利用土地，通过科学技术提高土地利用效率，使我们可以在更小的土地空间来满足我们人类生存和发展的需要，而且不造成土地退化。

土地保护不是消极地保持土地不变，而是积极地建立效率更高的土地系统。保护土地应该有两种含义，一种是指保持土地原来的状态，另一种是指建立人工干预下的生产力更高、系统的稳定性更强的土地生态系统。今天，持续土地利用的提出，正是基于后一种思考。而保持土地原来的状态，多是从生物多样性的理念出发。积极有效、有节制的利用才能使土地利用系统的功能与服务既满足人类社会发展的需要，又能够维持土地生态系统处在人类利用干预下的一种新的平衡。

虽然存在着这样那样的土地退化问题，而且在某些地区，土地退化问题严重，甚至威胁到人类的生存环境。但是，很多土地利用方式是持续的，有些土地利用系统持续了几百年、几千年，如哈尼梯田、都江堰灌溉系统。由于科学技术的进步，人类开发利用土地的能力在不断提

高,满足了人类日益增长的物质需求;由于人类保护生态环境的意识不断增强,在开发利用土地时,采取了各种各样的土地保护措施,保持和维护了土地的各项功能在更高的水平上发挥。历史证明,只要开发利用得当,就能实现土地资源的可持续利用。

第二节 耕园林草湿沙是生命共同体

"山水林田湖是一个生命共同体。"这句耳熟能详的话,是习近平总书记在党的十八届三中全会上作关于《中共中央关于全面深化改革若干重大问题的决定》的说明时提出的。2017 年 7 月,中央全面深化改革领导小组第三十七次会议将"草"纳入后,这句话变为"山水林田湖草是一个生命共同体"。2020 年 8 月 31 日,习近平总书记主持召开中共中央政治局会议,审议《黄河流域生态保护和高质量发展规划纲要》,指出要统筹推进山水林田湖草沙综合治理、系统治理、源头治理。2021 年全国两会期间,习近平总书记在内蒙古代表团强调,"统筹山水林田湖草沙系统治理,这里要加一个'沙'字。"

无论是山水林田湖五个字,还是山水林田湖草沙七个字,拟或将来再加一个冰(山)字,加村字,加城字,其中心思想是不变的,那就是地球上各类土地,包括海洋和地下矿产是一个相互之间有物流能流,互为因果,相互依存的生命共同体。习总书记山水林田湖生命共同体思想实际上是地球系统科学的高度概括。

习近平总书记青年时期曾经在陕北参加修梯田、打淤地坝和植树造林等农业生产。"山水林田湖是一个生命共同体,人的命脉在田,田的命脉在水,水的命脉在山,山的命脉在土,土的命脉在树"这句话是他实践经验的理论总结。我们可以这样理解这段话:农田是百姓温饱的基础,梯田和淤地坝的水分条件都比坡耕地的好,产量高而且稳定,是老百姓的保命田;但水是洪水猛兽,还是涓涓细流,在于山是秃山还是绿山,是坡耕地的山,还是梯田满山的山;而山若是没有土的石头山,也就蓄不了水,山就是没有生命的死山,而植树造林可保土,就可让山成为生机盎然的山。由此,我们也可以引申出耕园林草湿沙是生命共同体。比如,在黄土丘陵沟壑区,人口密度大,为解决温饱问题,就得开垦耕地,使得原本的林草覆盖的黄土高原变成以耕地为主体的沟壑纵横的黄土丘陵,导致了严重的水土流失。要解决水土流失问题,不能简单地退耕还林还草,因为人要吃饭,就得搞小流域综合治理,将坡耕地修建成梯田和打坝淤地,只有提高了单位面积耕地的产量,才可以将部分陡坡耕地退耕还林还草,水土流失才得以控制。坡上造林控制了水土流失,又反过来保护了农田;有些坡耕地修成梯田种植果树,也有类似于林地的水保和生态功能,更重要的是可以给农民提供就业和增收的机会。再比如,恢复阿拉善的居延海水面,让额济纳的胡杨林繁茂生长,不让黑河下游的沙漠连成片,就得在黑河上游退耕部分耕地减少灌溉用水。再比如,要减少黄河泥沙对黄河下游的洪泛危害,就必须在黄河中上游的阿尼玛卿山、贺兰山、六盘山、秦岭、吕梁山、中条山以及这些山之外的黄土丘陵植树造林。

第三节 开展土地适宜性评价,统筹合理布局各类土地空间

耕地、园地、林地、草地、湿地、沙地等生态系统也是生命共同体,缺一不可,我们必须在国

土空间规划中统筹安排。而要做到合理布局农业生产空间、城乡生活空间和生态安全空间，实现社会经济可持续发展、资源可持续利用和生态环境的安全，就要根据自然资源禀赋和经济社会发展阶段要求，结合现有各类土地空间的状况，进行土地适宜性评价和资源承载力评价。

土地适宜性评价就是将目前的土地利用类型与气候、地形、地质、土壤、水等环境条件进行匹配，评判现在的地类是否适宜；如利用是适宜的，土地没有退化，则维持这种利用方式，就能够实现可持续利用；如用途与环境条件是不相配的，则进行用途的调整。

所谓资源承载力评价就是分析特定时空条件下，区域资源对社会经济的承受能力。评判区域资源是否能够承载现状土地利用：超载造成资源退化或破坏的，减轻利用强度，让资源恢复；有潜力可挖的，进一步挖掘潜力。对于耕地、园地、林地、草地、湿地、沙地等土地利用类型来说，资源承载力评价的重点是评价水土资源对区域内这些土地的承载力。因为，任何植物都是扎根立地于土壤，从中获取水分和养分的。尤其要进行水资源承载力评价，做到"以水定地"。

统筹合理布局国土空间，要用系统思想去分析流域上、中、下游的气候、地形、岩石、土壤和植被（土地利用），安排好各类用地类型。在一个小流域，最合理的土地利用空间布局是在山坡的中上部位安排水土保持林，坡麓或坡脚地带种植果树等经济林，而河谷的平川地则用于粮食种植。尽管都是小流域，岩石或土壤不同，用地布局也有所不同。在石质山区，山坡中上部位土层浅薄，只能用于林草；而土质的山，如黄土丘陵，丘陵上部也可修成梯田。黄河与长江两个大水系，虽然都是起源于"三江源"，但其流经区域的气候条件不同，在中上游的林草生态用地布局上也应有差异。长江流域降水量大，属于湿润区，上游的林草覆盖度越高越好，覆盖度高可以削减洪峰，减少中下游的洪水危害。但黄河流域是半干旱区，上游过度植树造林种草，林草生长的耗水将会减少为中下游的输水。但是，无论是长江流域还是黄河流域，沿河修建梯级水库，调节由于季风气候造成的降水季节分布不均和抗旱防洪都是正确的选择；防止水土流失造成泥沙淤积河道和水库，掩埋农田也是必然选择。

说一千道一万，搞清楚气候、地形、岩石、土壤、水等自然资源禀赋条件，尊重自然规律，宜耕则耕，宜林则林，宜灌则灌，宜草则草，宜湿则湿，宜沙则沙，统筹合理布局土地利用，是实现人类发展与资源和生态安全的基础。

第四节　发展土地利用科学技术，实现土地可持续利用

提高实现人类发展与资源和生态的安全，仅仅统筹合理布局土地利用还不够，还必须发展土地利用科学技术。

没有良种和化肥的年代，我们只能靠扩大耕地面积来维持不断增长的人口对粮食的需求。正是因为不断扩大耕地面积，才开垦了一些不宜耕种的土地，引起土层变薄、沙化等土地退化现象。例如，开垦山区坡地，又没有水土保持措施，造成水土流失，使得土壤厚度不断变薄。开垦半干旱区的土地，在强大风力下，特别是遇到旱年，种不上庄稼，缺少植被覆盖的土地遭受风蚀而沙化。但是，我们有了良种和化肥，实现了亩产吨粮，不但可以满足更多人口吃饱饭和吃好的要求，而且可以退耕那些不宜耕的耕地，恢复为林地、草地和湿地。从化肥提高耕地单产的角度看，矿藏也是"山水林田湖生命共同体"的一个组成部分。过去，农作物秸秆仅仅是作为

薪柴做饭取暖,今天我们利用饲料加工技术,将切碎的秸秆装入窖内或堆放成垛后通入氨气或喷洒氨水密封发酵制成牛羊爱吃的饲料,成功地在农区发展农牧结合,为人民提供了大量畜产品,也减轻了放牧对草原的压力,退耕部分耕地还草,促进了退化草场的恢复。我们还利用秸秆,立体养殖蘑菇,用更少的土地空间生产更多的蔬菜,节省了耕地。可以说,在满足人类对食物需求和发展,又保护森林、草原、湿地等生态用地方面,农业科学技术发挥了最重要的作用。

水是一切生命的源泉。农作物、树木、草类等生长都需要水。节水灌溉技术在既满足人类对食物需求的生产用水(农田),又保留足够的生态用水(林草)方面,起到了非常重要的作用。当然,水土保持技术、防风固沙技术、森林抚育技术、生态修复技术、污染防治技术等等,对于实现土地的可持续利用也发挥了重要作用。

《道德经》里面有一句话"天长,地久。天地所以能长且久者,以其不自生也,故能长生。"此话可以理解为:即使生长在地上的万物可以变化,但支撑万物生长的天和地长久不变。根据现代地球系统科学理论知识,只有天和地才是自然资源之本源,是长久稳定的;耕地、林地、草地、湿地、沙地等都是根据地表的覆盖而分类命名的一种土地利用类型,会随着人类社会对土地开发和利用而变化。当然,土地利用得当,则土地可持续利用,人类与地球上的其他生物都得到发展;利用不当则会发生土地退化,不仅损毁我们人类赖以生存发展的土地资源,而且还会损毁整个地球生态系统。而要做到因地制宜布局土地利用,因势利导利用土地,就得认识清楚耕地、园地、林地、草地、湿地、沙地等土地类型组成的这个生命共同体的内在规律,解决土地利用中的矛盾冲突和土地退化问题,实现可持续土地利用,就要依靠技术。

根据第三次全国国土调查结果,截至 2019 年 12 月 31 日,全国主要地类面积是:耕地 12 786.19 万 hm²、园地 2 017.16 万 hm²、林地 28 412.59 万 hm²、草地 26 453.01 万 hm²、湿地 2 346.93 万 hm²、城镇村及工矿用地 3 530.64 万 hm²、交通运输用地 955.31 万 hm²、水域及水利设施用地 3 628.79 万 hm²。这些地类及其分布是在气候、地形、地质、土壤、水、植被等自然地理环境背景下,经过我国人民几千年开发利用形成的,有其自然资源禀赋的必然性,也有人类社会发展需要的必要性。当然,我们也必须解决不合理的土地利用导致的水土流失、水土污染、沙漠化、生物多样性丧失等问题。这里套用黑格尔的一句话"存在就是合理"。但我们应该正确地理解这句名言的意思,即"任何存在的事物都有其存在的原因,存在的一切事物都可以找到其存在的理由。"我们前面关于耕地、园地、林地、草地、湿地、沙地等生态系统的结构与功能、面积、分布与现状的介绍,就是要解释这些地类面积、分布和现状的原因,寻找可持续利用之路。

参考文献

1. 中华人民共和国农业部.草地分类 NY/T 2997—2016.北京:中国农业出版社,2016.

2. 中华人民共和国国家质量监督检验检疫总局,中国国家标准化管理委员会.林业资源分类与代码 森林类型 GBT 14721—2010,北京:中国标准出版社,2010.

3. 刘黎明,张军连,张凤荣,等.土地资源调查与评价.北京:科技文献出版社,1994.

4. 卢欣石.中国草情.北京:开明出版社,2011

5. 卢琦.中国沙情.北京:开明出版社,2011

6. 卢琦.中国林情.北京:开明出版社,2011

7. 中华人民共和国国家质量监督检验检疫总局，中国国家标准化管理委员会. 湿地分类 GBT 24708—2009. 北京：中国标准出版社，2009.

8. 沈国航. 中国林业可持续发展及其关键科学问题. 地球科学进展，2000,15(1)：10-16.

9. 中国资源科学百科全书编辑委员会. 中国资源科学百科全书. 北京：中国大百科全书出版社；东营：石油大学出版社，2000.

10. 中华人民共和国农业部. 土地利用现状分类 GBT 21010—2017. 北京：中国农业出版社，2019.

11. 吴光林. 果树生态学. 北京：农业出版社. 1992.

12. 杨朝飞，中国湿地现状及其保护对策. 中国环境科学，1995,6

13. 张凤荣. 中国土地资源及其可持续利用. 北京：中国农业大学出版社，2000.

14. 张凤荣，张天柱，李超，等. 中国耕地. 北京：中国农业大学出版社，2021.

15. 中华人民共和国国土资源部，国务院第二次全国土地调查领导小组办公室. 中国土地资源与利用. 北京：地质出版社，2017.

16. 中华人民共和国自然资源部，第三次全国国土调查主要数据公报. 2021 年 8 月 25 日 (http://www.mnr.gov.cn/dt/ywbb/202108/t20210826_2678340.html).

17. 中华人民共和国统计局. 中国统计年鉴. 北京：中国统计出版社，2020.

18. 马忠良，宋朝枢，张清华. 中国森林的变迁. 北京：中国林业出版社，1997

19. 赵魁义. 中国沼泽志. 北京：科学出版社，1999.

20. 郑景云，尹云鹤，李炳元. 中国气候区划新方案. 地理通报，2010,65(1)：3-12.

后　记

　　1957年,我出生在河北省沧州市(那时称沧州专区)。那里是黄淮海平原的东端,地平平的,常常春旱秋涝,有些地方"冒白碱",也即俗称的盐碱地。十几岁,就跟着爷爷到"自留地"去种地,用铁锹深翻土壤或用钗子耕翻土壤;庄稼长起来了,用锄头去锄杂草;庄稼成熟了,用镰刀去收割。18岁高中毕业,到生产队参加集体劳动,夏收后搞积肥(有机肥),秋收后就参加农田基本建设(挖排水沟)。上大学之前,从没有离开过沧州市(6岁前在长春市居住时的事记不清楚了),没有看到过山,不知道土壤是由石头变来的,更不知道土壤与土地有什么不同。

　　做梦都没有想到,1977年恢复了高考,我1978年3月进入原北京农业大学(中国农业大学的前身)的土壤与农业化学专业学习。当时,亲朋好友都为我高兴,说将来不用再当面朝黄土背朝天的农民了。大学专业骨干课程是"土壤学与肥料学"。此前参加的农业生产劳动,对于我理解"土壤学和肥料学"的那些基础理论和知识,很有帮助。听老师讲课时,我就想,这不就是农民的经验由专家教授写成了书吗?本科毕业后又接着在北京农业大学攻读土壤学的硕士、博士学位。研究生毕业留校教过"土壤地理学""土壤发生与分类学""土壤与土地调查""土地资源学""土地资源管理专题"等好几门课程,近十年就只教一门"土壤地理学"的本科课程了。嗯,我这一辈子都在与土壤打交道。

　　我是跟随著名土壤学家李连捷院士(那时称学部委员)攻读土壤学的硕士和博士学位的。李连捷教授是在燕京大学地质系读的本科。我跟他读研究生时,他已经搞了半个多世纪的土壤学教学和科研,特别是参加了大量国家土壤调查工作,理论基础深厚,经验丰富。跟他学习,我学到了一手看家本领,就是到一个地方研究土壤,特别注意观察岩石类型和沉积物类型对土壤的影响。我在研究土壤发生分类和土地资源时特别从地质地貌角度去认识和思考,是得益于李连捷教授对我的教导。

　　在大学,我一直从事"土壤发生分类""土壤和土地调查""土地评价与利用规划"等课程的教学和科研工作;也参与了第二次全国土壤普查、全国耕地分等定级、耕地后备资源调查和第一、第二、第三次全国土地调查工作,走遍了祖国的千山万水。深刻认识到岩石对土壤、对土地,乃至生态系统的影响,也深刻认识到土壤的通气透水性和保水保肥性使得其与岩石的本质不同;更深刻理解到岩石、土壤、土地的发生关系和它们之间的异同。我也认识到土地利用类型是生产活动对土地功能需求的不同而对土地的一种现时利用形态,但土壤与土地类型对土地利用有着基础性控制作用。

　　长期在土壤学、土地资源学机理方面的研究积累,特别是在土壤、土地和农业生产方面的广泛社会实践,也使自己感悟到了一些新知识。几十年大学教师的责任感,使我认识到有必要将自己的所学、所研和所感,以通俗的语言写一本书,描述岩石、土壤和土地的发生关系和它们之间的异同以及岩石、土壤和土地对植物生长和生态系统的基础资源性作用。遂起名《话说岩、土、地》，着手组稿撰写。为了正确表达有关地质学和土壤学的知识，书稿写成后，我邀请了我校"地质学"任课教师王数教授和王国光教授、"土壤学"任课教师李子忠教授和吕贻忠教授，对书稿上篇和中篇进行了校对。在本书付梓之际，对这四位教授表示衷心的感谢。在此，也感谢老朋友广州大学陈健飞教授为三篇首页素描岩石、土壤和土地，并为封面设计提出建议。

　　虽然自己担任过大学本科教材"土壤地理学"的主编，也写过与土壤、土地有关的二十多本书和几百篇学术论文，但是要将岩石、土壤、土地这三门学科知识一以贯之，用通俗的语言系统地编撰出来，还真不是一件容易的事情。最后，还是遵循"形式服从内容"原则，以准确介绍科学知识为准则写成了这本书，所以最后将书名定为《岩石　土壤　土地　通识》，因为这本书不太科普。不过，希望借此能抛砖引玉，吸引到地质、地理、土壤、土地教学科研方面的学术大咖拨冗捉笔撰写科普著作，传播这些关系到农、林、草等生命科学和生态学的自然资源禀赋的基础知识，那我这一年多的殚精竭虑写作，也不算妄为。

　　再有两个月就要退休了，但我的中国农业大学电子信箱还会保留着。希望读者，也包括有机会读了这本书的相关专业人士，多提修改意见。期待着你们的意见，能够使本书内容更完善，文字更活泼更精彩。如果我有机会出版本书第 2 版、第 3 版、第 n 版的话，你们的意见将使我获益，当然千千万万的读者也会获益。谢谢！

张凤荣

2022 年 1 月 1 日于中国农业大学西校区

电子信箱：frzhang@cau.edu.cn